程　杰 曹辛华 王　强 主编

中国花卉审美文化研究丛书

05

# 桃文化论集

渠红岩 著

北京燕山出版社

图书在版编目（CIP）数据

桃文化论集 / 渠红岩著 . -- 北京 : 北京燕山出版社 , 2018.3

ISBN 978-7-5402-5120-8

Ⅰ . ①桃… Ⅱ . ①渠… Ⅲ . ①桃－审美文化－研究－中国 Ⅳ . ① S662.1 ② B83-092

中国版本图书馆 CIP 数据核字 (2018) 第 087867 号

# 桃文化论集

**责任编辑：** 李涛
**封面设计：** 王尧
**出版发行：** 北京燕山出版社
**社　　址：** 北京市丰台区东铁营苇子坑路 138 号
**邮　　编：** 100079
**电话传真：** 86-10-63587071（总编室）
**印　　刷：** 北京虎彩文化传播有限公司
**开　　本：** 787×1092 1/16
**字　　数：** 273 千字
**印　　张：** 24
**版　　次：** 2018 年 12 月第 1 版
**印　　次：** 2018 年 12 月第 1 次印刷
ISBN 978-7-5402-5120-8
**定　　价：** 800.00 元

# 内容简介

本论集为《中国花卉审美文化研究丛书》之第5种，内容包括《桃文化论集》和附编《中国气象文化论丛》两部分，以《桃文化论集》为主。《桃文化论集》所收为公开发表的论文12篇，未发表的论文1篇，另取专著《中国古代文学桃花题材与意象研究》相关论文3篇，深入分析仙桃、桃花、桃花雨、桃花流水、人面桃花、桃源等意象、主题、符号，展示桃文化源远流长的历史，阐发其深厚的审美情结、文化心理及象征意义。《中国气象文化论丛》所收6篇季节题材“雨”专题论文均与植物审美文化相关，分别论述春雨、梅雨、夏雨、秋雨对植物的生长过程、物候等方面的影响，体现雨水的气候、社会、文化意义。

## 作者简介

渠红岩，女，1970 年 7 月生，江苏徐州人，2008 年毕业于南京师范大学文学院中国古代文学专业，获文学博士学位，现为南京信息工程大学期刊部编审、硕士研究生导师、《阅江学刊》执行主编。发表专著《中国古代文学桃花题材与意象研究》（中国社会科学出版社 2009 年版），发表学术论文 30 余篇。

# 《中国花卉审美文化研究丛书》前言

所谓“花卉”，在园艺学界有广义、狭义之分。狭义只指具有观赏价值的草本植物；广义则是草本、木本兼而言之，指所有观赏植物。其实所谓狭义只在特殊情况下存在，通行的都应为广义概念。我国植物观赏资源以木本居多，这一广义概念古人多称“花木”，明清以来由于绘画中花卉册页流行，“花卉”一词出现渐多，逐步成为观赏植物的通称。

我们这里的“花卉”概念较之广义更有拓展。一般所谓广义的花卉实际仍属观赏园艺的范畴，主要指具有观赏价值，用于各类园林及室内室外各种生活场合配置和装饰，以改善或美化环境的植物。而更为广义的概念是指所有植物，无论自然生长或人类种植，低等或高等，有花或无花，陆生或海产，也无论人们实际喜爱与否，但凡引起人们观看，引发情感反应，即有史以来一切与人类精神活动有关的植物都在其列。从外延上说，包括人类社会感受到的所有植物，但又非指植物世界的全部内容。我们称其为“花卉”或“花卉植物”，意在对其内涵有所限定，表明我们所关注的主要是植物的形状、色彩、气味、姿态、习性等方面的形象资源或审美价值，而不是其经济资源或实用价值。当然，两者之间又不是截然无关的，植物的经济价值及其社会应用又经常对人们相应的形象感受产生影响。

“审美文化”是现代新兴的概念，相关的定义有着不同领域的偏倚和形形色色理论主张的不同价值定位。我们这里所说的“审美文化”不具有这些现代色彩，而是泛指人类精神现象中一切具有审美性的内容，或者是具有审美性的所有人类文化活动及其成果。文化是外延，至大无外，而审美是内涵，表明性质有限。美是人的本质力量的感性显现，性质上是感性的、体验的，相对于理性、科学的“真”而言；价值上则是理想的、超功利的，相对于各种物质利益和社会功利的“善”而言。正是这一内涵规定，使“审美文化”与一般的“文化”概念不同，对植物的经济价值和人类对植物的科学认识、技术作用及其相关的社会应用等“物质文明”方面的内容并不着意，主要关注的是植物形象引发的情绪感受、心灵体验和精神想象等“精神文明”内容。

将两者结合起来，所谓“花卉审美文化”的指称就比较明确。从“审美文化”的立场看“花卉”，花卉植物的食用、药用、材用以及其他经济资源价值都不必关注，而主要考虑的是以下三个层面的形象资源：

一是“植物”，即整个植物层面，包括所有植物的形象，无论是天然野生的还是人类栽培的。植物是地球重要的生命形态，是人类所依赖的最主要的生物资源。其再生性、多样性、独特的光能转换性与自养性，带给人类安全、亲切、轻松和美好的感受。不同品种的植物与人类的关系或直接或间接，或悠久或短暂，或亲切或疏远，或互益或相害，从而引起人们或重视或鄙视，或敬仰或畏惧，或喜爱或厌恶的情感反应。所谓花卉植物的审美文化关注的正是这些植物形象所引起的心理感受、精神体验和人文意义。

二是“花卉”，即前言园艺界所谓的观赏植物。由于人类与植物尤其是高等植物之间与生俱来的生态联系，人类对植物形象的审美意识可以说是自然的或本能的。随着人类社会生产力的不断提高和社会财富的不断积累，人类对植物有了更多优越的、超功利的感觉，对其物色形象的欣赏需求越来越明确，相应的感受、认识和想象越来越丰富。世界各民族对于植物尤其是花卉的欣赏爱好是普遍的、共同的，都有悠久、深厚的历史文化传统，并且逐步形成了各具特色、不断繁荣发展的观赏园艺体系和欣赏文化体系。这是花卉审美文化现象中最主要的部分。

三是“花”，即观花植物，包括可资观赏的各类植物花朵。这其实只是上述“花卉”世界中的一部分，但在整个生物和人类生活史上，却是最为生动、闪亮的环节。开花植物、种子植物的出现是生物进化史的一大盛事，使植物与动物间建立起一种全新的关系。花的一切都是以诱惑为目的的，花的气味、色彩和形状及其对果实的预示，都是为动物而设置的，包括人类在内的动物对于植物的花朵有着各种各样本能的喜爱。正如达尔文所说，“花是自然界最美丽的产物，它们与绿叶相映而惹起注目，同时也使它们显得美观，因此它们就可以容易地被昆虫看到”。可以说，花是人类关于美最原始、最简明、最强烈、最经典的感受和定义，几乎在世界所有语言中，花都代表着美丽、精华、春天、青春和快乐。相应的感受和情趣是人类精神文明发展中一个本能的精神元素、共同的文化基因；相应的社会现象和文化意义是极为普遍和永恒的，也是繁盛和深厚的。这是花卉审美文化中最典型、最神奇、最优美的天然资源和生活景观，值得特别重视。

再从“花卉”角度看“审美文化”，与“花卉”相关的“审美文化”则又可以分为三个形态或层面：

一是“自然物色”，指自然生长和人类种植形成的各类植物形象、风景及其人们的观赏认识。既包括植物生长的各类单株、丛群，也包括大面积的草原、森林和农田庄稼；既包括天然生长的奇花异草，也包括园艺培植的各类植物景观。它们都是由植物实体组成的自然和人工景观，无论是天然资源的发现和认识，还是人类相应的种植活动、观赏情趣，都体现着人类社会生活和人的本质力量不断进步、发展的步伐，是“花卉审美文化”中最为鲜明集中、直观生动的部分。因其侧重于植物实体，我们称作“花卉审美文化”中的“自然美”内容。

二是“社会生活”，指人类社会的园林环境、政治宗教、民俗习惯等各类生活中对花卉实物资源的实际应用，包含着对生物形象资源的环境利用、观赏装饰、仪式应用、符号象征、情感表达等多种生活需求、社会功能和文化情结，是“花卉”形象资源无处不在的审美渗透和社会反应，是“花卉审美文化”中最为实际、普遍和复杂的现象。它们可以说是“花卉审美文化”中的“社会美”或“生活美”内容。

三是“艺术创作”，指以花卉植物为题材和主题的各类文艺创作和所有话语活动，包括文学、音乐、绘画、摄影、雕塑等语言、图像和符号话语乃至于日常语言中对花卉植物及其相应人类情感的各类描写与诉说。这是脱离具体植物实体，指用虚拟的、想象的、象征的、符号化植物形象，包含着更多心理想象、艺术创造和话语符号的活动及成果，统称“花卉审美文化”中的“艺术美”内容。

我们所说的“花卉审美文化”是上述人类主体、生物客体六个层面的有机构成，是一种立体有机、丰富复杂的社会历史文化体系，包含着自然资源、生物机体与人类社会生活、精神活动等广泛方面有机交融的历史文化图景。因此，相关研究无疑是一个跨学科、综合性的工作，需要生物学、园艺学、地理学、历史学、社会学、经济学、美学、文学、艺术学、文化学等众多学科的积极参与。遗憾的是，近数十年相关的正面研究多只局限在园艺、园林等科技专业，着力的主要是园艺园林技术的研发，视角是较为单一和孤立的。相对而言，来自社会、人文学科的专业关注不多，虽然也有偶然的、零星的个案或专题涉及，但远没有足够的重视，更没有专门的、用心的投入，也就缺乏全面、系统、深入的研究成果，相关的认识不免零散和薄弱。这种多科技少人文的研究格局，海内海外大致相同。

我国幅员辽阔、气候多样、地貌复杂，花卉植物资源极为丰富，有“世界园林之母”的美誉，也有着悠久、深厚的观赏园艺传统。我国又是一个文明古国和世界人口、传统农业大国，有着辉煌的历史文化。这些都决定我国的花卉审美文化有着无比辉煌的历史和深厚博大的传统。植物资源较之其他生物资源有更强烈的地域性，我国花卉资源具有温带季风气候主导的东亚大陆鲜明的地域特色。我国传统农耕社会和宗法伦理为核心的历史文化形态引发人们对花卉植物有着独特的审美倾向和文化情趣，形成花卉审美文化鲜明的民族特色。我国花卉审美文化是我国历史文化的有机组成部分，是我国文化传统最为优美、生动的载体，是深入解读我国传统文化的独特视角。而花卉植物又是丰富、生动的生物资源，带给人们生生不息、与时俱新的感官体验和精神享受，相应的社会文化活动是永恒的“现在进行时”，其丰富的历史经验、人文情趣有着直接的现实借鉴和融入意义。正是基于这些历史信念、学术经验和现实感受，我们认为，对中国花卉审美文化的研究不仅是一项十分重要的文化任务，而且是一个前景广阔的学术课题，需要众多学科尤其是社会、人文学科的积极参与和大力投入。

我们团队从事这项工作是从 1998 年开始的。最初是我本人对宋代咏梅文学的探讨，后来发现这远不是一个咏物题材的问题，也不是一个时代文化符号的问题，而是一个关乎民族经典文化象征酝酿、发展历程的大课题。于是由文学而绘画、音乐等逐步展开，陆续完成了《宋代咏梅文学研究》《梅文化论丛》《中国梅花审美文化研究》《中国梅花名胜考》《梅谱》（校注）等论著，对我国深厚的梅文化进行了较为全面、系统的阐发。从1999年开始，我指导研究生从事类似的花卉审美文化专题研究，俞香顺、石志鸟、渠红岩、张荣东、王三毛、王颖等相继完成了荷、杨柳、桃、菊、竹、松柏等专题的博士学位论文，丁小兵、董丽娜、朱明明、张俊峰、雷铭等20多位学生相继完成了杏花、桂花、水仙、蘋、梨花、海棠、蓬蒿、山茶、芍药、牡丹、芭蕉、荔枝、石榴、芦苇、花朝、落花、蔬菜等专题的硕士学位论文。他们都以此获得相应的学位，在学位论文完成前后，也都发表了不少相关的单篇论文。与此同时，博士生纪永贵从民俗文化的角度，任群从宋代文学的角度参与和支持这项工作，也发表了一些花卉植物文学和文化方面的论文。俞香顺在博士论文之外，发表了不少梧桐和唐代文学、《红楼梦》花卉意象方面的论著。我与王三毛合作点校了古代大型花卉专题类书《全芳备祖》，并正继续从事该书的全面校正工作。目前在读的博士生张晓蕾、硕士生高尚杰、王珏等也都选择花卉植物作为学位论文选题。

以往我们所做的主要是花卉个案的专题研究，这方面的工作仍有许多空白等待填补。而如宗教用花、花事民俗、民间花市，不同品类植物景观的欣赏认识、各时期各地区花卉植物审美文化的不同历史情景，以及我国花卉审美文化的自然基础、历史背景、形态结构、发展规律、民族特色、人文意义、国际交流等中观、宏观问题的研究，花卉植物文献的调查整理等更是涉及无多，这些都有待今后逐步展开，不断深入。

“阴阴曲径人稀到，一一名花手自栽”（陆游诗），我们在这一领域寂寞耕耘已近20年了。也许我们每一个人的实际工作及所获都十分有限，但如此络绎走来，随心点检，也踏出一路足迹，种得半畦芬芳。2005年,四川巴蜀书社为我们专辟《中国花卉审美文化研究书系》，陆续出版了我们的荷花、梅花、杨柳、菊花和杏花审美文化研究五种，引起了一定的社会关注。此番由同事曹辛华教授热情倡议、积极联系，北京采薇阁文化公司王强先生鼎力相助，继续操作这一主题学术成果的出版工作。除已经出版的五种和另行单独出版的桃花专题外，我们将其余所有花卉植物主题的学位论文和散见的各类论著一并汇集整理，编为20种，统称《中国花卉审美文化研究丛书》，分别是：

1.《中国牡丹审美文化研究》（付梅）；

2.《梅文化论集》（程杰、程宇静、胥树婷）；

3.《梅文学论集》（程杰）；

4.《杏花文学与文化研究》（纪永贵、丁小兵）；

5.《桃文化论集》（渠红岩）；

6.《水仙、梨花、茉莉文学与文化研究》（朱明明、雷铭、程杰、程宇静、任群、王珏）；

7.《芍药、海棠、茶花文学与文化研究》（王功绢、赵云双、孙培华、付振华）；

8.《芭蕉、石榴文学与文化研究》（徐波、郭慧珍）；

9.《兰、桂、菊的文化研究》（张晓蕾、张荣东、董丽娜）；

10.《花朝节与落花意象的文学研究》（凌帆、周正悦）；

11.《花卉植物的实用情景与文学书写》（胥树婷、王存恒、钟晓璐）；

12.《〈红楼梦〉花卉文化及其他》（俞香顺）；

13.《古代竹文化研究》（王三毛）；

14.《古代文学竹意象研究》（王三毛）；

15.《蘋、蓬蒿、芦苇等草类文学意象研究》（张俊峰、张余、李倩、高尚杰、姚梅）；

16.《槐桑樟枫民俗与文化研究》（纪永贵）；

17.《松柏、杨柳文学与文化论丛》（石志鸟、王颖）；

18.《中国梧桐审美文化研究》（俞香顺）；

19.《唐宋植物文学与文化研究》（石润宏、陈星）；

20.《岭南植物文学与文化研究》（陈灿彬、赵军伟）。

我们如此刈禾聚把，集中摊晒，敛物自是快心，乱花或能迷眼，想必读者诸君总能从中发现自己喜欢的一枝一叶。希望我们的系列成果能为花卉植物文化的学术研究事业增薪助火，为全社会的花卉文化活动加油添彩。

程　杰

2018年5月10日

于南京师范大学随园

# 自　序

桃是中国文化史上重要的植物，地域适应性强，果、木、花都在古代社会生活中发挥了重要作用，亦奠定了桃在传统文化中的重要地位。

2005 年 9 月，我有幸师从南京师范大学文学院程杰教授攻读博士学位，从此便潜心于“花卉题材文学与花卉审美文化研究”课题之“桃文化研究”，陆续发表了近 20 篇相关论文。从此，桃花这一自然界极为寻常的花卉便成为我执著追索的风景。它以淡若浅粉、浓若靓妆的动人形象招引着我走进了学术和人生的“桃花源”。从古典的随园到清雅的湖畔新居，“人面桃花”的动人故事为我带来了绵绵不绝的幸福与愉悦。

2008 年 7 月，我就职于南京信息工程大学，这是一所全国著名的具有气象专业特色的高等学校。在继续研究桃文化的同时，我也展开了对中国气象文化的研究。桃文化与气象文化之间有着内在的关联。桃花是典型的春季花卉，“桃花雨”“桃花汛”“桃花流水”等都与气象或气候有关，在古代科技不发达的社会条件下，起到了重要的物候作用。春去秋来、寒来暑往等气候现象对植物的生长荣枯有重要影响。无论是植物还是气象，都是人类生活环境中重要的自然元素，彼此关系密切。因此，在本套丛书编写时，我征得主编程杰教授的同意，将已有成果汇编为《中国气象文化论丛》，附于《桃文化论集》之后，供读者参考。

时序虽已走过了桃花飞雨，然而，江南的梅雨时节的别样韵味随着溶溶的水汽优雅弥漫开来，南塘的青草和天籁般的蛙鸣更增添了无尽的诗意。俯仰之际，我不禁憧憬着明年的桃花盛开的季节了……

自博士毕业时隔十年，我又在程杰教授的耐心指导与倾情支持下完成了本论集的结集与编校工作。在此，谨向先生致以深深的谢意！

2018年5月18日

于南信大湖畔新寓

# 目　录

[附编] 中国气象文化论丛

# 先秦时期桃的文化形态及原型意义

渺远荒古的岁月是人类文化的童年时代，先民对自然的听从与依赖，形成了顺天所赐以充庖厨的生活，于是，能够作为人们食物来源的自然界的一切都会受到青睐。桃，这种原产于我国、历史悠久的植物，因具有分布广泛、结子繁硕的特点而较早地进入了古人的视野。由采摘而种植，由食用而观赏，桃在人类生产和生活中发挥着重要作用，显示出深远的历史和文化意义。今天桃文化的很多内容都可以在先秦时期找到清活的源头。先秦时代，无论从哪一个方面讲，都可以作为中国文化的形成时代。因而，对有关文献资料进行整理、分析将会有助于我们管窥这一时期的文化。同时，也只有找到并且洞察了桃文化之源，才能顺流而下，感受汩汩滔滔的桃文化大江大河的丰盈与多姿，而本文的研究是建立在对先秦时期所有有关桃的文献的搜集、归纳和分析的基础上的。因而，在文献整理方面也具有重要的意义。

## 一、桃的原始分布与早期栽培

桃，蔷薇科，李属，落叶小乔木，原产于我国，野生桃广泛分布于我国北方的西部、西北部如陕西、甘肃、西藏等地，栽培历史悠久。据中外植物学家研究，李属植物大部分分布在我国的西北和西部，这在古代文献、文学作品以及一些考古发掘资料中都有记载和表现。

《山海经》为上古山川地理之书，对植物分布等情况的记载较为详细，据笔者统计，《山海经》对主要的植物的记载次数如下：竹24次，柏23次，松18次，桃16次，谷15次，黍15次，桑14次，梓14次，柳9次，葵8次，李6次，芍药4次，椒4次，梅4次，桐4次，杨3次，麻3次，杨柳2次。可见，对“桃”的记载是比较多的。而在对“桃”的记载16处中，有6处写到了桃的分布，如：

边春之山，多葱、葵、韭、桃、李……（《山海经·北山经》）

岐山，其木多桃、李，其兽多虎……（《山海经·东山经》）

夸父之山……其北有林焉，名曰桃林，是广圆三百里……（《山海经·中山经》）

卑山，其上多桃、李、苴、梓……（《山海经·中山经》）

根据《山海经》的相关研究著作，边春之山即昆仑山，位于甘肃、新疆、青海之间；岐山位于今陕西岐山县，在扶风、凤翔之间；灵山位于河南宜阳；卑山位于今河南沁阳。由此可知，上古时代，我国的西部和北部广泛分布着野生桃。

对于《山海经·中山经》中所言“桃林”，晋郭璞《山海经》卷五注曰：“桃林，今弘农湖县南谷中是也，饶野马、山羊、山牛也。”[①]而《尚书·周书·武成》亦提及“桃林”：“(武王) 乃偃武修文，归马于华山之阳，放牛于桃林之野，示天下弗服。”[②]虽然我们没有十分明确的文献资料证明“桃林”命名的来历，但是，据后代的典籍我们大致可以认定，桃林之名来源于其地生长着大面积的桃林，如《史记》卷

① 郭璞《山海经校注》，袁珂校注，上海古籍出版社1980年版，第139页。

② 顾颉刚《尚书通检》，上海古籍出版社1990年版，第23页。

四亦引《尚书》这段话并注云："……纵马于华山之阳，放牛于桃林之虚。偃干戈，振兵释旅，示天下不复用也。""孔安国曰：'桃林在华山东。'《括地志》云：'桃林在陕州桃林县西。'《山海经》云：'夸父之山，其北有林焉，广圆三百里，中多马，湖水出焉，北流入河。'"[①]《魏志》记载：弘农县有桃林；《隋志》记载：河南郡立桃林县，因桃林而名也。再根据上述的论述，此地域是我国陕西、河南一带，为古代桃的集中产地，因而，生长着壮观的桃林的可能性是很大的。

如果这一结论成立的话，《尚书》中的这段话应当是关于我国大面积野生桃林的最早记载。

考古发掘报告也证明了桃历史悠久的事实。考古学者对郑州二里岗殷商文化遗址进行发掘时，在一个代表龙山文化的26号灰坑中，发现了陶钵、石斧、木炭、桃核等。[②]

河北藁城市台西村商代遗址中出土的两枚桃核，桃核呈椭圆形，较扁，表面有皱纹，顶端尖，基部扁圆，中央有果柄脱落后的疤痕；桃仁呈灰白色，椭圆形或长卵形，长10～15毫米，宽8～13毫米，横断面呈扁圆形（见图01、图02）。经研究和鉴定，与我们今天的桃栽培品种完全相同。[③]

---

① 司马迁《史记》，郭逸校注，上海古籍出版社1997年版，第2182页。

② 邹衡《试论郑州新发现的殷商文化遗址》，《考古学报》1956年第3期，第79页。

③ 耿鉴庭、刘亮《藁城商代遗址中出土的桃仁和郁李仁》，《文物》1974年第8辑，第54～55页。

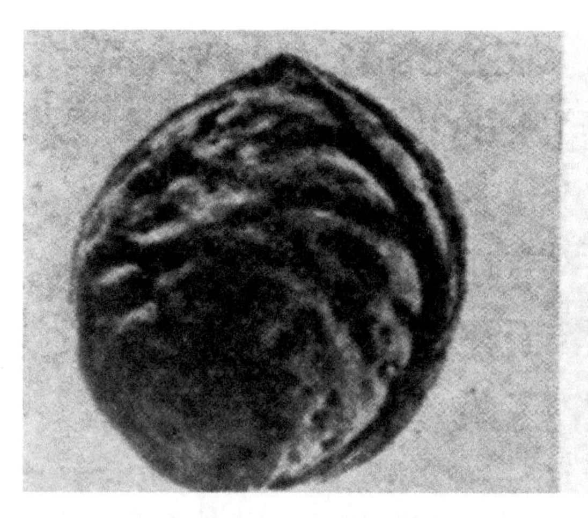
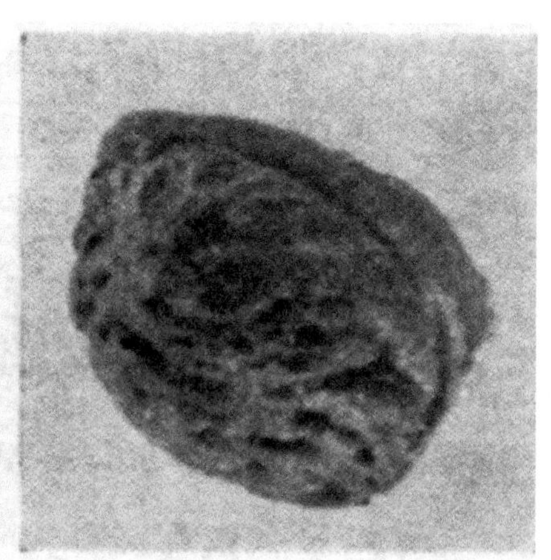

图 01　河北藁城市台西村商代遗址中出土的两枚桃核。桃核呈椭圆形，较扁，表面有皱纹，顶端尖，基部扁圆，中央有果柄脱落后的疤痕。图片来源于《文物》1974 年第 8 辑，第 54 页。

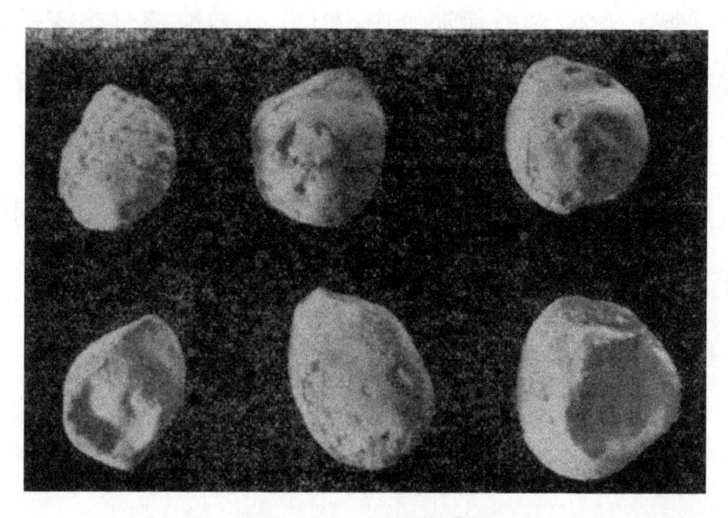

图 02　河北藁城市台西村商代遗址中出土的桃仁。桃仁呈灰白色，椭圆形或长卵形，长 10 ～ 15 毫米，宽 8 ～ 13 毫米，横断面呈扁圆形。图片来源于《文物》1974 年第 8 辑，第 54 页。

以上事例表明，在新石器时代和殷、商时代，野生桃已经被广泛利用，成为先民的食物来源，这说明桃采集、利用的历史悠久。

考古学家在浙江、云南等地也发现了新石器时代、商、周时期的毛桃核和或桃核。这说明桃是一种分布广泛、适应性强的树木。随着人类活动范围的迁移、扩大，桃的传播和栽种范围也在扩大，这显然是古代人类活动的结果。

在长期采集野生桃作为食物的漫长历史中，先民们开始了桃的栽培。考古资料也证实了桃的栽培历史悠久，文学作品也有反映，如《诗经·魏风·园有桃》曰："园有桃，其实之肴。"这说明，在西周时期，桃已经在果园中栽培了。在殷、商时期，甲骨文中已经出现了"园"。据《说文解字》，"园"最初是栽培果树、林木之所。因而可以判断，在《诗经》时代，桃已经是人工栽培的树木了。

从某种意义上讲，《诗经》也有地理记录，这主要通过对植物的记载和描写体现出来。据清代学者顾栋高《毛诗类释》中的统计，《诗经》描写的植物中，草类 37 种，木 43 种，花果 15 种。[①]《诗经》有 6 篇作品写到了桃，描写其他重要植物的篇数，如：松 8 篇，柏 7 篇，梅 5 篇，李 5 篇，柳 4 篇，椒 3 篇。所以，对桃的描写还是较多的，由此也可见桃的分布广泛、历史悠久。《诗经》中对桃的描写分别见于《周南·桃夭》《召南·何彼襛矣》《卫风·木瓜》《大雅·抑》《周颂·小毖》。《周南》《周颂》所涉地域大概相当于河南至江汉流域，《召南》所涉地域为周公姬奭的驻地镐京，即今西安以南地区，《卫风》涉及的地方大概是河南省北部，而《大雅》涉及的范围为周王室统治的中心地区，即今陕西省中部。可以看出，在《诗经》时代，桃主要

① 顾栋高《毛诗类释》卷一四、卷一五，《影印文渊阁四库全书》本。

分布在黄河流域中、上游，这与上面的论述是一致的。这些分布集中、历史悠久的地方也成为早期桃的栽培集中地，也是今天优质桃的产地。

成书于汉代、所记多为先秦之事的《神农本草经》中，桃仁已被记载为药物。至今，桃仁等依然是重要的中药药材。《尔雅》中已经有“旄”“榹桃”的记载，郭璞注曰：“旄，冬桃；榹桃，山桃。”[①]后代对桃的品种的认识和栽培是建立在这一基础上的。由此可以说明，先秦时期的人们对桃的认识开始趋于深入。

不仅如此，人们还在栽培桃的生活实践中逐渐懂得了桃的生长环境的重要性以及桃树对环境的美化作用。《管子》“地员”篇云:

> 五沃之土……宜彼群木……其梅、其杏、其桃、其李。[②]

《管子》中的大部分文章作于秦汉之际[③]，由此可以推断，至迟在战国时代，人们已经认识到了土壤与桃树栽培的关系。《韩非子·外储说》第三十三卷和《吕氏春秋》中都有子产治郑十八年而“桃李荫于行者莫之援也”[④]的记载，除了说明子产之治的开明，也说明桃已经作为行道树而美化环境了。这是桃的园林景观的最初形态。在知识和经验日渐丰富的基础上，栽培桃树也趋于普遍。《墨子》卷五则曰：“今有一人，入人园圃，窃其桃李。众闻则非之，上为政者得则罚之，此何也？以亏人自利也。”[⑤]《说文》云:“园，所以树果也。”这段话说明，

---

① 郭璞注、邢昺疏《尔雅注疏》卷九，上海古籍出版社 1990 年版，第 158 页。

② 房玄龄注、刘续增注《管子》，上海古籍出版社 1989 年版，第 97 页。

③ 翟江月《试论〈管子〉中的作品完成在〈吕氏春秋〉成书之后》，《管子学刊》2004 年第 3 期。

④ 吕不韦《吕氏春秋》卷一五，高诱注，上海古籍出版社 1989 年影印本，第 120 页。

⑤ 墨子《墨子》卷五，毕沅校注、吴旭民校点，上海古籍出版社 2014 年版，第 73 页。

在春秋、战国时代，园中栽培种植桃树已经是很普通的事情。

由于桃分布广泛、历史悠久、栽培渐多，因而，先秦时期文献中常出现以“桃”来命名的地名、人名等。需要指出的是，在古代，“桃”在地名中应用较多，这种现象在今天各地地方志中体现得尤其明显。尽管这些地名最初的命名原因有多种，但人们对桃的广泛认识是一个重要的共同的因素，这也从一个侧面说明了桃在古代分布广泛的事实。

桃的原始分布与早期桃的栽培、利用，为汉、魏时期桃的新品种的不断出现及桃树的种植、嫁接等技术的进步创造了条件。在桃文化的发展历史上，先民在日复一日的由采集到栽培的生活实践中书写了价值非凡的第一页，开启了中国桃文化的先河。

## 二、桃的食用价值的发现与利用

桃最初走进先民的生活是因为它是一种容易得到的果实。人们最初对桃子的利用就是采集鲜果以充饥。随着栽培和利用技术的进步，桃子的地位也渐渐上升，成为有品位的、珍贵的果实。然而，野生的桃实和栽培初期的桃子较小，有的还略带苦味。在这种条件下，人们逐渐学会了选择、加工、储藏桃子的方法。

桃分布广泛，采集历史也很悠久，在漫长的采集历史与生活实践中，人们对桃子有了初步的认识。

首先，人们认为桃子的果实很多、很大，《诗经 · 周南 · 桃夭》就对这种大的果实进行了赞美：“桃之夭夭，有蕡其实。”朱熹《诗经集传》卷一解释说：“蕡，实之盛也。”[①]

---

① 朱熹《诗集传》卷一，中国书店 1980 年版，第 5 页。

其次，人们认为桃子的味道很美。《诗经·魏风·园有桃》:“园有桃，其实之肴。”随着人们对桃认识的不断深入，桃的经济价值也日渐显现，《荀子·富国》篇曰:“今是土之生五谷也，人善治之，则亩数盆，一岁而再获之。然后瓜、桃、枣、李，一本数以盆鼓。”[①]可见，由于桃树结果的数量多，果实大，经济价值明显，因而成为可以使国民获利致富的果木之一。

经济地位的上升，促进了桃子的文化地位的提高。上层社会对桃子钟爱有加，将它作为礼物赠送亲友，表现出对桃子的珍视。《诗经·大雅·抑》篇有“投我以桃，报之以李”的句子。在这样的背景下，桃子的文化内涵逐渐丰富了，成语“投桃报李”即由此而来。《诗经》中的植物礼物不仅有桃、李，还有芍药等，如《诗经·郑风·溱洧》:“士与女伊其相谑，赠之以芍药。”可见，“芍药”为《诗经》时代郑国青年男女离别时互赠的信物。朱熹《诗集传》卷三谓“以芍药为赠而结恩情之厚也”[②]。由此可见，“桃”“李”“芍药”都被赋予了情感色彩，从而具有了文化意义。

还应该注意的是，由于桃与李具有相似的生态分布和栽培历史，又是同类的植物，都较容易栽培或种植，适应性强，所以，历代桃、李总是并称，《诗经·大雅·抑》对桃、李的关系和意义的描写即基于这种认识，后代即以“桃李”比喻学生或人才。这是一个重要的文化现象。

春秋时代，桃子已经被看成果中佳品，这在文献中也有记载。《晏子春秋》卷二《内篇·谏下》第二十四这样说:

---

① 荀况《荀子》，杨倞注，上海古籍出版社 1989 年版，第 55 页。

② 朱熹《诗集传》卷三，第 56 页。

公孙接、田开疆、古冶子事景公，以勇力搏虎闻。晏子过而趋，三子者不起。晏子入见公，曰：“臣闻明君之蓄勇力之士也，上有君臣之义，下有长率之伦，内可以禁暴，外可以威敌，上利其功，下服其勇，故尊其位、重其禄。今君之蓄勇力之士也，上无君臣之义，下无长率之伦，内不以禁暴，外不可威敌，此危国之器也，不若去之。”公曰：“三子者，搏之恐不得，刺之恐不中也。此皆力攻勍敌之人也，无长幼之礼。”因请公使人少馈之二桃，曰：“三子何不计功而食桃。”公孙接仰天而叹曰：“晏子，智人也。夫使公之计吾功者，不受桃，是无勇也。士众而桃寡，何不计功而食桃矣。接一搏豜而再搏乳虎，若接之功，可以食桃而无与人同矣。”援桃而起。田开疆曰：“吾仗兵而却三军者再，若开疆之功，亦可以食桃而无与人同矣。”援桃而起。古冶子曰：“吾尝从君济于河，鼋衔左骖以入砥柱之流。当是时也，冶少不能游，潜行。逆流百步，顺流九里，得鼋而杀之。左操骖尾、右挈鼋头，鹤跃而出，津人皆曰：‘河伯也。’若冶视之，则大鼋之首，若冶之功，亦可以食桃而无与人同矣。二子何不反桃。”抽剑而起。公孙接、田开疆曰：“吾勇不子若，功不子逮，取桃不让，是贪也。然而不死，无勇也。”皆反其桃，挈领而死。古冶子曰：“二子死之，冶独生之，不仁。耻人以言，而夸其声，不义。恨乎所行，不死无勇。虽然，二子同桃而节，冶专其桃而宜。”亦反其桃，挈领而死。使者复曰：“已死矣。”公殓之以服，葬之以士礼焉。[①]（见图 03）

① 晏婴《晏子春秋》，中华书局 1985 年版，第 21 ～ 22 页。

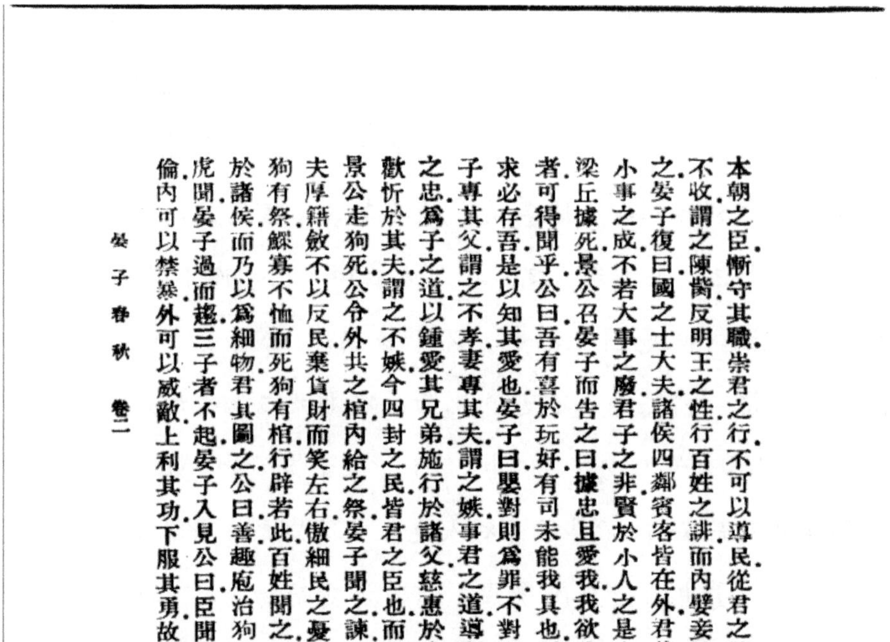

本朝之臣．慚守其職．崇君之行．不可以導民．從君之欲．不可以持國．且嬰聞之．朽而不斂．謂之僇尸．臭而不收．謂之陳胔．反明王之性．行百姓之誹．而內嬖妾於僇胔．此之爲不可．公曰．寡人不識．請因夫子而爲之．晏子復曰．國之士大夫．諸侯四鄰賓客皆在外．君其哭而節之．仲尼聞之曰．星之昭昭．不若月之曀曀．小事之成．不若大事之廢．君子之非．賢於小人之是也．其晏子之謂歟．

梁丘據死．景公召晏子而告之曰．據忠且愛我．我欲豐厚其葬．高大其壟．晏子曰．敢問據之忠與愛於君者．可得聞乎．公曰．吾有喜於玩好．有司未能我具也．則據以其所有共我．是以知其忠也．每有風雨暮夜．求必存吾．是以知其愛也．晏子曰．嬰對則爲罪．不對則無以事君．敢不對乎．嬰聞之．臣專其君．謂之不忠．子專其父．謂之不孝．妻專其夫．謂之嫉．事君之道．導親於父兄．有禮於羣臣．有惠於百姓．有信於諸侯．謂之忠．爲子之道．以鍾愛其兄弟．施行於諸父．慈惠於衆子．誠信於朋友．謂之孝．爲妻之道．使其衆妾皆得歡忻於其夫．謂之不嫉．今四封之民．皆君之臣也．而維據盡力以愛君．

景公走狗死．公令外共之棺．內給之祭．晏子聞之．諫．公曰．亦細物也．特以與左右爲笑耳．晏子曰．君過矣．夫厚籍斂不以反民．棄貨財而笑左右．傲細民之憂．而崇左右之笑．則國亦無望已．且夫孤老凍餒而死．狗有祭．鰥寡不恤．而死狗有棺．行辟若此．百姓聞之．必怨吾君．諸侯聞之．必輕吾國．怨聚於百姓．而權輕於諸侯．而乃以爲細物．君其圖之．公曰．善．趣庖治狗．以會朝屬．公孫接、田開疆、古冶子、事景公．以勇力搏虎聞．晏子過而趨．三子者不起．晏子入見公曰．臣聞明君之蓄勇力之士也．上有君臣之義．下有長率之倫．內可以禁暴．外可以威敵．上利其功．下服其勇．故尊其位．重其祿．今君之蓄勇力之士也．上無君臣之

晏子春秋　卷二　二一

图 03　《晏子春秋》“二桃杀三士”书页。见晏婴《晏子春秋》，中华书局 1985 年版，第 21 页。

这就是历史上的“二桃杀三士”的故事。由上面的故事可以看出，桃在春秋时期确实是难得的、上等的果品，以至于三介赳赳武夫为之丧命。《孔子家语·子路初见》记载了鲁哀公以桃子款待孔子的故事。[①]《韩非子》卷四记载：“昔者弥子瑕有宠于卫君……与君游于果园，食桃而甘。不尽，以其半啖君。君曰：‘爱我哉！忘其口味，以啖寡人。’”[②]韩非为战国末年韩国贵族。韩国国域大概相当于现在的河南西北、陕西东部一带。由此可以判断，当时的韩国是甜味桃的产地之一。由前面的论述可以知道，河南、陕西一带自古就是桃的原产地和集中分布地，桃的栽培历史较为久远，因而桃子的质量好，甘甜可口，以至于成为弥子瑕邀宠于卫君的美味佳果。

桃子还可以作为祭祀之用。《周礼·天官·冢宰》第一：“馈食之笾，其实枣、栗、桃、干橑、榛实。”汉郑玄注：“馈食，荐孰也。今吉礼存者，特牲、少牢。诸侯之大夫士祭礼也，不祼，不荐血腥，而自荐孰始，是以皆云馈食之礼。”[③]今天的民俗中以桃子祭祀即是这一古老民风的延续。

不仅如此，人们还学会了储存、加工鲜桃的方法。中国古代最早以韵文形式记载物候景观和社会生活的文献《夏小正》曰：“六月……煮桃。”[④]《礼记·内则》曰：“枣曰新之，栗曰撰之，桃曰胆之，相梨曰攒之。”[⑤]这说明，人们有了对桃进行初步加工的萌芽意识。《礼记·内

---

① 王肃注《孔子家语》卷五，上海古籍出版社1990年版，第54页。

② 韩非《韩非子》卷四，上海古籍出版社1989年版，第34页。

③ 郑玄注、贾公彦疏、黄侃经文句读《周礼注疏》卷五，毛氏汲古阁明崇祯元年（1628）本，第82页

④ 《大戴礼记》卷二，《影印文渊阁四库全书》本。

⑤ 郑玄注、孔颖达正义、黄侃经文句读《礼记正义》卷二八，上海古籍出版社1990年版，第527页。

则》曰:“桃诸、梅诸、卵盐。”汉代郑玄注曰:“食目，人君燕食所用也。”唐代孔颖达疏：“桃菹、梅菹，即今之藏桃、藏梅也。欲藏之时，必先稍干之……”[1]可见，晒干的桃在那个时代是贵重的食物，成了国君宴食之品。

先秦人们对桃极为珍重，相应的文化意义逐渐增多，奠定了桃文化的基础。当今以桃或桃的图案象征长寿、美好与吉祥（见图04）等民俗现象就是在这一时期产生的。

图04 ［清］酱地描金凸雕灵桃瓶。此为乾隆年间桃瓶，瓶颈所饰之桃新鲜硕大，栩栩如生。“灵桃”之名象征吉祥与美好。现藏北京故宫博物院。

① 郑玄注、孔颖达正义、黄侃经文句读《礼记正义》卷二八，上海古籍出版社1990年版，第527页。

# 三、桃木的实用价值

桃在古代人们日常和社会生活中的重要性不仅体现在桃子作为果实的食用价值和经济价值方面，也体现在桃木的实用价值方面。桃木的实用价值主要从两个方面呈现出来：

## （一）制作武器

桃木是良好的武器材料，这在先秦的文献中也有记载。《周易·系辞下传》曰：

弦木为弧，剡木为矢，弧矢之利，以威天下，盖取诸睽。①

《说文解字》卷十二（下）云，“弧，木弓也”，形象清晰地说明了柔韧、结实的木质可以做成弧和矢以威慑天下的事实。因而，桃木最初的实用价值当是作为工具或者武器。《周礼·冬官考工记》曰：“桃氏为剑。”又曰：“桃氏为刃。”“攻金之工，筑、冶、凫、栗、段、桃氏。”②宋代王与之云：“剑之工名，谓之桃氏，以桃能辟除不祥，而剑亦能止暴恶故也。”③

可见，桃木在周代是上等的武器材料，以至于人们把它作为一种品牌的标识。《左传》中也有把桃木作为武器的记载，《左传·昭公十二年》曰：“昔我先王熊绎辟在荆山，筚路蓝缕以处草莽，跋涉山林以事天子。

① 来知德《周易集注》，上海古籍出版社 1990 年版，第 372 页。

② 郑玄注、贾公彦疏、黄侃经文句读《周礼注疏》卷四〇，第 616 页。

③ 王与之《周礼订义》卷七三，《影印文渊阁四库全书》本。

唯是桃弧、棘矢以共御王事。”晋杜预注曰：“桃弧、棘矢以御不祥。”[1]荆山，在今湖北省西部、汉江两岸。楚国国君带领臣民跋涉山林，开辟疆土，甘苦与共。面对周边各国存在的威胁，尤其是北方周朝军队一次又一次的南侵，楚人整军经武，枕戈待旦，保持警惕，而桃木则是他们在这样的国家战争中使用的重要武器。

**（二）避邪**

木质材料作为武器是在金属器具发明之前的事情，随着铁、铜等金属的冶炼和制造技术的发明和进步，桃木作为武器也就被金属取代了。在文化的传承上，形式的演变往往是迅速的，但是，文化载体曾经被赋予的文化内涵的变化往往是缓慢的，它会成为新的文化内涵的“发生源”。桃木也是如此，在消失了武器的身份之后，可以御凶的作用却被保留了下来，成为一种约定俗成的集体意识；与原始宗教的教义不谋而合，又使之成为具有驱逐邪恶、消灾避难的巫术工具。我国古代的文献对此记载很多，《焦氏易林·明夷》：“桃弓苇戟，除残去恶，敌人执服。”[2]这里仍然有桃木作为武器的痕迹。

木质武器在铁等金属开始使用时就注定要退出历史的舞台了。据研究，战国时期的冶铁业不但十分兴盛，而且成为一种专门的行业，出现了很多大商人。据此我们可以推断，冶铁业发展到如此的程度，绝非短时间所可以达到，一定有很长的历史，战国之前，桃木不再是以武器的功能而存在是极为可能的事情。文献资料也显示，随着社会的发展，桃木作为武器的记载越来越少，而更多地成为避邪的用具。

① 《十三经注疏》整理委员会整理、李学勤主编《春秋左传正义》，北京大学出版社 1999 年版，第 1305 页。

② 焦延寿《焦氏易林注》，尚秉和注，中国书店 1990 年版，下册，第 122 页。

最早言及桃木避邪的文献是《周礼》，其中《下官·司马》曰："戎右掌戎车之兵革……盟则以玉敦辟盟，遂役之。赞牛耳，桃茢。"[①]即在严肃的盟誓场合，人们以桃、茢驱除不祥。这种以桃木驱邪的风俗至春秋、战国时代便趋于普遍和正式，甚至成了国君参加臣子丧葬时的礼俗。《左传·襄公二十九年》曰：

（鲁襄公）二十九年，春，王正月，公在楚，释不朝，正于庙也。楚人使公亲襚，公患之。穆叔曰："祓殡而襚，则布币也。"乃使巫以桃、茢先祓殡。楚人弗禁，既而悔之。正义曰："郑玄云：'为有凶邪之气在侧。桃，鬼所恶。'……茢是帚，盖桃为棒也。"[②]《礼记·檀弓下》亦言："君临臣丧，以巫祝桃茢执戈，恶之也，所以异于生也。"[③]

古代的藏冰、出冰仪式也用桃木制品驱灾，《左传·昭公四年》：

古者，日在北陆而藏冰……其出之也，桃弧棘矢，以除其灾。

正义曰："服虔云：'桃，所以逃凶也。'"[④]杨伯峻注曰："出冰时，用桃木为弓，以棘为箭，置于出冰室之户以禳灾。"[⑤]在这样的藏冰和出冰的仪式上虽然仍用"桃弧"，但其作用已经不再是武器的御敌功能，而是用以驱除灾邪。桃木的这种驱邪意义其实是桃木的武器作用的演变和发展。

---

① 郑玄注、贾公彦疏、黄侃经文句读《周礼注疏》卷三二，第487页。

② 《十三经注疏》整理委员会整理、李学勤主编《春秋左传正义》卷三九，第1088～1089页。

③ 郑玄注、孔颖达正义、黄侃经文句读《礼记正义》卷九，第170页。

④ 《十三经注疏》整理委员会整理、李学勤主编《春秋左传正义》卷四二，第1194～1197页。

⑤ 杨伯峻注《春秋左氏传注》，中华书局1981年版，第4册，第1249页。

桃木作为驱邪的用具不仅出现在藏冰、出冰仪式上，在古代君王的日常饮食中，也使用桃木驱邪，《礼记·玉藻》记载：

> 凡献于君，大夫使宰，士亲，皆再拜稽首送之。膳于君，有荤、桃、茢，于大夫去茢，于士去荤，皆造于膳宰。[①]

桃木作为避邪物除了前面讲的桃棒、桃弧等形式外，还有一种形式就是“桃人”。《战国策》卷十《齐策》三记载：“孟尝君将入秦，止者千数而弗听。苏秦欲止之，孟尝君曰：‘人事者吾已尽知之矣。吾所未闻者，独鬼事耳！’苏秦曰：‘臣之来也，固不敢言人事也。固且以鬼事见君。’孟尝君见之，谓孟尝君曰：‘今者臣来过于淄上，有土偶人与桃梗相与语。桃梗谓土偶人曰：“子西岸之土也，挻子以为人。至岁八月，降雨下，淄水至，则汝残矣。”土偶曰：“不然，吾西岸之土也，土则复西岸耳。今子东国之桃梗也，刻削子以为人。降雨下，淄水至，流子而去，则子漂漂者将何如耳。”今秦四塞之国，譬若虎口，而君入之，则臣不知君所出矣！’孟尝君乃止。”[②]东汉高诱注曰：“荼与郁雷皆在东海中，故曰东国之桃梗也。”[③]“桃人”的历史可以上溯到传说中的黄帝时代，汉代王充《论衡·订鬼》云：

> 《山海经》又曰：“沧海之中，有度朔之山，上有大桃木，其屈蟠三千里。其枝间东北曰鬼门，万鬼所出入也。上有二神人，一曰神荼，一曰郁垒，主阅领万鬼。恶害之鬼，执以苇索而以食虎。于是黄帝乃作礼，以时驱之，立大桃人，门

① 郑玄注、孔颖达正义、黄侃经文句读《礼记正义》卷三〇，第564页。

② 诸祖耿《战国策集注汇考》卷一〇，江苏古籍出版社1985年版，第564～565页。

③ 诸祖耿《战国策集注汇考》卷一〇，第568页。

户画神荼、郁垒与虎，悬苇索，以御凶魅。”[1]

上述文字虽不见于今本《山海经》，然而，历代文献如《后汉书·礼仪志》《后汉书集解》《史记·五帝本纪》《太平御览》等都有引用。可见，桃木可以驱鬼这一思想产生于《山海经》一书成书之前的民间信仰。从上面的论述可以看出，高诱关于“桃人”的观点与王充《论衡·订鬼》所言一致。高诱生活在东汉，距离王充（27—97）生活的时代不远，因为民间习俗具有呈递性，《山海经》成书之前，桃人可以避邪就已经成为一种民众共识，此后代代相传，逐渐成为一种民俗信仰。

总之，先秦时期，古人对桃木的最初利用是直接以桃木棒作为武器使用，因桃木具有柔韧的性能，人们用桃木做成桃弧、桃弓等武器用于战争。金属武器出现之后，桃木便用于丧葬、盟誓等正式、严肃的场合，驱除不祥和邪气。后世用桃木避邪与这一认识有关。

## 四、桃花的实用价值：物候标志

先秦时期，人们不仅从实用价值的角度注意到桃实、桃木，而且还注意到了桃花。这是桃文化发展史上的一大盛事。但是，在先秦时期的实用主义的观念影响下，桃花首先以物候作用即春天的表征而出现在古代的典籍中。桃花的文学意义初次显现于《诗经》，“桃之夭夭，灼灼其华”，是说茁壮的桃树正值生命的旺盛期，因此，桃花也开得热烈而烂漫。当然，这里用的是“比”的手法，用桃花比喻健康、青春、美丽的女性。这一描述奠定了中国文学传统中桃花与女性关系的基础。

① 王充《论衡校释》卷二二，黄晖校释，中华书局 1998 年版，第 937 ～ 939 页。

随着时代和审美认识的发展，桃花又获得了更为丰富的文学意蕴和文化内涵，成为“有意味的形式”。桃花象征春天，这一层意思又是其女性意义产生的基础。因而，要真正深刻地研究桃花意象，就必须从上古时期的桃花原型意义入手。

据笔者统计，先秦典籍对桃的记载共计 86 次。但是，关于桃花的记载和描写很少，仅限于《夏小正》《诗经》《吕氏春秋》《礼记》，共出现 5 次，而描写桃花的文学作品也仅见于《诗经》。在这较少的关于桃花的记载中，古人首先关注的仍然是它在生活中的实用性。这也符合人类认识发展史，因为在人类认识发展史上，事物的实用价值总是先于审美价值。

在中国最早记录季节物候景观的文献《夏小正》中有这样的记载：“正月启蛰……梅、杏、杝桃则华。”据物候研究资料，历史上的这个时期是气候温暖、湿润的时期[①]，“《夏小正》的时代，春天回暖早，秋天降温迟。据竺可桢先生研究，夏商时期是第一个温暖期……总体说来，在夏代，中原地区的气候要比周代暖和”[②]。因而，桃树在农历（即夏历）的正月开花是可能的。《逸周书·时训解》：“惊蛰之日，桃始华，又五日，仓庚鸣，又五日，鹰化为鸠。桃始不华，是谓阳否。”[③]阳气萌动的春季是一年之始，人们把全年的丰灾预知都托于桃树是否按时开花，《吕氏春秋 · 仲春纪》言：

仲春之月，始雨水，桃李华，仓庚鸣。[④]

《礼记 · 月令》中也有对桃花的物候意义的记载：

---

① 张家诚《中国气候总论》，气象出版社 1991 年版，第 316 页。

② 韩高年《上古授时仪式与仪式韵文》，《文献》，2004 年第 4 期。

③ 黄怀信等《逸周书汇校集注》卷六，上海古籍出版社 1995 年版，第 521 页。

④ 吕不韦《吕氏春秋》卷二，高诱注，第 17 页。

始雨水，桃始华，仓庚鸣，鹰化为鸠。[①]

这里提到了“雨”和“桃花”，并且把它们和“春分”联系起来。后世文学作品或艺术如绘画（见图05）等，常以“桃花”与“水”“雨水”或“莺”“燕”“鸭”等搭配组合，表现明丽清新的春天景象，如苏轼《惠崇春江晓景》中的“春江水暖鸭先知”的经典描述等，这一文学传统当源于此。

图05 ［清］华嵒《桃潭浴鸭图》。粉红色的桃花俯仰生姿，初生嫩叶的柳条轻抚着清澈的潭水，引得潭中野鸭频频回首。用笔简练，色彩浓淡相宜，洋溢着清新的春天气息。现藏北京故宫博物院。

① 郑玄注、孔颖达正义、黄侃经文句读《礼记正义》卷一五，第297页。

先秦文献多用桃花开放来表示春天来临，这一现象告诉我们以下三个信息：

首先，桃树分布较梅、杏等更为广泛，开发和利用较早。其次，桃花落后果实即开始生长，人们对桃的果实的关注附带地引起了对桃花的关注。最后，桃花颜色较为鲜艳，花型较大，而开得更早的梅花颜色比较淡，花型较桃花小；桃花花朵浓密，开放时色彩与形象感都比较强烈，容易引人注目，而梅花花朵稀疏，视觉感不强，在重视事物的实用价值的上古时代，人们不会去用心细细品味梅花的暗香浮动，而更可能地去关注视觉感明显的、外向型的桃花。与杏花相比较，由于杏的开发和利用较晚，花色较淡，不容易引人注意。因而，桃花无疑就是春季较为典型的月令之花了。

（原载《中国文化研究》2009 年春之卷）

# 先秦至魏晋时期民俗中的桃

## 一、先秦民俗中的桃

先秦是我国民俗文化的源头。就桃文化而言，诸多民俗思想就是在这一时期产生的，如“仙桃”“寿桃”表示长寿或吉祥的观念就是先秦时孕育、汉、魏、晋定型的，后经历代不断发展和衍变，逐渐成为民俗中的“仙桃”。因此，深入细致地研究这一时期民俗中的桃有助于我们全面认识桃文化的发展过程。

桃原产于我国，华北、西北的甘肃和陕西等地自古以来就分布着大面积的野生桃树，这就为黄河流域的先民认识和利用桃提供了优越的自然条件，先秦的典籍对桃的记载很丰富。《春秋纬·运斗枢》云：“玉衡星之精散为桃。”[①]古人认为日月星辰是永恒的、有神性的。人们还认为桃是有灵性的，如宋代陈景沂《全芳备祖》自序就说：“尝谓天地生物岂无所自，拘目睫而不究其本原，则与朝菌为何异？竹何以虚？木何以实？或春发而秋凋，或贯四时而不改柯易叶，此理所难知也。且桃李产于玉衡之宿，杏为东方岁星之精。凡有花可赏，有实可食者，固当录之而不容后也。”[②]这一思想可谓渊源有自。《易纬·通卦验》云：

---

① 欧阳询《艺文类聚》卷八六，中华书局 1962 年版，第 1467 页。

② 陈景沂《全芳备祖》，农业出版社 1982 年版，第 9 ～ 10 页。

惊蛰大壮初九，桃始华，不华，仓库多火。[①]

《逸周书 · 时训解》曰：

惊蛰之日……桃始华。不华，是谓阳否。[②]

占卜在古人的生活中具有非常重要的作用，因此，占卜所用的东西在人们的心目中是神圣的。桃花是古人常用的占卜物，人们根据桃花是否按时开放来判断凶吉。《吕氏春秋》卷五《仲夏纪·五月纪》言："是月也，天子以雏尝黍羞，以含桃先荐寝庙。"汉代高诱注曰："含桃是月而熟，故进之，先致寝庙孝而且敬 。"[③]古代祭神是很庄严隆重的事情，人们以五月成熟的桃子来祭祀神灵，可见桃在古人心目中的非同凡响的地位。

由此可见，至少在秦朝，人们即用桃来供奉神了，这或许就是后来民俗用桃来祝福长寿的起源。在当今农家房间的中堂，依然可以见到手捧仙桃的《寿星图》，或者一位仙童肩扛果实累累的桃枝的《麻姑献寿图》(见图 06) ,《八仙庆寿》图中蓝采和的花篮里也必定盛满桃子。流传民间的鼓曲《白猴偷献桃》所讲述的故事也与仙桃有关：一白猿为了救治母亲的病，进入桃园偷桃，被门人看到，然感其孝心而释之，并赠兵书一部。猿母食桃而病愈。

另外，民间还有蟠桃的传说，三月三日王母娘娘的寿辰时，王母要在蟠桃园以仙桃大宴众仙，所以，人们认为，蟠桃就是仙界之果。在文学、艺术领域也不乏蟠桃题材的创作（见图 07），反映了人们对桃的神化和崇拜。

---

① 欧阳询《艺文类聚》卷八六，第 1467 页。

② 黄怀信等《逸周书汇校集注》卷六，上海古籍出版社 1995 年版，第 625 页。

③ 吕不韦《吕氏春秋》卷五，高诱注，上海古籍出版社 1989 年影印本，第 39 页。

图 06 ［明］陈洪绶《麻姑献寿图》。绢本，设色。“麻姑献寿”是传统绘画特别是民间年画的常见题材。画面上的麻姑和侍女端庄美丽。麻姑一手执仙杖，杖端系有盛灵芝酒的宝葫芦；另一手执玉盘，衣纹用线及图案极工细匀整，素雅华丽，显示出人物的非凡身份及在祝寿的特定情境中对寿者（西王母）的尊敬和虔诚。侍女手捧花瓶，瓶插雪白的梅花和红艳的山茶花，与麻姑面向一致，目视前方，神情专注。现藏北京故宫博物院。

图 07　[清] 粉彩蟠桃纹天球瓶。这是雍正年间的御用瓷器。瓶体上的粉彩桃树枝繁叶茂，八颗硕大饱满的桃实压坠枝头。此种器形属于陈设用瓷。球瓶彩绘的构图疏朗有致，釉色浓淡相间，精细工巧，堪称雍正官窑粉彩瓷器的代表作。现藏北京故宫博物院。

据北魏贾思勰《齐民要术》:“桃性皮急,四年以上宜以刀竖刮其皮,不刮者皮急则死。七八年便老,老则子细,十年则死。”[①]言桃树的寿命较短。但是,正是这种寿命短的树的果实却与长寿结了缘。这是一种很奇怪的文化现象。从植物学角度看,桃与杏、李、梅、李等一样,是一种普通的果实,然而,为什么它会与仙文化有如此密切的关系呢?仙桃的文化意蕴是什么?这种文化内涵是如何产生的呢?本文将从以下几方面加以阐述:

## 二、桃与寿

> 按照文化人类学功能学派的观点,认为在朴素的人类心理和生理上,有一种自发的对死亡的抗拒,认为人类具有灵魂,死亡就不是真的,既然灵魂不死,就会产生一种永生的信仰。[②]

永生的信仰是原始宗教产生的心理基础。延长寿命、享受现实人生是人类的本能和共同的愿望,而这一愿望在公元前四世纪的中国尤其强烈,如《易·系辞》即曰:“天地之大德曰生。”[③]古代中国人重人生、重现实的文化心理可见一斑。恩格斯说:“一切宗教都不过是支配着人们日常生活的外部力量在人们头脑中的幻想的反映。在这种反映中,人间的力量采取了超人间的形式。”[④]先民以幻化的方式认为现实

① 贾思勰《齐民要术译注》卷四,缪启愉、缪桂龙译注,上海古籍出版社2006年版,第264页。

② 罗永麟《中国仙话研究》,上海文艺出版社1993年版,第58页。

③ 李鼎祚《周易集解》,巴蜀书社1991年版,第295页。

④ 恩格斯《反杜林论》,人民出版社1970年版,第311页。

世界之外还有一个灵魂世界，他们把长生不死的幻想寄托在时间的方向或维度上。先秦时期对于各种自然物的崇拜仪式、关于“不死”的传说，其实就是这种信仰的文化表现。《左传 · 昭公二十年》记载景公与晏子的对话，极为细致地说明了古人对长生的渴望：

景公饮酒，乐，公曰：“古而无死，其乐若何？”晏子对曰：“古而无死，则古之乐也，君何得焉？昔爽鸠氏始居此地，季萴因之，有逢伯陵因之，蒲姑氏因之，而后太公因之。古若无死，爽鸠氏之乐，非君所愿也。”[①]

而在《山海经 · 海外南经》《淮南子 · 时则篇》《吕氏春秋 · 求人篇》分别有“不死国”“不死之野”“不死之乡”等的记载。《海外西经》记载：轩辕之国在此穷山之际，其不寿者八百岁；又记载，白民国的乘黄兽，“乘之寿二千岁”。《大荒西经》有“颛顼之子，三面一臂，三面之人不死”等等。这些是人们渴望长生的幻想，这些幻想是先秦神仙思想的萌芽，《山海经 · 海内西经》就说：“开明东有巫彭、巫抵、巫阳……皆操不死之药……”

对“不死之药”的渴望正是魏晋时期社会上炼丹、服丹的心理依据，如《抱朴子 · 内篇》卷四“金丹”曰：

夫金丹之为物，烧之愈久，变化愈妙。黄金入火，百炼不消。埋之，毕天不朽。服此二物，炼人身体，故能令人不老不死。此盖假求外物以自坚固，有如脂之养火而不可灭，铜青涂脚，入水不腐，此是借铜之劲以捍其肉也。金丹入人身中，

① 《十三经注疏》整理委员会整理、李学勤主编《春秋左传正义》卷四九，第 861 页。

沾洽荣卫，非但铜青之外付矣。[①]

在这种社会背景下，人们经常接触的并认为具有灵性的物象都有可能被用来附会和宣扬。桃子早已被先民美誉为嘉果，《诗经·魏风·园有桃》赞曰："园有桃，其实之肴。"因此，在古人的观念中，桃具有可以使人不死或长生的特性。随着这种观念的发展，到了汉代，桃的名声越来越大，一个重要的表现就是，汉代有关桃的神性的传说和故事空前增多。

秦、汉两朝的初期，社会安定，生活优裕，对现实人生和社会的享受成为时代的风尚，追求长生的主张迎合了追求享乐的统治阶级的思想，因而得到大力的提倡。汉代初年，朝廷奉行黄、老思想，"虽尊儒术，罢黜百家，实则五经与图纬并淆，儒生与方士合流"[②]，这就为人们追求长生的幻想提供了社会条件。以音训推求、诠释"不死"之意的是东汉人刘熙，其《释名》卷三"释长幼"云："老而不死曰仙，仙，迁也，迁入山也。"[③]这样，长生不死就与"仙"联系起来了，成为仙的主要内容。其实，自从人类有生死意识起，就开始了对仙的幻想和寻求，传说中的圣人黄帝、遍尝百草的神农、巫咸、《庄子》中的神人、西王母、东王公等，都是先秦时期的仙人形象。

神仙信仰的形成与"不死"观念的出现和发展有直接关系，"神仙是随灵魂不死观念逐渐具体化而产生的一种想象或半想象的人物。"[④]"当人们最初创造出神仙形象时，首先突出的是它的长生的特

---

① 葛洪《抱朴子》卷四，上海书店1986年版，第13页。

② 台静农《台静农论文集》，安徽教育出版社2002年版，第18页。

③ 王先谦《释名疏证补》卷三，上海古籍出版社1986年版，第150页。

④ 闻一多《闻一多全集》卷一，生活·读书·新知三联书店1985年版，第159页。

点。”[1]值得一提的是，民间原始道教兴起于东汉末年，从教义上讲，它是一门现世的宗教，是以人为本的宗教，它追求现实的人文思想，认为活着就要自己成仙，而成仙的一个重要标志就是长生。它的产生更加推动了人们对长生的幻想和追求。从思想体系上讲，中国古代的老子、庄子、阴阳五行等都是道教的基础，如《尹喜内传》中就记载有“老子西游，省太真王母，共食碧桃、紫梨”的故事，关于尹喜，任继愈先生说：

> 《庄子·天下篇》以关尹、老聃并称，盖与老子同时，亦作关令尹，后世又误作尹喜。《汉志》道家有《关尹子》九篇，早佚。今本《关尹子》出隋唐后人伪作，道教尊为《文始真经》。[2]

又，《神农本草经》曰：“玉桃，服之长生不死，若不得早服，临终日服之，其尸毕天地不朽。”[3]这是明确提出桃可以使人长寿的文献描述。此处所言“玉桃”就是指“桃”，加一“玉”字，体现了人们对“桃”为仙界之物的认可，另一方面也体现了“桃”与道教的密切联系。《述异记》云：“磅礴山去扶桑五万里，日所不及。其地甚寒，有桃树千围，万年一实。一说日本国有金桃，其实重一觔。”又云：“昆仑有玉桃，光明润彻而坚莹，须以玉井泉洗之，便软可食。”[4]《抱朴子》记曰：“五原蔡诞入山而还，欺其家人，云到昆仑山，有玉桃、玉李，形如世间

① 聂石樵《古代文学中人物形象论稿》，北京师范大学出版社2000年版，第29页。

② 任继愈《道藏提要》，中国社会科学出版社1991年版，第4页。

③ 陈梦雷《古今图书集成》“博物汇编·草木典”卷二一九“桃部”，中华书局1985年版，第66941页。

④ 任昉《述异记》，清光绪湖北崇文书局影印本，上册，第25～26页。

者，但光明洞彻而坚，以玉井水洗之，便软而可食。”[1]两处记载虽文字不同，然而，关于“玉桃”来源的说法是一致的，即它产于昆仑山。在古代的传说和神话中，昆仑山是西王母所居之地，《山海经·西山经》曰：“西南三百五十里，曰玉山，是西王母所居也……”因此，人们把产于昆仑山的桃称作“玉桃”。关于《神农本草经》的成书年代，历来颇有争议，但一般认为是东汉年间的作品[2]。这一时期，原始道教基本形成。

服食玉桃可以长生的信念体现了原始道教中神仙家的不老之术。道教人士为了增加道教的群众基础，扩大其影响，往往用一些绮丽的辞藻来渲染，所以，与道教关系密切的桃被美其名曰“玉桃”也是很自然的事情。这种心理再加上东汉统治者对原始道教的神化和提倡、改造的时代因素，使桃与成仙的联系越发紧密，这也促使了有关桃的传说和仙话故事的诞生，加速了桃作为仙品的文化地位的确立。

## 三、桃与仙

先秦、两汉之际，随着神仙方术思想的发展，文学领域中的一个重要的现象是产生了表现神仙、灵异的神仙小说。清代顾炎武《日知录》云：

尝考泰山之故，仙论起于周末，鬼论起于汉末，《左氏》

① 葛洪《抱朴子》卷二〇，第100页。
② 王家葵、张瑞贤《神农本草经研究》，北京科学技术出版社2001年版；崔锡章《汉代医学典籍语法研究》，《医古文知识》2004年第4期。

《国语》未有封禅之文，是三代以上无仙论也。[1]

这是由于三代以前，先民“居黄河流域，颇乏天惠，其生也勤，故重实际而黜玄想”[2]。随着道教的继续发展，时人求仙的风气也越来越浓，因而，与仙有密切关系的桃在有些神话小说和故事中就充当了重要的角色。论及桃的神异和有关的仙化传说，不能不提到东方朔和汉武帝。汉代应劭《风俗通义·正失》云：“朔之逢占射覆，其事浮浅，行于众僮儿牧竖，莫不炫耀，而后之好事者，因取奇言怪语附着之耳。”[3]东方朔喜欢说奇言怪语，而且又喜爱方术，神仙家和方士便将一些诙谐的故事附会于他。记有“扶桑东五万里有磅磄山，上有桃树，百围，其花青黑，万岁一实”的《十洲记》，署名东方朔，其实为魏晋间人作。然而，汉武帝作为一代天子，竟也是一个执著的求仙者。所以，汉代仙话中东方朔偷桃（见图08）、汉武帝食王母桃的情节是最有代表性的。

① 顾炎武《日知录集释》，黄汝成集释，栾保群、吕宗力校点，花山文艺出版社1990年版，第1353页。

② 鲁迅《中国小说史略》，周锡山释评，上海文化出版社2004年版，第16页。

③ 应劭《风俗通义校注》卷二，王利器校注，中华书局1981年版，第111页。

图08 ［明］吴伟《东方朔偷桃图》。绢本，水墨。此图描绘东方朔从西母处偷得仙桃后匆匆逃跑的情景。现藏美国马萨诸塞州美术馆。

署名班固《汉武故事》云：

海上有蟠桃，三千霜乃熟，一千年开花，一千年结子，东方朔尝三盗此桃矣。

“蟠桃”之名，盖由《山海经》等书中记载的桃枝“蟠曲三千里”而来，但是当时尚未出现“蟠桃”之名。从汉代王充引用的《山海经》记载的“沧海之中，有度朔之山。上有大桃木，其曲蟠三千里，其林间东北曰鬼门，万鬼所出入也……”的内容以及其他资料的记述，如明代的《三教源流搜神大全》等可知，“蟠桃”之名应该是汉代以后随着新的神话的产生而出现的。从《汉武故事》记载的“此桃三千年一着子”[①]和《神异经》所云“食之令人益寿”[②]，到《西游记》的“三千年一开花，三千年一结果”的夸张的描写都表明，在古代，桃子为仙界之果，或者说是仙桃。传说东方朔三次所偷的就是此种仙桃，署名班固的《汉武帝内传》和《汉武故事》都有记载。《汉武帝内传》云：

> 七月七日，西王母降，命侍女索桃果。须臾，以玉盘盛仙桃七颗，大如鸭卵，形圆，青色。以呈王母，母以四颗与帝，三颗自食。桃味甘美，口有盈味。帝食，辄收其核。王母问帝，帝曰：“欲种之。”母曰：“此桃三千年一生实，中夏地薄，种之不生。”乃止。

《汉武故事》曰：

> 东郡献短人，帝呼东方朔。朔至，短人因指朔谓帝曰：“西王母种桃，三千年一着子，此儿不良，已三偷之矣。”

这一故事在晋代张华的《博物志》中又被更形象、生动地描绘：

> 汉武帝时，西王母遣使乘白鹿告帝当来。乃供帐九华殿以待之。七月七日夜，漏七刻，王母乘紫云车而至于殿，西南面东向，头上戴七种青气，郁郁如有云……帝南面西向，王母索七桃，大如弹丸，以五枚与帝，母食二枚。惟帝与母对坐，其从者皆不得进。时东方朔窃从殿南厢朱鸟牖中窥母。

① 李昉等《太平御览》卷九六七，中华书局 1960 年版，第 4289 页。
② 李昉等《太平御览》卷九六七，第 4291 页。

母顾之，谓帝曰："此窥牖小儿尝三来盗吾桃。帝乃大怪之。由此世人知方朔神仙也。"[1]

对话体的表述方式形象生动，增加了桃的仙的意味，同时，真实的人物东方朔和汉武帝也为故事增加了可信性。这是汉魏之际道教发展的途径，因为这样能赢得更多人的信仰。

由于时代和审美意识的自然发展，《汉武故事》《汉武帝内传》等这些较早的仙话和传说在魏晋南北朝获得了空前的生机。如果以前的那些记载只是当时神仙家的附会和有目的的宣扬，那么，这些传说和异闻则是对前代的积极回应，上面所说的晋张华《博物志》就是回应者之一。另外，晋葛洪《神仙传》和《抱朴子》、干宝《搜神记》、王嘉《拾遗记》、东晋戴祚《甄异记》、南朝宋刘义庆《幽冥录》、梁宗懔《荆楚岁时记》、齐祖冲之《述异记》、北魏杨衒之《洛阳伽蓝记》等都是这方面的代表作品。葛洪是促使道教由原始宗教向成熟宗教过渡的关键人物，他的《神仙传》就记载了原始宗教的创始人张陵率众弟子登云台山，忽遇一悬崖绝壁，上生桃树，生桃果实数百。张陵对众弟子说，谁能摘取那些桃子，就把道教要义传授给谁。弟子赵昇冒着生命危险，勇敢摘到了桃子。张陵遵守诺言，把道教要义传授给赵昇，赵昇成为道教的重要传人，深得道教秘义。另外，"高丘公服桃胶而得仙"的记载也体现传统道教对桃的地位的肯定和宣扬。从这些记载来看，关于桃与仙的故事已经不再局限于过去的只言片语，而是有了具体的情节、更加细致的描写、传神的语言和生动的对话。这说明，在魏晋时期，随着道教的日益成熟，桃因为具有养身养生的功能而被大力推崇。

---

① 陶宗仪《说郛》（一百卷本）卷二，上海古籍出版社 1988 年版。

到了北魏，人们对桃具有的神化、仙化意义的认可更明确，《洛阳伽蓝记》“建春门”说：“(华林园）景阳山南，有百果园，果列作林，林各有堂，又有仙人桃，其色赤，表里照澈，得霜乃熟，云出昆仑山，一曰王母桃也。”[①]“华林园”为曹魏时的皇家园林。这是较早直接提到“仙桃”的文献记载。

从上面的论述我们也可以看到，这“仙人桃”的说法并非突然，它是在历代的有关桃的神话和故事的基础上出现的。

还应该提到的是西晋傅玄《桃赋》，赋曰：

> 有东园之珍果兮，承阴阳之灵和；结柔根以列树兮，艳长亩而骈罗。夏日先熟，初进庙堂；辛氏践秋，厥味益长。亦有冬桃，冷侔冰霜；和神适意，恣口所尝；华升御于内庭兮，饰佳人之令颜。实充虚而疗饥兮，信功烈之难原；嘉休牛于斯林兮，悦万国之义安。望海岛而慷慨兮，怀度索之灵山；何兹树之独茂兮，条枝纷而丽闲。根龙虬而云结兮，弥万里而屈盘；御百鬼之妖慝兮，列神荼以司奸。辟凶邪而济正兮，岂唯荣美之足言。

文章以当时流行的文学体裁“赋”的形式写出了桃的珍奇和灵异，这在桃文化的历史上或者在文学的体裁史上都是新颖的。此后，桃赋这一体裁大兴，历代皆有佳作，如南朝宋伍辑之《园桃赋》、唐代独孤授《蟠桃赋》、杨思本《桃花赋》、皮日休《桃花赋》、宋代吴淑《桃赋》、明代宋濂《蟠桃核赋》等。这些赋作都继承傅玄之作，描写了桃的仙化色彩。其实，桃至少在秦朝时期就已经被用来祭奉神灵，傅玄的《桃

① 杨衒之《洛阳伽蓝记校释》卷一，周祖谟校释，上海书店出版社2004年版，第67页。

赋》只不过是以文学的形式表达了这一文化现象。

魏晋时期，桃的神化、仙化等文化内涵在各种领域的呈现，表明了桃的神话地位已被广泛认可。而从宗教领域看，这一时期也是道教逐步成熟的关键时期，葛洪的《抱朴子》是道教摆脱原始宗教的巫术形态而独立的标志。魏晋时期是“人的觉醒”（李泽厚《美的历程》中语）时期，原始宗教的仪式和方法，只能满足人们对肉体不灭的幻想，但是，无法满足觉醒了的士大夫的精神需求。因此，在士大夫对宗教需要有解释世界和人生的宗旨的要求下，道教便迅速成熟起来了。

然而，当道教崛起之时，外来的佛教也渐趋于兴盛，于是，两大宗教在争取各自的社会地位方面展开了激烈的斗争，这也促使道教摆脱粗浅的原始形式，将老庄的道家思想和巫术仪式结合，并吸收佛经的有益成分，终于使自己走向了成熟。与道教关系密切的“桃”，也由于特定的社会心理、习俗、文化取向的影响而被宣扬为仙品。唐代段成式《酉阳杂俎》载：

> 九疑有桃核半扇，可容米一升，及蜀后主有桃核杯，容水五升……此皆桃之极大者，昔人谓桃为仙果，殆此类欤！[1]

这是较为明确、直接提到“桃为仙果”的记述，“昔人谓桃为仙果”，即言在唐代以前，桃早已被认为是仙果了。联系前面的论述，我们可以说，大概魏晋时期，桃被确认为仙品。

在桃的仙化地位确立之后，随着时代的发展和人们审美认识水平的提高，桃与仙的关系也发生了变化，即由汉魏晋时的食桃成仙演变成仙凡之间的美好爱情的寓托，南朝宋刘义庆《幽明录》、晚唐诗人曹唐“游仙”系列组诗、元代王子一《刘晨阮肇误入桃源》剧等都是

① 段成式《酉阳杂俎》卷一〇，方南生点校，中华书局 1981 年版，第 100 页。

这方面的代表作品。

在民俗生活中，用桃表示庆贺只是一种形式，实是借具有仙文化内涵的桃表达心中美好的希冀，如明代倪岳《寿程詹事母夫人》诗中曰“青鸾忽报仙桃至，春色红酣映春容”[1]。当今生活中，我们就延续了在生日或寿辰时以桃表达祝福的形式，即使没有桃子，人们也会用面粉或米粉等做成桃形物代替。

## 四、结　语

人不仅是生物性的生命个体存在，还是有意识的社会性的存在，因此，可以感受社会和文化。卡西尔认为：

> 人除了一般生命体所具有的感受系统、效应系统外，还具有一种称之为“符号系统”的第三系统，因此人就不仅是生活在单纯的物理世界中，而且还生活在一个符号世界中，这个符号世界包括神话、语言、艺术、宗教、历史、科学等。[2]

人通过这些符号系统传递社会信息，成为文化的载体。而当外部的社会文化信息如时代审美风尚、艺术风格和社会风俗习惯等的某些方面重复作用于他，“当这种重复达到一定数量时，外部的社会心理内化到他的脑中，就成为一种概括化的、言语化的、简缩化的情结”[3]。桃与仙的关系被再现于古代神话和小说等领域，以至于这种看似荒诞

① 倪岳《青溪漫稿》卷七，《影印文渊阁四库全书》本。
② ［德］卡西尔《人论》，甘阳译，上海译文出版社 1985 年版，第 33 页。
③ 童庆炳《文学艺术与社会心理》，高等教育出版社 1997 年版，第 70 页。

不经但又有很广的接受面的认识积淀成一种集体无意识，《神农经》中“玉桃服之长生不死”的信念，正是由于适应了人求长生的本能才得以广泛传播的。

在原始社会中，最先被赋予巫术力量的往往是那些最贴近人类生活的动物或者植物。由于桃在古代先民生活中有极其重要的地位而较早地被关注，方士的夸张、宣传迎合了秦始皇、汉武帝，两位帝王求仙的兴趣对桃的仙化起到了推波助澜的作用。上有所好，下必甚之。于是，桃与仙、桃为仙果的观念便被人接受了，这种接受会在古代人的心中逐渐固定而成为一种信仰。

在民族意识中，那些流传广泛的民间信仰往往有着深刻的文化渊源。桃的仙化信仰最初就是方士和神仙家的附会宣扬，接近原始宗教，包含着很多不合理的成分，但是，它能成为代代相传的文化因子就说明它具有合理的一面。宗教的本质是窃取人和自然的一切的内涵，转而赋予一个彼岸的神的幻想，而神又从其丰富的内涵中恩赐若干给人和自然。因而，它能给那些时代的人带来一些精神的寄托和慰藉。桃实本身具有医用价值，所以，在人们的生活中，“仙桃”获得了普遍的认同。另外，信仰是一种民族心理，仙桃信仰是由于人们对桃的崇拜而形成的一种约定俗成的思维，是民众精神世界的一种寄托，从而凝固为一种仪式和礼节。

神话是人类社会现实生活的反映，古人借助于想象和幻想，把桃实和桃木做了夸张的推想，表达了人们对桃的实用价值的认可，以及对桃的文化价值的期望、肯定，人们从这些神话和仙话故事中也得到了许多启示。

首先，促进了人类社会对桃的科学栽培和开发研究。神话中的桃木枝繁叶茂，树干遒劲盘曲，能驱走一切恶害之鬼，《山海经》《十洲记》《西京杂记》等典籍中的记载包含着人们对桃的价值的美好期望。瑶台之桃、西王母之桃、老子西游所见碧桃等，这些都是人们对桃优良品种的想象，这就告诉我们要通过科学的育种、栽培、嫁接等方式，生产出树干茁壮、果实丰硕甜美的新品种，让人们一年四季都可以吃到新鲜美味的桃子。同时，培育出花色各样的亮丽桃花，以供人们四时欣赏之用。

其次，桃性温和，可解劳热、生津活血，驱除病魔。桃子的营养价值丰富，含有碳水化合物、维生素、脂肪、蛋白质等多种成分，特别是铁的含量，在常见水果中居第二位，常吃桃子可以防治贫血。桃又含果胶，食桃可以畅通消化道。桃含有丰富钾元素，食之可以降低血压。这些可以帮助我们理解为什么在古代桃就被作为延年益寿之果。同时，这也要求我们进一步加强开发和研制，制成形式多样、营养搭配合理的新型桃制品，以适应人们对桃的需求。

（原载《青海民族研究》2007 年第 3 期，略有修改）

# 中国古代桃花的物候意义

物候是环境条件的周期变化对自然界的植物、动物的影响，是大自然的语言。在没有科学知识的时代，动植物的物候所传递的自然界的信息对人类特别是古人的生产和生活很有意义，至今仍具有科学价值。桃树生长和栽种的地域范围较广，历史悠远，与古人的日常生活关系极其密切。桃花阳春三月开放，烂漫妩媚，形象醒目，所以，自古就是一个重要的植物物候。在农书、类书中多有关于桃花的物候记载。这些记载包含了人们在长期的生活实践中所累积起来的关于桃花的感性认识和物候知识，成为生活常识。基于这些基本认识，文人在田园、时序、行旅、写景、咏物等题材中写及桃花，也往往含有时令之意。

## 一、古代农书、历史等文献中桃花的物候记录

上古时期，人们的农耕和社会活动都要依时令和节候而动，“敬授民时”是重要的政治生活内容，《尚书·尧典》即记载尧“乃命羲和，钦若昊天，历象日月星辰，敬授人时”。自然界的植物、动物的周期变化成为人们耕耘稼穑以及安排其他活动的信号。桃花常见，艳阳三月至四月开花，色彩鲜丽，极为醒目，从古至今都是春天的物候，因此，在古代一些时令或物候性质的农书中，常常以桃花记载春天物候。

“桃花雨”“桃花水”等表述逐渐成为固定说法，桃花风也被作为春天的风信。[①]

首先看以物候为主的农书中关于桃花的记载。桃花的物候记录最早可上溯至《夏小正》。《夏小正》是一部较早、较详细记录物候以及有关农事活动的文献，分别记载春、夏、秋、冬的物候、天象及要安排的农事等，《四库全书总目》卷一百二《农桑衣食撮要》（永乐大典本）：“《豳风》所纪，皆陈物候。《夏小正》所记，亦多切田功。”如《夏小正》“春”时记载：

正月……梅、杏、杝、桃则华，缇缟，鸡桴粥。[②]

学术界一般认为，《夏小正》的产生年代应在商、周以前[③]，主要记录生活在今河南省西北部、山西省中南部、陕西省全境及甘肃省境内的夏族的天象、物候、农事及日常生活。这些地方是桃的原产地，人们普遍熟悉桃花，对桃花的各种认识也很全面，因而，习惯上以桃花开为春天到来的信号，以便及时地把握农事时间。

《吕氏春秋·十二纪》各纪的首篇、《礼记·月令》等文献中，都有依照节气而安排的物候历，其中，就以桃花作为春天的物候。《吕氏春秋·仲春纪》：

仲春之月……始雨水，桃李华，仓庚鸣。[④]

显然，桃树开花、雨水增多、仓庚鸣叫都是仲春的物候。《礼记·月令》中也有类似记载：

---

① 程杰《“二十四番花信风”考》，《阅江学刊》2010 年第 1 期，第 118 页。

② 王筠《〈夏小正〉正义》，中华书局 1985 年版，第 11 页。

③ 韩高年《上古授时仪式与仪式韵文—论《夏小正》的性质、时代及演变》，《文献》2004 年第 4 期，第 108 页。

④ 吕不韦《吕氏春秋》卷二，高诱注，上海古籍出版社 1989 年版，第 17 页。

仲春之月……始雨水，桃始花，仓庚鸣。

《礼记正义》注曰：

皆记时候也……汉始以雨水为二月节。[1]

显然，桃花开是这一时节最稳定的物候标志。

以上几则材料证明，桃花开是古代文献中常见的春天的物候。然而，不难发现，《吕氏春秋》《礼记 · 月令》所记桃树开花的时间比现在黄河流域的时间早。学术界研究认为，《吕氏春秋》的成书时代是在战国，《礼记 · 月令》成书时间约在汉代，有关物候记载均是黄河流域的。据竺可桢先生研究，西周初年、战国、汉代前期是气候历史上的温暖时期，平均气温偏高。这种现象也可在文学中找到证据，如《诗经》中的一些篇章如《豳风》《卫风》等中有许多蚕、桑农事诗；《左传》《史记》中则有对竹、梅、橘、漆等亚热带植物的记载。长江流域和珠江流域较为发达的桑蚕业在先秦时期的黄河流域如甘肃、山西、河南、山东等地曾经很普遍，竹、梅、橘等植物可以在北方生长，说明当时黄河流域的气候比现在温暖。[2]

值得注意的是，在古代，桃花开放不仅用来表示春天的物候，而且还可以用于占卜，如《逸周书 · 时训解》：

惊蛰之日，桃始华……桃始不华，是谓阳否。[3]

可见，桃花在人们的日常生活和社会生活中具有重要意义。

桃花的物候记录不仅见于《夏小正》《吕氏春秋》《礼记 · 月令》

---

① 郑玄注、孔颖达正义、黄侃句读《〈礼记〉正义》卷一五，上海古籍出版社 1990 年版，第 297 页。

② 竺可祯《中国近五千年来气候变迁的初步研究》，《考古学报》1972 年第 1 期，第 20 ～ 21 页。

③ 黄怀信《〈逸周书〉汇校集注》卷六，上海古籍出版社 1995 年版，第 521 页。

等以记载时令为主的文献，中国古代一些重要的农书也常常是以桃花记录春天物候，其目的主要是指导农时。农时在农耕社会中具有至关重要的地位，自春秋、战国以来，古人一直重视农业生产和日常生活的适时，如《管子》卷二十一云：

彼王者，不夺民时，故五谷兴丰，五谷兴丰则士轻禄，民简赏。彼善为国者，使农夫寒耕暑耘。[①]

汉代氾胜之《氾胜之书》开篇即言："凡耕之本，在于趣时。"[②]《齐民要术》卷一云：

顺天时，量地利，则用力少而成功多。[③]

由此可见人们对农时的重视。而在这样重要的时令，桃花即成了告知人们抓紧时机耕作的重要信号。《太平御览》卷九百六十七引汉代崔寔《四民月令》曰：

三月桃花，农人候时而种也。[④]

尤其是《齐民要术》中以种植谷子为例，用植物的生长周期为物候，提醒人们各个种植时段的优劣：

二月上旬及麻菩杨生，种者为上时；三月上旬及清明节，桃始花，为中时；四月上旬及枣叶生桑花落，为下时。[⑤]

这段文字说明，清明节桃花时是种谷子的中等时令。另外，由"三月上旬及清明节，桃始花"可知，贾思勰生活的北魏时期，物候比先秦晚，因为这个时期是气候历史上的寒冷期。

---

① 房玄龄注、刘续增注《管子》卷二十一，上海古籍出版社 1989 年版，第 198 页。
② 石声汉《〈氾胜之书〉今释》（初稿），科学出版社 1956 年版，第 3 页。
③ 贾思勰《齐民要术》卷一，中华书局 1956 年版，第 7 页。
④ 李昉等《太平御览》卷九百六十七，中华书局 1960 年版，第 4288 页。
⑤ 贾思勰《齐民要术》卷一，第 7 页。

古人对于桃花的认识逐渐成为物候常识，在历代文献中皆有直接或者间接表现，“桃花开”“桃花水”成为人们普遍使用的春天物候用语。宋代吕祖谦《东莱集》卷十五《庚子辛丑日记》记载南宋淳熙时 1180—1181 年间婺州即今浙江金华的物候，就以桃花盛开作为当地惊蛰的标志：

> 惊蛰三日，鸬鸠晴和桃杏盛开；淳熙八年辛丑二月辛卯二十六日，晴和，桃花开。三月壬辰清明二十六日，晴，百叶桃开。[①]

明代王逵《蠡海集》中则将桃花列为惊蛰第一候。[②]清初刘献廷《广阳杂记》记载：

> 长沙府二月初间已桃李盛开，绿杨如线，较吴下气候约差三四十日，较燕都约差五六十日。五岭而南，又不知何如矣。[③]

刘献廷(1648—1695)，字继壮，一字贤君，别号广阳子，直隶大兴人，但大部分时间居吴下。这则材料是以桃花盛开的时间不同表示清代初年的五岭、长沙、吴下、燕都为代表的南北、东西地域之间的物候差异。康熙五十四年李光地等纂校的《御定月令辑要》卷六“物候”条中即有“桃始华”一列。[④]

由于桃花一般是在三月中下旬至四月初开放，正是春光最盛的仲春时节，艳阳高照，和风煦暖，因此，人们感觉温度适宜，身心舒畅。又，古代中国的大部分地区处于黄河流域，属于大陆性气候，春季降水稀少。

---

① 吕祖谦《东莱集》卷十五，《影印文渊阁四库全书本》。

② 王逵《蠡海集》，中华书局 1985 年版，第 34 页。

③ 刘献廷《广阳杂记》卷二，汪北平、夏志和标点，中华书局 1957 年版，第 66 页。

④ 李光地等《御定月令辑要》卷六，《影印文渊阁四库全书本》。

因此，人们对春雨特别期待。

在长期的生活实践中人们观察到，桃花盛开的时候大地冰雪融化、泥土解冻、雨水增多、河流水位上涨，这种感觉逐渐成为人们对冬天和春天交替时的直接认识。对雨水的渴望使人们对桃花盛开、河流水位上涨这一自然现象印象尤其深刻。于是，这一季节的水即被称为"桃花水"，是春天的物候之一，早在《汉书》中即有此类记载。[1]此后，"桃花水"便成为春水的一种固定表达，历代文献中都屡见不鲜。

宋代陈元靓《岁时广记》卷一"桃花水"条记云："《水衡记》：黄河水二月三月名'桃花水'。"又颜师古《〈汉书〉音义》云："《月令》：'仲春之月始雨水，桃始华。'盖桃方华时，既有雨水，川谷涨泮，众流盛长，故谓之'桃花水'。老杜诗云：'春岸桃花水。'又曰：'三月桃花浪。'注曰：'峡以三月桃花发时，春水生，谓之桃花水。'王摩诘诗云：'春来到处桃花水。'欧阳公诗云：'桃花水下清明路。'"[2]明徐光启《农政全书》卷十"农事·占候"："三月……月内有暴水谓之'桃花水'，则多梅雨。无涝亦无干。"[3]尤其重要的是，清代傅泽洪主编《行水金鉴》卷九亦云："黄河随时涨落，故举物候为水势之名……二月三月桃华始开，冰泮积，川流猥集，波澜盛长，谓之'桃华水'。"[4]这些资料有力地说明，桃花为三月物候，三月的雨水或河水称为"桃花水"。

由以上材料可证明，桃花广布我国南北，是为人们普遍熟悉的春

---

① 渠红岩《中国古代文学桃花题材与意象研究》，中国社会科学版社 2009 年版，第 150 页。

② 颜师古《〈汉书〉音义》，《影印文渊阁四库全书》本。

③ 徐光启《〈农政全书〉校注》，石声汉校注，上海古籍出版社 1979 年版，第 256 页。

④ 傅泽洪《行水金鉴》卷九，《影印文渊阁四库全书》本。

天物候物象。

在物候意义上，与其他较常见且物候期相近的花卉如梅花、杏花、李花相比，桃花的历史更为悠久，使用也更为频繁。这是因为：先秦时期，对于梅，人们关注的是梅子的实用价值[①]；杏花的物候记载较早出现在汉代《氾胜之书》[②]；李花为节令物候的记载最早见于《吕氏春秋·仲春纪》："仲春之月……始雨水，桃李华，仓庚鸣。"其他文献使用较少。通过有关古籍系统的检索发现，魏晋之前对梅、杏、李等植物的关注都是基于其不同的实用价值，如食用等。"二十四番花信风"中的"梅花风""杏花风""李花风"等名目，也多见于宋代的文献或文学作品。[③]相比而言，桃花是被引用频率最高、出现地域范围最广的花卉，由此可见桃花的物候作用与价值。

## 二、古代文学中桃花的物候意义

盛开的桃花烂漫妩媚，占断春光，唐代李中《桃花》即言"艳舒百叶时皆重"，因此，桃花开放自古就是春天的物候。桃花的物候意义不仅反映在有关的农书等文献中，历代描写或者吟咏桃花的文学作品也向我们传递着物候信息：有的用约定俗成的经典表述描写春色，如"桃花水""桃花雨"等；有的以桃花描写春天的节令；有的则以桃花与其他植物如柳、杏、李等，或动物如黄莺、白鹭、鸳鸯等组合（见图 09），描写不同的春天时景。

① 程杰《中国梅花审美文化研究》，巴蜀书社 2008 年版，第 14 页

② 程杰《"二十四番花信风"考》，《阅江学刊》2010 年第 1 期，第 108 ～ 119 页。

③ 程杰《"二十四番花信风"考》，《阅江学刊》2010 年第 1 期，第 108 ～ 119 页。

图 09　[ 清 ] 任薰《桃花凫图》。此图绘桃花和岸边歇息的水鸟，通俗平易，雅俗共赏。现藏南京博物院。

“桃花水”是春天的物候之一。生活在温带地区的人们，经过漫长的冬天后就会渴盼春天的来临，水、桃花都是对春天的气息很敏感的事物，也是古代文献常用的春天的物候。这一表述到六朝时渐渐成为文人描写春天景色的用语，如汤惠休《白纻歌》六首其一有“桃花水上春风出”的句子，阴铿《渡青草湖诗》云：“洞庭春溜满，平湖锦帆张。沅水桃花色，湘流杜若香。”这里显然是直接用“桃花水”为物候报告春天的来临。六朝以后，越来越多的文人选择“桃花”与“水”组合描写春天，如王维《桃源行》：“春来遍是桃花水，不辨仙源何处寻。”杜甫《春水》：“三月桃花浪，江流复旧痕。”白居易《彭蠡湖晚归》：“彭蠡湖天晚，桃花水气春。”苏轼《次韵王定国南迁回见寄》：“相逢为我话滞留，桃花春涨孤舟起。”蒲松龄《聊斋志异 · 白秋练》：“至次年桃花水溢，他货未至，舟中物当百倍于原直也。”“桃花水”成了一种固定说法。

每年桃花盛开的时候往往会下雨，雨量不大，然时间绵长，雨停的时候也是桃花即将凋谢的时候。桃花盛开时烂漫娇美，凋谢时如红雨般飘洒，十分美丽，引人注目，因此，这个时节的春雨被称为“桃花雨”。与“春雨”这一名词相比，“桃花雨”具有一种视觉上的美感而备受文人青睐。作为一种文学意象，“桃花雨”较早出现在追求浪漫的唐代文人作品中，如戴叔伦《兰溪棹歌》三首其一：“兰溪三日桃花雨，夜半鲤鱼来上滩。”写的是浙江兰溪春日雨后的活泼生机；李咸用《临川逢陈百年》以“桃花雨过春光腻”描写临川春日美景。之后，历代文人写到春雨都往往以“桃花雨”代称，就像明陈赟《桃源行》中所云“三春处处桃花雨”，“桃花雨”是文学意象，又是春天的物候（见图 10）。

图 10　桃花雨。图片由友人提供（本书插图属学术引用，多有网络资源，一般按所见网络原有署名标示作者，网络无署时以“网友”统称。对图片实际作者和所有者敬致谢忱！网络转载中作者擅署、误署现象比较严重，无从辨正，如有误署，必是以讹传讹，敬祈谅解，并由衷致歉）。

要说明的是，在物候期上，“桃花雨”则一般是暮春气象，古人对此体悟也颇细致，如元谢应芳《龟巢稿》卷二《过太仓》：“杨柳溪边系客槎,桃花雨后柳吹花。”清倪涛《历朝书谱》七十七引明文仲义《夜雨绝句》:“江南三月桃花雨，绿暗红稀春欲归。”桃花雨后，柳花纷飞，绿暗红稀，真是“春欲归”时了！

由于桃花为春日艳阳花卉。因此，在一些春日民俗节令如上巳、寒食、清明等作品中，文人常常以桃花来描写节日景色，物候意义尤为明显。

上巳物候。上巳是中国传统节日，时间在农历的三月三日，在魏晋后也被称为“三日”。在物候上，农历三月三日适值桃花开放，人们出门踏青，随处即可看到桃花。自魏晋时期开始，文人已经以桃花的物候表示上巳时间了，如谢惠连《上巳》云：“四时着半分，三春禀融烁。迟迟和景婉，夭夭园桃灼。”魏晋以后，越来越多的上巳题材的文学作品以桃花为上巳物候，如唐代刘宪《奉和三日祓禊渭滨》，“桃花欲落柳条长，沙头水上足风光。此时御跸来游处，愿奉年年祓禊觞”，写出了唐代渭水一带的上巳祓禊情景，以桃花欲落、柳丝变长写出了桃、柳之间潜在的物候动态过程。又如张说《舟中和萧令》的“暮春三月日重三，春水桃花满禊潭”，杨万里《上巳诗》的“正是春光最盛时，桃花枝映李花枝”，都是对于三月的气候和物候关系的描写，表明了上巳时桃花盛开的时令特点。

寒食物候。寒食在清明节前一天，文学作品也常常以桃花为寒食物候，如宋之问《寒食还陆浑别业》：“洛阳城里花如雪，陆浑山中今始发。旦别河桥杨柳风，夕卧伊川桃李月。伊川桃李正芳新，寒食山中酒复春。野老不知尧舜力，酣歌一曲太平人。”诗歌不仅写出了桃花为寒食物候，而且以“洛阳城里花如雪，陆浑山中今始发”表明山区（陆浑别业所在）比平原（洛阳城里）地区的桃花开得晚。又如，梅尧臣《湖州寒食日陪太守南园宴》：“寒食二月三月交，红桃破颣柳染梢。”苏辙《寒食前一日寄子瞻》：“寒食明朝一百五，谁家冉冉尚厨烟。桃花开尽叶初绿，燕子飞来体自便。爱客渐能陪痛饮，读书无思懒开编。秦川雪尽南山出，思共肩舆看麦田。”据《后汉书》卷八六记载，仇池在今甘肃成县西。两首诗所写分别为浙江湖州和甘肃仇池地区的寒食节。梅尧臣以桃、柳的物候特征点明了寒食节的时间，苏辙以桃花开和燕子来的动、植物物候点明仇池的寒食节令景色。然而，不难发现，寒食时，两地桃花的物候期是不一样的，湖州的“红桃破颣”，而仇池的桃花才刚刚“开尽”，这是因为两地所处的纬度和地势不同，湖州属于低纬度平原地区，甘肃属于高纬度的高原地带。因此，湖州地区桃花开的时间比甘肃仇池地区的早。

清明物候。桃花一般在阳历三月中下旬至四月初开花，花期一般为十天左右。到清明，南方大部分地区的桃花花期已基本结束。因此，在清明节令诗词中，文人往往以桃花落表示时令景色，这在宋、元文学中多有表现。宋代郭应祥《卜算子》上阕：“春事到清明，过了三之二。秾李夭桃委路尘，大半成泥滓。”第一句就点明清明是暮春，第二句就具体以桃李的纷纷凋谢为清明的植物物候,表示了“清明至”与“桃李落”之间节气与物候的微妙关系。喻良能《三月六日清明节道中》，“清明时候雨初足，白花满山明似玉。十里春风睡眼中，小桃飘尽余新绿”，写出了清明时候，路边桃花落尽、桃叶显绿的物候信息。元代柳贯《寒食日出访客始见杏花归而有赋》，“京华尘土春如梦，寒食清明花事动……马上风来乱吹瑜，秾桃靓李杳然空”，也以桃花飘落记录当时都城的清明物候。

从以上几例还可以看出，在宋、元时期，清明物候大致相同，都是在桃花飘落时。

古代文人对自然观察细致，体悟深刻。春天里，触动他们的不仅仅是桃花，还有与桃花物候期相近的柳、李花，以及在春日啼鸣的黄莺、杜鹃，因此，在文学作品中，常常巧妙地将桃花与它们搭配、组合，表示初春、盛春、暮春时景。

桃与李组合指早春或三月。桃、李同属，物候期相近，因而，文学作品常以桃李并称表示春天。唐代于季子《早春洛阳答杜审言》：“路傍桃李花犹嫩，波上芙蓉叶未开。”洛阳地处黄河中游，物候较东部沿海地区晚，因此，桃花的物候期较华中、华东地区晚一些，开花盛期一般在四月上旬，因此，早春时节，洛阳的桃花尚未盛开而尤显娇嫩。桃李并称还可以指三月，如南朝陈江总《雉子斑》的“三春桃照李，二月柳争梅”，唐代顾况《洛阳早春》的“故园桃李月，伊水向东流”，宋代邵雍《同府尹李给事游上清宫》的“洛城二月春摇荡，桃李盛开如步障”。“二月”即阳历三月。可见，桃李盛开是阳春三月的景象。

桃与柳组合指仲春。柳抽青时间早，农历二月萌芽，分布区域广，南起五岭北至关外，到处都可栽种，因而，柳树抽青自古是早春的物候，如杜甫《柳边》：“只道梅花发，那知柳亦新。枝枝总到地，叶叶自开春。”“新柳”即是早春的物候。柳树展叶是暖春景象，因此，文人常常以桃花与柳叶组合表示仲春景象，如王维《田园乐》其六：“桃红复含宿雨，柳绿更带朝烟。”雨水、红桃、绿柳、春烟，是春意浓浓的物候表征。宋魏庆之《诗人玉屑》“辋川之胜”条曰：“每哦此句，令人坐想辋川春日之胜。”[①]由于王维对春色的出色描摹，“桃红柳绿”成为文学作品描写春景的固定表述，如宋代曹彦约《偶成》中就有“桃红柳绿簇春华，燕语莺啼尽日佳”的句子。苏轼《新城道中》有“野桃含笑竹篱短，溪柳自摇沙水清。西崦人家应最乐，煮葵烧笋饷春耕”的描写。宋代王十朋《东坡诗集注》云：“王立之按：新城县图，经管十二乡。吴文帝黄武五年置东安郡，新城属焉。唐高宗永亨元年分富春西境，置新城，号上县。皇朝仍之。距杭州之西南一百三十三里。”[②]“野桃含笑”意即桃花盛开，可见，此诗是以桃柳交映的植物物候表明浙江新城县仲春春耕的到来。

① 魏庆之《诗人玉屑》卷一五，上海古籍出版社 1959 年版，第 314 页。

② 王十朋《东坡诗集注》卷一，《影印文渊阁四库全书》本。

桃与柳絮组合指暮春。柳絮是柳树的成熟的种子，上有白色绒毛如絮，故称。柳絮飘落常被作为春归的物候，刘禹锡《柳花词三首》其一：“开从柳条上，散逐香风远。故取花落时，悠扬占春晚。”因而，桃花与柳絮组合则是暮春时节的表征了，如宋代赵长卿《菩萨蛮》中有“赤栏干外桃花雨。飞花已觉春归去。柳色碧依依，浓阴春昼迟”的描述，所写即是作者于暮春时节看到的景象：桃花雨后，花儿纷纷凋谢，柳荫渐浓，白天渐渐变长，这就是春夏交替时的物候。朱淑真《鹧鸪天》的“独倚阑干昼日长，纷纷蜂蝶斗轻狂。一天飞絮东风恶，满路桃花春水香”，与之异曲同工。

桃花与莺组合表示初春时节。莺，又名仓庚、黄鸟、黄鹂、黄莺，《禽经》：“仓庚、黧黄，黄鸟也。”晋张华注曰：“今谓之黄莺、黄鹂是也。”黄莺初春始鸣，自古就是早春的物候标志，如北周王褒《燕歌行》：“初春丽日莺欲娇，桃花流水没河桥。”黄莺娇啼、桃花开放，一派初春的明丽景象！杜牧《为人题赠》的“绿树莺莺语，平江燕燕飞”，朱淑真《谒金门》的“好是风和日暖，转与莺莺燕燕”，也都是以莺歌桃花渲染出有声有色的初春景象。

桃花与杜鹃组合表示暮春。杜鹃也是古代文献和文学作品中常见的鸟，生活在我国西南地区，是暮春和初夏的候鸟，杜甫《杜鹃》写道：“杜鹃暮春至，哀哀叫其间。”古代文学中，桃花与杜鹃组合则表明暮春时节，如元卢挚《双调·沉醉东风》“春情”：“白雪柳絮飞，红雨桃花坠。杜鹃声又是春归。”柳絮翻飞、桃花飘雨、杜鹃啼归，植物物候和动物物候很巧妙地结合在一起，宣告了春天的结束和初夏的到来（见图 11）。

以重彩渲染。严谨细腻，极具法度，设色较北宋花鸟画柔丽秀润。现藏南京博物院。

图 11　［宋］佚名《桃花鸳鸯图》。图轴双勾作线描，以重彩渲染。严谨细腻，极具法度，设色较北宋花鸟画柔丽秀润。现藏南京博物院。

## 三、结 论

中国古代农耕社会从开始就有对物候知识的需要，长期的农业劳动、与自然密切联系的生活实践为人们提供了取得物候知识的可能。在一年的物候中，春天的物候对春耕等农事和社会生活尤其重要。桃生长和分布范围广，与古人日常生活的关系也更密切；桃花是人们普遍熟悉的花卉。在对日常生活进行长期观察的基础上，人们发现了桃花开放与春天来临之间的某种关系和规律性，并逐渐形成了关于桃花物候的感性认识。桃花盛开或者凋落是古代有关农业、科技、历史、地理等文献中常见的春天的物候，宋代张虙《月令解》卷二就说："春华之盛莫如桃。"[①]农书等文献中的这些记载逐渐成为人们对桃花的基本认识或生活常识，历代文人在某些羁旅、田园、时令、节序等题材的作品中，常常以桃花描写不同阶段的春景，桃花的物候意义极为明显。在艺术方式上，通过桃花与不同的植物、动物物象搭配组合表示不同的春日景色或物候。白居易《大林寺桃花》："人间四月芳菲尽，山寺桃花始盛开。"在不同的生长条件和环境中，桃花的物候又有时间上的差异，这也有助于我们认识古代物候的地域差异。古人对于桃花的物候意义的认识凝结着深刻、科学的自然观。

由于物候学是生物学和气象学的一个分支，在生物学方面接近生态学，在气象学方面又接近农业气象学，生态学和农业气象学相结合

① 余嘉锡《《四库提要》辩证》，科学出版社 1958 年版，第 51 页。

恰是气象学研究的新视角。所以，以古代相关文献或文学作品中的桃花为切入点，以物候学为研究视角，可以在较为广阔的文化空间内反映中国古代气候的历史变迁及农业文化的某些特征，同时，也可以使我们深入理解桃文化。

（原载《南京师范大学文学院学报》2011 年第 4 期）

# 论桃花的物色美

桃花树态优美，花朵浓密而丰腴，色彩妩媚（见图 12）。阳春三月，桃花嫣然，成林的桃花，更是别具一番动人的美，云蒸霞蔚、如霞似锦（见图 13），是任何花卉都无法取代的。历代文人无不将枝椏上的红色咏诸诗文，桃花伴着清风，含着妩媚，从《诗经》篇章飘到现代。

图 12　桃花。茁壮的桃树花叶同发，嫩绿的桃叶与淡粉的桃花相映成趣，渲染出三春的蓬勃生机。图片由友人提供。

图 13　兰州安宁桃花。成片成林的桃花如火如荼，景象壮观，散发出不可遏制的春日生机。图片由网友提供。

宋代陆佃《埤雅》卷十三“释木”：“俗云‘梅华优于香，桃华优于色’。”桃花以独具的花色之美成为我国重要的园林观赏树种。而桃花独特的物色与中国传统文化结合，成为文人们抒情表意的有效凭借物，衍生出丰富的象征意蕴。因而，桃花从一个纯粹的自然物象上升为一种独具魅力的文学意象，桃花也以其丰富的文化意蕴有效地承载了它作为文化符号的社会功能。而这种“符号”的形成并不仅仅是社会和文化活动的结果，还与桃花本身的生物特性有着密不可分的关系。

从人类认识事物的规律看，只有认识了桃的枝、叶、花的色彩、形态、习性等客观生物特征，才能理解以比喻和象征的方式所赋予桃花的观念、形态意义，才能提高对桃花的审美认识层次。因而，了解桃花的基本的生物学知识是我们理解桃意象的文学和文化意蕴的前提。

## 一、桃的生物特征

桃是蔷薇科李属落叶小乔木。据文献资料和考古发掘报告，桃原产于我国，西部和西北部是其原产地。早在4000多年之前，桃就被人们认识、利用，可见历史之悠久。

桃树势强健，萌芽力和发枝力都很强，有多次生长的特性。一般条件下，树高2～4m，树冠直径为4～6m。桃树生长迅速，一般二至三年即可以结果，五至六年即进入盛果期。因此，民谚有“桃三李四梅子十二”“头白可种桃”的说法。然而，桃的树龄极短。白居易《种桃歌》:“食桃种其核，一年核生芽。二年长枝叶，三年桃有花。忆昨五六岁，灼灼盛芬华。迨兹八九载，有减而无加。去春已稀少，今春渐无多。明年后年后，芳意当如何。”[①]诗歌写出了桃的这一生长规律。

桃的果实外有茸毛，称为桃毛，内有坚硬的核，称为桃核。桃的种类很多，成熟期也因品种不同而有早晚之别，成熟后的果实呈红色，外观鲜丽，多浆汁而味道甜美，食后口有余香，是果实中的佼佼者，民俗中称之为“仙桃”。

桃的叶子为长圆披针形，长度为四五寸，边缘有锯齿。桃叶与桃花同时发芽、生长，形成红绿相映相衬的视觉美感，唐代刘长卿《送

① 彭定求等编《全唐诗》卷四五三，中华书局1960年版。

子婿崔真父归长城》中即有“桃叶宜人诚可咏”[1]的诗句。

桃春日开花，花期为清明前后，唐代诗人罗邺《东归》诗中即有“桃夭李艳清明近，惆怅当年意尽违”[2]的句子。一般而言，南方桃花清明之前即开花，北方桃花则开于清明之后。桃花、叶同发，然花较叶先茂，苏轼有诗曰“争开不待叶，密缀无枝条”[3]，即写出了桃花的这种习性和美感。

桃花品种多样，花朵色彩不一，早期桃花花色为粉红色或红色，如《诗经》中即以“灼灼其花”予以形容，随着栽培技术的不断进步，产生了许多变种，如绯桃、千叶绯桃、碧桃、白碧桃等，花色有深红、绯红、纯白及红白混色等。

桃花花瓣数也因品种不同而不同。根据花卉学对桃花的分类标准，花瓣5枚的为单瓣桃花（见图14），花瓣10～40枚的为复瓣桃花（见图15），40枚以上的为重瓣。[4]单瓣桃花纤弱而柔美，而复瓣、重瓣桃花如百叶、千叶桃花形大而丰腴，似乎更能引人注意。文学作品中的百叶、千叶桃花较早在唐代文人笔下出现，如韩愈《题百叶桃花》以“百叶双桃晚更红，窥窗映竹见玲珑”[5]写出了百叶桃花玲珑的花形。

---

① 彭定求等编《全唐诗》卷一五一。

② 彭定求等编《全唐诗》卷六五四。

③ 傅璇琮等主编、北京大学古文献研究所编《全宋诗》卷八三一，北京大学出版社1991—1998年版，第14册，第9113页。

④ 陈俊愉、程绪珂《中国花经》，上海文艺出版社2000年版，第121页。

⑤ 彭定求等编《全唐诗》卷一五一。

图 14　单瓣桃花。图片由友人提供。

图 15　红、白二色复瓣桃花。图片由友人提供。

宋代园艺业发达，桃树的嫁接与培育等技术也取得长足进展，千叶碧桃、千叶绯桃等新品种不断出现，其新颖优美的外形是宋代文学作品描写的重要视角。宋代陶弼《途次叶县睹千叶桃花》“三月宫桃满上林，一花千萼费春心”[①]，其《邕州小集·桃》亦言“一花五出尚可饮，何况重重叠叠开”[②]，繁复的花片是春工颇费心思设计出来的，单瓣桃花的柔美已经令人诗酒酬唱了，这些重葩叠萼就更足以使人沉醉了。

元代刘诜《和罗昌逢千叶桃花》以“异姿夺众妍，姝萼同一状。重绯杂裼袭，迭彩迷下上”[③]的诗句写出了千叶桃花的重葩叠萼、美丽绝伦的姿态。明代杨基《千叶桃花》则以“春色千重与万重”“剪裁宁不费春工”[④]来描写其优美的姿态，每一个花瓣都似乎是一层春色，是春工匠心独具剪裁出来的。明代程敏政《赏王司言仪宾府千叶绯桃》言：“移根曾见新培上，凝睇浑如旧倚风。重凭画阑惊岁月，不辞觞咏绕芳丛。”[⑤]王府中的这株千叶绯桃如含情凝睇的温柔女子，令人边酒边吟，流连不已。

桃是落叶果树中环境适应性较强的树种，“桃李满天下”的谚语就包含这一层意思。由于桃原产于我国西部和西北部海拔较高的地区，生长于土壤深厚、地下水位较低的环境，形成了喜光、耐旱、忌涝、耐寒的习性，适应空气干燥、冬季寒冷的大陆性气候，经济栽培区为

① 傅璇琮等主编、北京大学古文献研究所编《全宋诗》卷四〇六，第8册，第4984页。

② 傅璇琮等主编、北京大学古文献研究所编《全宋诗》卷四〇六，第8册，第4982页。

③ 刘诜《桂隐诗集》卷一，《影印文渊阁四库全书》本。

④ 杨基《眉庵集》卷三，巴蜀书社2005年版，第78页。

⑤ 程敏政《篁墩文集》卷七七，上海古籍出版社1991年版，第576页。

北纬 25°～45°，因而，我国的大部分地区均可以栽培。

早在 4000 多年以前，桃就开始为人类所认识、选择、采集、栽培，利用历史悠久。《诗经》《山海经》《管子》《尔雅》《初学记》《酉阳杂俎》《本草纲目》《群芳谱》《广群芳谱》等对桃的栽培、分布品种、医学价值等方面进行了记载，为现代桃的经济利用打下了坚实的基础。

桃全身是宝，具有多方面的经济价值。桃的果肉鲜美，甘甜芳香，老少皆宜，营养丰富。桃还具有医学价值，东方朔《神异经》有“和核作羹，食之令人益寿”[①]的记载，这也是后代“仙桃”观念形成的基础。李时珍《本草纲目》中更是记载了桃实“食之解劳”，桃仁“润燥活血”，桃枭治“小儿虚汗”等，桃花具有祛痰、消积等作用，桃叶可以治伤寒、发汗等，桃的根、皮可以治黄胆病，桃胶可以和血益气等。[②]可见，桃几乎全身皆可入药。

桃木、桃核坚硬细密，可以雕刻成各种工艺品。

桃的品种丰富，成熟期也各不相同，丰富了市场的需求。

桃树姿态多样，枝形、枝色都很美；花色艳丽，花形各异。因而，既可以折枝瓶插，又可以作盆栽、庭院、园林观赏。

桃树适应强，无论南方、北方，还是平原、山地，都可以大面积栽培。同时，桃结果快，果实繁多而硕大，容易丰产。

总之，桃在果树生产中具有很高的经济地位。

---

① 东方朔《神异经》，李昉等《太平御览》卷九六七，第 4291 页。

② 李时珍撰，李经纬、李振吉主编《本草纲目校注》卷二九，辽海出版社 2000 年版，第 1055～1061 页。

## 二、桃花的物色美

### （一）花色

自然界的花卉中，“花在绿叶之前，其色常黄，花在绿叶之上，其色常赤”[①]。桃花属于春日艳阳花卉，花叶同发，然而花较叶先茂，其花色为粉红或深红色（见图16）。

图16　桃花。图片由友人提供。

桃花的美感主要体现为花色之美，这一点早就为古人认同，如宋陆佃《埤雅》卷十三“释木”：“俗云‘梅华优于香，桃华优于色’。”

① 程兆熊《论中国庭园花木》，（台北）明文书局1987年版，第495页。

因而，翻开中国古代文学作品中历代文人对梅花、杏花等春日花卉的题咏，我们发现，对梅花的描写多着笔于花之清香雅韵，对杏花的描写多侧重于表现其雪繁粉薄，相比而言，文人对桃花或深或浅之红色表现出普遍的关注，这大概是因为：

首先，桃花花期较早，清明前后即开花，时值万物复苏的季节，阳光明媚，温度适宜，人们的户外活动开始增多。刚刚走出肃杀单调的寒冬，在周围相对单调的环境映衬下，桃花更显鲜艳，因而也更抢眼。

其次，在与桃花花期前后接近的常见花卉中，梅花色彩较淡，而且花先叶而发；杏花含苞时为红色，而盛开后渐渐变成白色，花较叶子先茂，然而，叶子细小，不易引人注意；而桃花从开至落皆为红色，花、叶同发，因而，在桃花的花、叶搭配组合中，桃叶是桃花的最直接和便利的陪衬者，这种搭配组合“通过最经济的方式提供了令人满意的完满性”[①]，细长嫩绿的桃叶使或粉或红的桃花尤具视觉美感。

美学知识和生活经验都告诉我们，色彩比线条等更容易进入人们的视野。而在所有的色彩中，红色是最艳丽、最容易吸引人的注意力的一种颜色。对于桃花而言，深红色或粉红也是最常见的花色。阳春三月，和风煦暖，桃花以如胭脂、如红霞的绚烂成为春天舞台的主角，自《诗经》篇章“桃之夭夭，灼灼其华”的绘形绘色之后，历代文人无不乐于设色敷彩，用心描写桃花之红，于是，“红”或“粉红”成为中国古代文学桃花题咏中的桃花“本色”。

南朝梁简文帝《初桃》“初桃丽新彩，照地吐其芳”，写出了初发桃花的粉嫩鲜丽。庾信《奉和赵王途中五韵诗》有“村桃拂红粉，岸

---

① ［美］阿恩海姆等《艺术的心理世界》，周宪译，中国人民大学出版社2003年版，第91页。

柳被青丝”[1]的描写，篱落乡间的桃花也俨然一位红粉佳人。杜甫《江畔独步寻花绝句》之五写道：“桃花一簇开无主，可爱深红爱浅红。”[2]深红、浅红的桃花都那么美丽，简直令诗人目不暇接了。韩愈《闻梨花发赠刘师命》“桃溪惆怅不能过，红艳纷纷落地多”[3]，落红满地，令人感伤然而不乏美丽。元稹《桃花》以“桃花浅深处，似匀深浅妆”[4]写出了桃花或深或浅的红色如美人之淡浓相宜的妆容。而吴融《桃花》写道：“满树和娇烂漫红，万枝丹彩灼春融。”[5]满树的桃花好像天工以巨笔特意描绘出来的，烂漫得似乎融进了人间所有的春光。杨万里《寒食雨中同舍人约游天竺得十六绝句呈陆务观》“两岸桃花总无力，斜红相倚卧春风”[6]，赵孟頫《题山堂》“推窗绿树排檐入，临水红桃对镜开”[7]等等，无不以不同的“红”笔描绘出桃花妍丽的花色。

与平地或平原的桃花之红相比，山间的桃花或者野生桃花则显出一份野性的、夸张的“红色”（见图 17），如唐代庄南杰《阳春曲》“沙鸥白羽剪晴碧，野桃红艳烧春空”[8]，野桃广袤，红艳欲烧，渲染出桃花惊人的红色和旺盛生命力。唐代陆希声《桃花谷》“君阳山下足春风，满谷仙桃照水红”[9]，满谷的红色简直染透了整条河水，写出了山桃怒

---

① 逯钦立辑校《先秦汉魏晋南北朝诗》北周诗卷二，中华书局 1983 年版，第 2360 页。

② 彭定求等编《全唐诗》卷二七。

③ 彭定求等编《全唐诗》卷三四三。

④ 彭定求等编《全唐诗》卷四二〇。

⑤ 彭定求等编《全唐诗》卷六八七。

⑥ 傅璇琮等主编、北京大学古文献研究所编《全宋诗》卷二三一八，第 42 册，第 26335 页。

⑦ 赵孟頫《松雪斋集》卷四，中国书店 1991 年版，第 171 页。

⑧ 彭定求等编《全唐诗》卷四七〇。

⑨ 彭定求等编《全唐诗》卷六八九。

放、不可遏止的生机。韩愈“种桃处处惟开花，川原近远蒸红霞”成为描写野桃物色的经典诗句。

图 17　云蒸霞蔚的乡野桃花。图片由友人提供。

不仅诗歌中常见对桃花之红的渲染，在宋词中的桃花篇章中，也无不遍布着点点斑斑或如火如荼的“红色”。苏轼《殢人娇·王都尉席上赠侍人》上阕云：“满院桃花，尽是刘郎未见。于中更、一枝纤软。仙家日月，笑人间春晚。浓睡起，惊飞乱红千片。”[①]“乱红”比喻纷纷飘落的桃花。黄庭坚《水调歌头》上阕云：“瑶草一何碧，春入武陵溪。溪上桃花无数，花上有黄鹂。我欲穿花寻路，直入白云深处。浩气展虹霓，只恐花深里，红露湿人衣。”[②]以“红露”描写出桃花红色欲滴的令人

① 苏轼《东坡词注》，吕观仁注，岳麓书社 2005 年版，第 144 页。
② 黄庭坚《山谷词》，马兴荣、祝振玉校注，上海古籍出版社 2001 年版，第 31 页。

心神摇荡的美。向子諲《浣溪沙·连年二月二日出都门》上阕有“人意天公则甚知，故教小雨作深悲，桃花浑似泪胭脂”[1]的描写，以“泪胭脂”比喻雨中桃花之姿色，柔弱而美丽。李彭老《踏莎行·题草窗十拟后》有“桃花红雨梨花雪”[2]的句子，“红雨”显系从李贺诗中的“桃花乱落如红雨”而来，描写了桃花纷然飘洒的落红之美。南宋周紫芝《点绛唇·西池桃花落尽赋此》“燕子风高，小桃枝上花无数。乱溪深处，满地飞红雨”[3]亦是如此。

由这些例子可以看出，宋词对常见桃花的红色描写呈现出与前人不同的艺术手法，以借喻的方式用“红雨”“乱红”“飞红”等词语描写桃花花色之红，表现出宋人对桃花意象的描写更为精妙的艺术成就。

与深红色桃花相比，粉红桃花更具有娇嫩之美，如明代文征明《钱氏西斋粉红桃花》即言：“温情腻质可怜生，浥浥轻韶入粉匀。新暖透肌红沁玉，晚风吹酒淡生春。窥墙有态如含笑，对面无言故恼人。莫作寻常轻薄看，杨家姊妹是前身。”[4]（注：该诗又作宋胡师闵题）粉红桃花似乎美女的细腻剔透的肌肤，娇嫩而浥浥生香。

唐代是桃花新品种大规模增加的时代，也是植观赏桃之风始盛的时代，绯桃、碧桃、绛桃、百叶霜桃等品种纷纷出现。宋、元之际，桃花的新品种不断增加，二色桃、合欢二色桃、千叶碧桃、千叶绯桃等开始出现。明、清时期，则出现了人面桃、寿星桃、墨桃、白碧桃、菊花桃、红绛桃、红叶桃、鸳鸯桃等品种。林林总总的桃花之色在文人笔下无不鲜亮如初。

---

① 唐圭璋主编《全宋词》第 2 册，中华书局 1965 年版，第 976 页。

② 唐圭璋主编《全宋词》第 4 册，中华书局 1965 年版，第 2970 页。

③ 唐圭璋主编《全宋词》第 2 册，第 888 页。

④ 文征明《甫田集》卷三，《影印文渊阁四库全书》本。

绯桃。唐代始出现，清代汪灏《广群芳谱》卷二十五“绯桃”：“俗名‘苏州桃’，花如翦绒，比诸桃开迟，而色可爱。”[①]据《花经》，绯桃“花呈大红色”[②]（见图18），因为它比普通的桃花开得迟，颜色较深，因而，常常引起文人的好奇，如李咸用《绯桃花歌》“茫茫天意为谁留，深染夭桃备胜游”[③]。蔡襄《后舍绯桃》中有“十年树底折香葩，蔌蔌浮光弄晚霞”[④]的句子，烂漫欲动的晚霞是如诗如画的后园绯桃惊人花色的绝佳比喻。

图18　绯桃花。花朵浓密如红霞。图片由友人提供。

碧桃。花色有红、白两色或红白混色，花瓣为复瓣或重瓣（见图

① 汪灏等《广群芳谱》卷二五，第610页。

② 黄岳渊、黄德邻《花经》，上海书店1985年版，第120页。

③ 彭定求等编《全唐诗》卷六四六。

④ 傅璇琮等主编、北京大学古文献研究所编《全宋诗》卷三九一，第7册，第4801页。

19、图 20、图 21）。唐代始出现，晚唐文人作品中常见碧桃意象，然而多是将碧桃作为仙界景物，对碧桃花色没有涉及，这与道教在唐代的盛行、碧桃与道教的密切关系有关。碧桃花花色在宋代著名诗人范成大笔下得到了表现，其《次韵周子充正字馆中绯碧两桃花》写道："碧城香雾赤城霞，染出刘郎未见花。"神仙以仙界的云霞和香雾深情地染出的绯桃和碧桃，定然是刘禹锡在玄都观从未见过的桃花。范成大不遗余力地渲染了"碧桃"宛若仙界之物，突出了绯桃、碧桃这两种桃花不同凡俗的色彩美。

图 19　红色碧桃花。花朵浓密，观赏性强。图片由友人提供。

图20　白色碧桃花。重瓣，花色洁白，令人赏心悦目。图片由友人提供。

图21　红白二色碧桃花。重瓣，花色为红、粉混色，甜美可爱。图片由友人提供。

元、明、清时期文人也同样爱写“碧桃”之不同凡俗的花色，如元代张弘范《碧桃花》：“应是玄都观里仙，为嫌白淡厌红焉。故栽一棵新颜色，疑是飞仙坠翠钿。”[1]把碧桃的花色来历想象成一个动人的神仙故事，玄都观里的仙人觉得白色桃花太“淡”了，而红色的桃花又太“焉”了，所以，别出心裁地栽了这棵碧桃。

二色桃花。清代汪灏《广群芳谱》卷二十五言“二色桃花”为“粉红，千瓣极佳”[2]，宋、元时期的文人极爱这种桃花。华镇《千瓣二色桃花》以“细攒重迭瓣，匀赋浅深红。艳质平分异，香心一点同”[3]，描写出二色桃花之深浅合度的花色之美。周必大《以红碧二色桃花送务观》“碧云欲合带红霞，知是秦人洞里花”[4]，“碧云”“红霞”渲染出这二色桃花之不同凡俗的美。方回《二色桃花》“阮郎溪上醉腮融，蓦忽深红又浅红”[5]，以仙子醉酒的腮红，写出二色桃花的深红、浅红的色彩错落之美。

千叶碧桃。千叶碧桃也叫重瓣碧桃，动人的花色也吸引了众多文人的目光，如李纲《千叶碧桃二绝句》分别有“春光欲暮碧桃开，烟露相和染玉腮”[6]“每恨桃花抵死红，年年秾艳笑春风。谁知零落胭脂后，

① 张弘范《淮阳集》，《影印文渊阁四库全书》本。

② 汪灏等《广群芳谱》卷二五，第 610 页。

③ 傅璇琮等主编、北京大学古文献研究所编《全宋诗》卷一〇九〇，第 18 册，第 12323 页。

④ 傅璇琮等主编、北京大学古文献研究所编《全宋诗》卷二三三一，第 43 册，第 26694 页。

⑤ 方回《桐江续集》卷一九，《影印文渊阁四库全书》本。

⑥ 傅璇琮等主编、北京大学古文献研究所编《全宋诗》卷二五六九，第 27 册，第 17800 页。

浅碧微开烟雨中"[①]的描写，千叶碧桃开花较迟，然花色不减他花，淡淡的花色，如女子浅浅的粉妆，而雨洗后的碧桃花则更加温润可人了。

千叶绯桃。与千叶碧桃相比，千叶绯桃的红色更深些。宋代程俱《和同会舍千叶绯桃》"争春虽云晚，斗丽固当捷"，明代程敏政《赏王司言仪宾府千叶绯桃》"细叶巧随金剪落，靓妆匀试玉奁空"[②]等，都写出了千叶绯桃的深红花色，艳若女子的靓妆，"丽""靓""深红"等字眼，突出了千叶绯桃的花色特征。

风柔日暖、水秀山润的春天里，桃花以它堪餐的花色成为唤醒春酲的芳物。相比于桃花花色，中国古代文学作品对桃叶的描写和表现则显得较少，且多数是作为意象而出现的，专题的咏桃叶之作并未见于《全唐诗》《全宋诗》《全宋词》等文献，但也不乏佳句，如王昌龄《古意》"桃花四面发，桃叶一枝开"，刘长卿《送子婿崔真父归长城》"桃叶宜人诚可咏，柳花如雪若为看"[③]，即写出了这种花叶映衬、相得益彰的美感。而朱敦儒《好事近》中有"深住小溪春，好在柳枝桃叶"[④]的描写，以桃叶的新绿象征小溪的春意之浓。

**（二）花形**

桃花的花色是人们乍眼瞥见时最具有视觉冲击力的因素，而当人们凝神注视时，桃花的形态就成为审美的焦点。

桃花结构由花梗、花萼、花瓣、花蕊、花药等组成。萼片卵圆形或者三角状卵形。根据花瓣大小，桃花花形可以分为蔷薇型、铃型，

① 傅璇琮等主编、北京大学古文献研究所编《全宋诗》卷二五六九，第27册，第17800页。

② 程敏政《篁墩文集》卷七七，第576页。

③ 彭定求等编《全唐诗》卷一五一。

④ 唐圭璋主编《全宋词》第2册，第855页。

花瓣形状有圆形、卵圆形、椭圆形、长圆形。花瓣又分为单瓣（五瓣，近似圆形的五瓣是比较规整的构形，与梅花相近，但梅花花瓣为正圆形）和复瓣（重瓣）。

根据生物学相关理论，桃花自花芽萌动到凋谢共分为六个时期：花芽膨大期、露萼期、露瓣期、初花期、盛花期、落花期。由于桃树分布广泛和阳春开花的生物习性，它的几个阶段的情态都被人们关注并形诸文字，体现了不同花期的美感。综观古代文学对桃花形态描写的作品，或是通过整体把握，或是通过局部描写来刻画桃花优美的外形，而局部描写时又多是着笔于花瓣，栩栩如生地展现了桃花姿态各异的美感：娇柔、纤秾、玲珑。宋代汪藻《春日》"桃花嫣然出篱笑，似开未开最有情"[①]，这"似开未开"的桃花酝酿着饱满的生机，可以带给踏青寻芳的人们以惊喜和神秘的期待，因而早在南朝，大诗人谢灵运就有了"山桃发红萼"[②]的诗句，"萼"即花瓣下部的一圈小叶片。由此，初发的红萼、绮萼就成为后人描写桃花的一个视角，朱熹《春日言怀》"春至草木变，郊园犹掩扉。兹晨与心会，览物偏芳菲。桃蕚破浅红，时禽悦朝晖"[③]，陆游《初春纪事》"入春一再雨，喜气盈墟落。又闻湖边路，已破小桃蕚。一尊傥可携，父子自酬酢"[④]等，都描写了"桃萼"初发带给人们的无限惊喜。

盛开的桃花最能"物色摇情"，是历代文人、画家泼墨挥毫、发诸

① 傅璇琮等主编、北京大学古文献研究所编《全宋诗》卷一四三七，第25册，第16556页。

② 逯钦立辑校《先秦汉魏晋南北朝诗》宋诗卷三，第1175页。

③ 傅璇琮等主编、北京大学古文献研究所编《全宋诗》卷二三九二，第44册，第27474页。

④ 傅璇琮等主编、北京大学古文献研究所编《全宋诗》卷二二四一，第40册，第25288页。

吟咏的对象，佳句、佳篇、佳作不可胜数。《诗经·周南·桃夭》中的“灼灼其华”，虽然目的不是描写桃花，但确实是抓住了盛开桃花的特征。杜甫《春日江村》“种竹交加翠，栽桃烂漫红”[1]，翠竹映衬下的桃花更显妩媚。薛能《桃花》“开齐全未落，繁极欲相重”[2]，则以夸张的手法写出了桃花花朵浓密、繁盛，几乎使树枝不堪其重的情态。温庭筠《照影曲》“百媚桃花如欲语，曾为无双今两身”，形象地写出了桃花盛开时如娇媚的女子含情而语。蔡襄《过杨乐道宅西桃花盛开》“城限绕舍似仙家，舍下新桃已放花。无限幽香风正好，不胜狂艳日初斜”[3]，沐浴在春风中狂艳的桃花，使诗人似乎闻到了淡淡的馨香，桃花本不以香胜，而此处言其“幽香”，表明花开之盛。

飘零的桃花别具一份美感。李贺《将进酒》“况是青春日将暮，桃花乱落如红雨”[4]，感伤然而浪漫，短暂而热烈地盛开却又急遽飘落的桃花与人生美好青春的流逝是多么相似！“红雨”的比喻语也成为桃花飘落的经典表述。杜甫《绝句漫兴九首》之五“癫狂柳絮随风舞，轻薄桃花逐水流”[5]，抛开后人对它的各种情感化的解释，“轻薄桃花逐水流”的诗句写出了春水桃花的清丽之美。张志和在《渔父歌》中甚至把“桃花流水鳜鱼肥”[6]的诱惑呈现给我们，宋代吴曾《能改斋漫录》卷十六称之为“水光山色，渔父家风”[7]，这里，飘零的桃花别具一

① 彭定求等编《全唐诗》卷二二八。
② 彭定求等编《全唐诗》卷五五八。
③ 傅璇琮等主编、北京大学古文献研究所编《全宋诗》卷三九一，第7册，第4829页。
④ 彭定求等编《全唐诗》卷三九三。
⑤ 彭定求等编《全唐诗》卷二二七。
⑥ 彭定求等编《全唐诗》卷二九。
⑦ 吴曾《能改斋漫录》（下）卷一六，上海古籍出版社1979年版，第473页。

份悠闲之美。清代丘陵《桃花》:“芳郊晴日草萋萋，千树桃花一鸟啼。无数落红随水去，又分春色入城西。”[①]该诗可以作为杜甫诗句“癫狂柳絮随风舞，轻薄桃花逐水流”的注脚，那随着一溪春水飘去的桃花，谁能说不是给在水一方的人们送去的一份春色呢?

以美女之醉态写桃花之娇美是文学作品中常见手法，大概是酒可以助娇态之故吧。如宋代曾裘父《桃花》“衣裁缃缬态纤秾，犹在瑶池午醉中”[②]，盛开的桃花美态如瑶池仙女的醉颜，愈显其纤秾的美感。晁端礼《水龙吟》中亦有“好似佳人半醉”的词句，描写出小桃的秀靥如醉之态。宋代刘圻父《阮郎归》更是以较为细腻的笔触描写了桃花之美，“长条袅袅串红绡，无风时自摇。十分妖艳更苗条，殢春情态娇”[③]，缀满枝条的桃花无风自摇，更添一份柔美与韵致。

对桃花姿态形象的描写最为详尽的要数唐代薛能《桃花》，“开齐全未落，翻极欲相重……乱缘堪羡蚁，深入不如蜂。有影宜暄煦，无言自冶容”。这样的表现深得林逋的称颂，他在《桃花》诗中这样推举:“比并合饶皮博士，形相偏属薛尚书。”[④]桃花繁密娇美、仪态妖娆的姿容令人如此倾情!

### (三)花香

花卉之所以被人喜爱，通常是因为其花色、花姿、花香可供人欣赏。然而，自然界存在这样一个现象，即“花之色美姿妍者每不香，花之香者，

① 汪灏等撰《广群芳谱》卷二六，第635页。

② 傅璇琮等主编、北京大学古文献研究所编《全宋诗》卷二一五三，第38册，第24245页。

③ 唐圭璋主编《全宋词》第1册，第419页。

④ 傅璇琮等主编、北京大学古文献研究所编《全宋诗》卷一〇八，第2册，第1219页。

则其色常不美，而姿亦每不妍。”[1]桃花色美姿妍，其中，花色之美是桃花美感的主要因素。然而，古代文学作品中不乏对桃花之香的形容与描绘。桃花之色、姿属于视觉感受，桃花之香则属于嗅觉和心理感受，因而，更具一份清纯细腻的美感。

早在南朝，梁代简文帝《初桃》即有“枝间留紫燕，叶里发清香”的描写。南朝文人体物细致，描写详尽，桃花之清香是他们静观默想时的心得与体悟。在长期的文学流变与发展中，“桃花香”已成为一种桃花美感的代名词。桃花之香气较淡，且需借助于空气的流动才能散发，只有用心细致地感受方可获得，如明代朱希晦《月夜放歌》言：“碧桃花香夜初静，露滴衣裳怯清冷。”[2]碧桃之花香是在夜阑人定时脉脉袭来。赵完璧《春夜》亦言：“深院秋千儿女情，桃花香暖月华清。”[3]古代文学作品对桃花之香的描写，或者与“水”和“风”等流动性意象结合，或者通过夜深人静的环境描写表现飘渺幽微的情韵，增加诗文的美感。

北朝庾信《忝在司水看治渭桥》“春洲鹦鹉色，流水桃花香”[4]，表达了一种浓浓的春意，同时也让人体会到桃花之美。唐代陈陶《怀仙吟》“云溪古流水，春晚桃花香”，宋代陈襄《寄远》“步障影迷金谷路，桃花香隔武陵溪”[5]，郭祥正《留题九江刘秀才西亭》“一径二三里，流水散漫桃花香”[6]，那淙淙的小溪，似乎更契合隐隐约约的

① 程兆熊《论中国庭园花木》，第495页。

② 朱希晦《云松巢集》卷三，《影印文渊阁四库全书》本。

③ 赵完璧《海壑吟稿》卷六，《影印文渊阁四库全书》本。

④ 逯钦立辑校《先秦汉魏晋南北朝诗》北周诗卷三，第2374页。

⑤ 傅璇琮等主编、北京大学古文献研究所编《全宋诗》卷四一五，第8册，第5087页。

⑥ 傅璇琮等主编、北京大学古文献研究所编《全宋诗》卷七七九，第13册，第8739页。

花香，潺潺的流水传递着淡淡的芬芳。卢溦《春日睡起次嘉则》“深巷无人静掩扉，桃花香暖午风微”[①]，明代顾清《为南村题蟠桃图寿喻守》“海山千里春茫茫，东风是处桃花香”[②]，若有若无的花香随着轻柔的春风弥漫开去，渲染着宁静、祥和的春意。

“若夫空谷幽兰，则其香特能远闻，要不外对蜂蝶之刺激与引诱，可以招致其纷纷而来。同时，对此一类昆虫之微小生命，花之姿香与色者，能有其一，则足尽其刺激与诱惑之能事，固不必同时具备。”[③]与梅花、空谷中的幽兰以香取胜的生物特性不同，桃花是在春天阳光充分照射之下的花卉，极为鲜艳，张潮《幽梦影》言：“凡花色之娇媚者，多不甚香。”[④]然而，桃花仅仅凭借着其醒目的花色就足以“领袖群芳”[⑤]，而姿态的优美就更增添了其堪乱云霞、占断春光的魅力，这早已融进了人们的心里，成为文学作品中桃花审美的永远的视角。

## 三、桃花的风景美

《广群芳谱》卷二十五“花谱”条曰：“桃西方之木也，乃五木之精。枝干扶疎，处处有之。叶狭而长，二月开花。有红、白、粉红、深粉红之殊。他如单瓣大红，千瓣桃红之变也；单瓣白桃，千瓣白桃之变也。

---

① 胡文学《甬上耆旧诗》卷二三引，《影印文渊阁四库全书》本。

② 顾清《东江家藏集》卷一一，《影印文渊阁四库全书》本。

③ 程兆熊《论中国庭园花木》，第 495 页。

④ 张潮《幽梦影》，见王雅红等《才子四书》，湖北辞书出版社 1997 年版，第 87 页。

⑤ 李渔《李渔随笔全集》，艾舒仁编次、冉云飞校点，巴蜀书社 1997 年版，第 201 页。

烂漫芳菲，其色甚媚。花早易植，木少则花盛。种类颇多，本草云绛桃、绯桃、千叶桃、美人桃、二色桃、日月桃、鸳鸯桃、瑞仙桃，又有寿星桃、巨核桃、十月桃、油桃、李桃。”[①]桃花在初开、盛开、凋落之时，晴天、雨天，雨中、露中，平原、山区，山谷、山脚，水边、池边，庭园、庭院、馆舍、道观等地方和环境，单株、林植等均可以营造出不同的景观（见图 22）。

图 22　园林桃花。图中桃花配以绿植，红绿相称，清新自然，营造出花木繁盛、色彩鲜丽的春天气息。图片由友人提供。

**（一）不同气候之美**

桃花灿烂若锦，阴晴雨雪、落霞烟雾，都可显现娇艳芬芳的倩影。

桃花性喜阳光，物候期内温度越高，开放越快，也更为繁盛。晴日艳阳之桃花尽情绽放，展示着令人炫目的色彩。李白《古风》“桃花

① 汪灏等《广群芳谱》卷二五，上海书店 1985 年影印本，第 610 页。

开东园，含笑夸白日”[1]，写出了阳光下灿然开放的桃花的骄人情态。同样是春阳之下的桃花，夕阳中桃花却具有着与“白日”桃花不同的情态美，元代白珽《湖居杂兴八首》之六有“桃花含笑夕阳中”[2]的句子，与李白诗中的带有骄纵意味的桃花相比，“夕阳”中的桃花则显得温和而柔静。周朴《桃花》“桃花春色暖先开，明媚谁人不看来”[3]，王安石《春风》“春风过柳绿如缲，晴日蒸红出小桃”[4]，写出了丽日淑景下桃花的艳冶之容，这也是春日桃花最动人的形象，没有人能拒绝其明媚姿容的诱惑。而唐代崔护《题都城南庄》中的“人面不知何处去，桃花依旧笑春风”的描写可以是最具魅力的了，那一树盛开如笑颜的桃花让人浮想联翩。

桃花花瓣薄而嫩，沐浴雨露的桃花更加润泽、剔透，别具一番佳致。与晴空丽日下桃花的张扬与热烈相比，雨中桃花姿态颇具一种阴柔之美。李峤《桃》“山风凝笑脸，朝露泫啼妆”[5]，以“啼妆”写出了雨露中桃花如美女啼妆的形态。李白《访戴天山道士不遇》“犬吠水声中，桃花带雨浓”[6]，微雨轻洒，千株含露，媚人的桃花更添了一份莹润粉嫩之美。韦庄《庭前桃》“带露似垂湘女泪”[7]，雨露桃花如美丽的湘妃晶莹的泪滴,让人想象其姿态之美。而李商隐《赋得桃李无言》“得

① 彭定求等编《全唐诗》卷一六一。

② 白珽《湛渊集》，《影印文渊阁四库全书》本。

③ 彭定求等编《全唐诗》卷六七三。

④ 傅璇琮等主编、北京大学古文献研究所编《全宋诗》卷五七七，第10册，第6687页。

⑤ 彭定求等编《全唐诗》卷六〇。

⑥ 彭定求等编《全唐诗》卷一八二，

⑦ 彭定求等编《全唐诗》卷六九九。

意摇风态，含情泣露痕”[①]，与之有异曲同工之妙。杜甫《风雨看舟前落花，戏为新句》:“江上人家桃树枝，春寒细雨入疏篱……吹花困癫傍舟楫，水光风力俱相怯。赤憎轻薄遮入怀，珍重分明不来接。湿久飞迟半欲高，萦沙惹草细于毛……”[②]杨万里《寒食雨中同舍人约游天竺，得十六绝句呈陆务观》亦云：“小溪曲曲乱山中，嫩水溅溅一线通。两岸桃花总无力，斜红相倚卧春风。”[③]陈与义《窦园醉中前后五绝句》则曰：“自唱新诗与明月，碧桃开尽雨声中。”[④]雨洗桃花，幻化出千尺晴霞，足以令诗人欲对月歌吟了。晁端礼《水龙吟》：“岭梅香雪飘零尽，繁杏枝头犹未。小桃一种夭娆，偏占春工用意。微喷丹砂，半含朝露，粉墙低倚，是谁家小女，娇痴怨别空凝睇，东风里。”[⑤]朝露助添了桃花的柔美，含露的妖娆小桃低低地倚靠在粉墙下，好像娇嗔的女子，含情脉脉。明代岳岱《桃花图》：“尚忆春来三日醉，晓烟疏雨卧山家。”[⑥]桃花先叶而茂，簇簇团团的桃花与春雨如诗如画的体贴，使桃花尽显其生命的另一种美感：含蓄、温柔。

薛能《桃花》诗中的“冷湿朝如淡，晴干午更浓”是对桃花在不同气候条件下的淡若浅粉、浓若靓妆的不同美感的较好概括。

---

① 彭定求等编《全唐诗》卷五四一。

② 彭定求等编《全唐诗》卷二二三。

③ 傅璇琮等主编、北京大学古文献研究所编《全宋诗》卷二三一八，第 42 册，第 26335 页。

④ 傅璇琮等主编、北京大学古文献研究所编《全宋诗》卷一七五八，第 31 册，第 19505 页。

⑤ 唐圭璋主编《全宋词》第 1 册，第 419 页。

⑥ 陈邦彦选编《历代题画诗》卷八七，人民美术出版社 1995 年影印本，第 3082 页。

### （二）不同种植形式之美

桃树既可以单株种植，也可以数株甚至大规模林植，皆可创造出不同的景观之美。

单株、数株桃树常常植于庭院或者窗前，由于这些桃花多为主人亲手栽植，故常常附属了主观的感情，而这种感情的加入，使得这些桃花具有一份情意绵绵的韵致。李白《寄东鲁二稚子》："南风吹归心，飞堕酒楼前。楼东一株桃，枝叶拂青烟。此树我所种，别来向三年。桃今与楼齐，我行尚未旋。娇女字平阳，折花倚桃边。折花不见我，泪下如流泉。小儿名伯禽，与姊亦齐肩。双行桃树下，抚背复谁怜。"[①]楼前的这株桃树，牵系着诗人的缱绻情思，孩子的折花相忆是最能打动人的细节。由此，桃花也成为家园情思主题的常见意象，如顾况《洛阳早春》"何地避春愁，终年忆旧游。一家千里外，百舌五更头。客路偏逢雨，乡山不入楼。故园桃李月，伊水向东流"[②]，范成大《浙江小矶春日》"客里无人共一杯，故园桃李为谁开"[③]等。

片植或成林种植的桃树常栽于园林、道观等公共场所，以求其烂漫的姿色渲染广大空间的春色。与单株桃花或片植桃花相比，成林桃花更能加强花色对人的视觉冲击力。

李白《鹦鹉洲》："烟开兰叶香风暖，夹岸桃花锦浪生。"[④]"夹岸"的桃花映着明丽的春水，如大片的锦缎明丽闪耀。韩愈《桃源图》："种桃处处惟开花，川原近远蒸红霞"，极形象地写出了遍布川原的

---

① 彭定求等编《全唐诗》卷一七二。

② 彭定求等编《全唐诗》卷二六六。

③ 傅璇琮等主编、北京大学古文献研究所编《全宋诗》卷二二七二，第 41 页，第 25753 页。

④ 彭定求等编《全唐诗》卷一八〇。

桃花壮美的景象，如万顷霞光在蒸腾，明代彭大翼《山堂肆考》卷一百九十八则将韩愈的这篇作品列为“蒸霞”之例。[1]

不仅如此，“锦”“霞”还成了后来描写桃花的现成比喻，如生平不太爱桃花的陆游晚年所写《泛舟观桃花》也这样描绘：“花径二月桃花发，霞照波心锦裹山。”[2]可见，如锦似霞的桃花多么令人心醉！明仁宗《桃园春晓》“碧桃千万树，鲜妍如锦绚”[3]，就写出了这满园桃花共展露华、炫然如画的美感。相比而言，成林的野生桃花有如火如荼的美，如唐彦谦《绯桃》“短墙荒圃四无邻，烈火绯桃照地春”[4]，就形象地写出了在无人的荒郊野圃，桃花近乎疯狂地张扬着其生机的态势。司马光《洛阳少年行》“铜驼陌上桃花红，洛阳无处无春风”[5]，陌上桃花万树齐发，似乎宣告了整个洛阳城春天的来临。

桃花自身的美感在与同类植物搭配映衬时更能凸显出来，在特定的空间点缀其他观花及彩叶植物，如桃花丛间植以松、竹、柳等观叶植物，与红桃相映，艳丽悦目，颇有特色（见图 23），成为历代绘画的常见题材。

---

① 彭大翼《山堂肆考》卷一九八，《影印文渊阁四库全书》本。

② 傅璇琮等主编、北京大学古文献研究所编《全宋诗》卷二二四一，第 39 册，第 25855 页。

③ 《佩文斋咏物诗选》卷二九六，《影印文渊阁四库全书》本。

④ 彭定求等编《全唐诗》卷六七二。

⑤ 傅璇琮等主编、北京大学古文献研究所编《全宋诗》卷五一〇，第 9 册，第 6009 页。

图 23　［清］沈铨《桃红梨白鹦鹉绿》图轴。粉红的桃花与洁白的梨花、绿色可爱的鹦鹉组合，动静相宜，浓淡适中，令人赏心悦目。现藏美国大都会美术博物馆。

数株桃花植于山石旁边或水池之畔，使桃花的艳冶与山石的单调得以平衡，收到极好的景观效果。李白《杂歌谣辞·中山孺子妾歌》："桃李出深井，花艳惊上春。"[①]桃花以令人惊艳的物色之美，成为春日的主要角色和景观，因此，也成为中国园林造景中的重要花卉。

**（原载《中国古代文学桃花题材与意象研究》第五章第一节至第三节，第101～117页，中国社会科学出版社2009年版，题目为新增）**

① 彭定求等编《全唐诗》卷一六三

# 唐代咏桃诗歌的发展轨迹

桃是中国文学中重要的植物意象和题材，历来是文人习于描写和歌咏的对象。咏桃诗歌是中国咏物文学中的重要门类，滥觞于南朝。然而，由于社会审美等文化因素的影响，南朝咏桃诗尚处于萌芽期。之后，似乎一直在等待着文学转变的春风，这个转变在享祚短暂的隋朝并没有到来。虽然出现了孔绍安的《应诏咏夭桃》诗，但由于孔绍安由陈入隋，其诗仍有齐梁文风的遗响，所以，隋代还是咏桃诗歌发展的过渡期。文学发展的各种内、外部因素的结合，终于在唐代迎来了万山红遍的咏桃诗的春天。唐代的咏桃诗呈现出这样两个方面的特征：一是桃花题材作品的数量多，且集中在中、晚唐；二是桃花的审美意趣和艺术表达范式也取得了突破和演进。本文将以此为纲，阐释这些特征的形成和表现。

## 一、咏桃诗歌作品数量

唐代咏桃文学的兴盛一个最直观、有力的表现是专门咏桃的作品较前代大幅增加。据笔者统计，《全唐诗》五万多首诗歌中，内容中包含“桃”的诗歌约有 1600 首，而其中有 161 首专题咏桃诗歌：初唐 18 首，盛唐 12 首，中唐 66 首，晚唐 65 首。

不仅如此，咏桃诗人的队伍也是庞大的，唐代有83位诗人写过专题咏桃诗歌，其中，白居易就写了9首专题咏桃诗，是唐代咏桃最多的诗人，李商隐8首，顾况8首，刘禹锡7首，杜甫6首，韩偓5首，韩愈、张籍、韦庄、刘长卿分别4首，元稹、杜牧、温庭筠、释皎然分别3首。这些数字虽然不大，但较之唐前的寥若晨星般的5首咏桃诗、4篇文和赋，数量上已呈增加之势了。

又据统计，《全唐诗》中，咏物之作多达6021首，加上中华书局1993年版的陈尚君辑校《全唐诗补编》中的728首，一共是6798首，其中，初唐504首，盛唐746首，中唐1455首，晚唐3356首。[①]这一数据与唐代咏桃作品在各期的数量大致相同。由此我们可以说，唐代是咏物诗发展的新时代，中、晚唐则又是唐代咏物诗的集中时代，也是咏桃诗歌的兴盛、成熟时代。

## 二、唐代咏桃诗的发展

咏桃诗歌在唐代走向了兴盛，并渐趋成熟，然而，在各个阶段又呈现出不同的特色，审美视野、艺术表达方式等方面都存在一个渐渐发展的过程。本文将以初唐、盛唐、中唐、晚唐为时段，分析这一渐变过程，以求厘清咏桃诗歌在唐代的发展脉络。

### （一）初唐咏桃诗

初唐咏桃诗包括10位诗人的18首作品。由于这些诗人如李峤、徐彦伯、赵彦昭等的身份都是宫廷文学侍从，其咏桃诗多作于春日侍

① 胡大浚、兰甲云《唐代咏物诗发展之轮廓与轨迹》，《烟台大学学报》（哲学社会科学版），1995年第2期。

从游赏或宴饮场合，且多是奉和、应制和同题共咏之作，所以，诗歌风格具有宫廷色彩，艺术上更多承袭六朝。代表作是李峤的《桃》，但这首诗也只是机械叙述、刻板图写：“独有成蹊处，秾华发井旁。山风凝笑脸，朝露泫啼妆。隐士颜应改，仙人路渐长。还欣上林苑，千岁奉君王。”清代翁方纲《石洲诗话》评李峤咏物诗云：“李巨山咏物百二十首，虽极工切，而声律时有未调，犹带齐梁遗习。”[①]这是从声律方面对李峤百咏的评价，其实内容上也是齐梁文风的延续。

总之，这一时期的咏桃作品多数没有诗人情感、寓意和深刻思想内蕴，这也是咏物诗发展史上的必经阶段，是唐代咏物诗发展轨迹上的重要一点。

**（二）盛唐咏桃诗**

王夫之《姜斋诗话》曰：“(咏物诗）至盛唐以后，始有即物达情之作。”[②]盛唐咏物诗向着即物达情、深婉蕴籍的方向发展。咏桃诗就是在这样的文学背景下走进了盛唐，走向了成熟。

盛唐咏桃诗人主要有王维、李白、杜甫，以杜甫艺术成就最高。王维对桃花的歌咏主要以“桃源”意象体现出来，其代表作《桃源行》不是以描写桃花之美见长，而是以对“仙源”境界的憧憬著称。诗歌语言生动、风格绮丽缥缈，体现着少年时代的王维富艳的才情和对恬适自在的神仙世界的追求，因而，有着浓郁的个性色彩。同时也说明，陶渊明《桃花源记》中的“桃源”意象在盛唐时代条件下充满了“仙境”的意义，成为诗歌的重要题材，这是咏桃诗的重要突破。李白性格豪放，

① 翁方纲《石洲诗话》卷一，郭绍虞《清诗话续编》，上海古籍出版社 1983 年版，第 1364 页。

② 王夫之《姜斋诗话》，《清诗话》，上海古籍出版社 1999 年版，第 22 页。

所以，其咏桃诗歌极少着意于对桃花进行细致描绘，而常常遗物貌而取物神，在与其他物象的对比中，赋予桃花以深刻的人格形象内涵，如其《古风》在将“桃花”与“南山松”的对比中赋予桃花以华而不实、毫无操守的反面人格象征意义。桃花被赋予负面的人格形象意义并非由李白开端，初唐王绩《春桂问答二首》中已有类似写法。这种意义的发现与建立是基于桃花花期短暂的生物习性。桃花被赋予人格象征意义的深刻文化内涵，这在咏桃诗歌发展史上具有重要的意义。

同为盛唐的咏物大家，杜甫咏桃则有与王维、李白不同的审美、艺术角度。杜甫专咏花、木等的诗篇为80余首，其中咏桃诗6首。诗歌对桃花刻画细致，寓托深厚。《江畔独步寻花七绝句》:“黄师塔前江水东，春光懒困倚微风。桃花一簇开无主，可爱深红爱浅红？”“一簇”写出了桃花之稠密,“开无主”点明桃花旺盛的生命力和浓郁的春意,“深红”“浅红”写出了桃花花色的多样，而又叠用“爱”字，节奏错落有致，表达了诗人对桃花的喜爱之情。此“无主”之桃花诗可与杜甫《绝句漫兴九首》互读，更见杜甫对桃花倾注的怜惜之情，诗曰：“手种桃李非无主，野老墙低还是家。恰似春风相欺得，夜来吹折数枝花。”《杜诗镜铨》释首句云：“再三与它（春风）论道理。”[①]这些诗写于“安史之乱”中，被春风无情吹折的桃花是弱小的、无力的，因而桃花又是饱经风霜且被遗于物外的诗人的写照，也是苦难百姓的写照，诗人与春风的争辩又表明了对弱者的同情。明代陆时雍《唐诗镜》评此诗云：“不受摧折，意欲与造化争衡。”《绝句漫兴九首》曰:“肠断春江欲尽头，杖藜徐步立芳洲。颠狂柳絮随风舞,轻薄桃花逐水流。”《九家集注杜诗》曰：“洙曰：‘柳絮、桃花非久固之物，欲随风逐水，无有定止。此诗

① 杜甫《杜诗镜铨》卷八，杨伦笺注，上海古籍出版社1980年版，第356页。

亦讥以势利相交。’”《唐诗镜》论此诗是诗人“傲视时物”的形象写照。杜甫咏桃诗歌托物寄兴，情与物融，绝非齐梁文人只是静态观赏而感情游离于桃花之外的诗所能比。这种在对桃花的具体描写中注入思想感情的方式，开启了中唐文人咏桃诗的范型。

另外，杜甫咏桃诗歌中的“移桃”“栽桃”等标题，表明盛唐时期咏桃诗题材趋于生活化、个性化，桃花的栽培和欣赏渐渐趋于普遍，作为审美表现对象正在被越来越多的人接受。

盛唐咏桃诗中还有贺知章《望人家桃李花》需要注意。诗歌有叙述，有描写，诗人的感情也蕴于其中，“桃花红兮李花白，照灼城隅复南陌。南陌青楼十二重，春风桃李为谁容”，对“南陌青楼”与“春风桃李”的描写和比喻，基于人们的联想心理，建立了青楼与女性之间的关系，促使了后代文学尤其是宋代文学中桃花与堕落女性之间的象征意义的产生。

由上面的分析我们可以看出，盛唐咏桃诗虽然从诗歌数量和从事创作的作家人数上较初唐没有增加多少，然而，一个直观的现象是，一些大诗人如王维、李白、杜甫等都写有咏桃诗，并取得了极高的艺术成就。还有一个现象是，盛唐时代 文学作品中的桃花是大自然中的桃花，被赋予了情感思想意蕴。咏桃诗人走出了魏晋至初唐的宫廷园林或皇家禁院，作家身份由原来以宫廷文人或文学侍从为主转向以士大夫为主，文人栽种桃树也成为时尚。“桃花溪”“移桃”“栽桃”等诗歌出现，题材趋于生活化、个性化，表明桃花的栽培和欣赏渐渐趋于普遍,作为审美表现对象正在被越来越多的人接受。陶渊明《桃花源记》中的“桃源”意象在盛唐时代条件下充满了“仙境”的意义，成为诗歌的重要题材。桃花的“青楼女子”及“无操守小人”的人格象征意蕴产生。这些都是以前的咏桃诗、文、赋所没有的新内涵，所以，盛唐是唐代咏桃诗歌开始兴盛的时期。

**（三）中唐咏桃诗**

中唐时期的文人虽境遇不太一样，但白居易、韩愈等文人，大体都有享受安逸生活的体验。那时候，他们似乎也有爱花、种花的余暇，因为中唐普遍流行欣赏植物的风气。在这种社会条件下，中唐时期的咏桃诗从创作数量上和参与创作的作家人数上，都呈现出明显的增加之势。中唐共有27位诗人的66首咏桃诗，与初、盛唐时期相比，虽然作家人数增加不多，而作品数量增加幅度明显，其中白居易咏桃诗9首，是唐代创作咏桃诗最多的诗人。更有一些咏桃诗数量不多而艺术成就卓尔不群的诗人，如韩愈、李贺等。中唐咏桃诗歌题材较盛唐又有开拓，具体表现在以下几点：

新的桃花品种的培育产生了如“新桃”“百叶桃花”“千叶桃花”等题材，新品种的花色之美被表现出来。韩愈《题百叶桃花》、张籍《新桃行》、杨凭《千叶桃花》、施肩吾《玩新桃花》等是这方面的作品。

中唐文人坎坷的境遇产生了如“晚桃”“涧底桃花”“惜桃”等标题的诗歌，以桃花寄寓个人理想，抒发了诗人怀才不遇的慨叹。刘长卿《杂咏八首上礼部李侍郎·晚桃》中的“宁知地势下，遂使春风偏。此意颇堪惜，无言谁为传。过时君未赏，空媚幽林前”，表达了自己才高而位卑的心声。其《廨中见桃花南枝已发开，北枝未发，因寄杜副端》所表达的“年光不可待，空羡向南枝”，用意也是极为明显的。这种以桃花寄予个人思想感情的方式是对杜甫咏桃诗表达方式的继承。盛唐的一去不复返，给中唐文人造成了巨大心理落差，情感的怅惘、愁怨、哀叹，由这些咏桃诗可见一斑。

中唐“桃源”诗多为长篇歌行体，且出自大家如韩愈、刘禹锡等人之手，而“桃源”寓意也对盛唐时期的仙境幻想进行了否定，具有中唐时期理智、现实的时代色彩。据笔者粗略检索，《全唐诗》共有24首“桃源”题材诗，其中中唐占8首，如卢纶《同吉中孚梦桃源》二首、刘禹锡《桃源行》和《游桃源一百韵》、施肩吾《桃源词二首》等，诗中对桃花没有作细致的刻画，而是以陶渊明《桃花源记》中“桃源”为现成题材，表达一种渴望隐逸的人生理想（当然其中也有与《桃花源记》不同的地方，关于这一问题，笔者将作专题探讨）。施肩吾《桃源词二首》：“相逢自是松乔侣，良会应殊刘阮郎。内子闲吟倚瑶瑟，玩此沈沈销咏日。忽闻丽曲金玉声，便使老夫思搁笔。”这是桃源生活魅力的最好注脚。这些作品在中唐的出现是社会政治、文化心理共同作用的结果。

总之，中唐咏桃诗在数量上较盛唐呈增加之势，特殊的社会心理促使了新的咏桃范式的产生，白居易、韩愈等人的艺术成就为中唐咏桃诗做出了突出贡献。

### （四）晚唐咏桃诗

晚唐时期的政治事变使唐朝中央政权严重削弱，在这样的社会背景下，文人虽心存魏阙，然而已无朝气，性格变得较中唐更为内向，生活圈子更为狭小，于是，有更多的诗人加入到咏物文学的创作行列，晚唐共有39位诗人的65首咏桃诗。晚唐时期咏桃诗呈现出以下特点：

晚唐时期的落寞与萧索，使“桃源”诗歌较盛、中唐数量多。在唐代24首“桃源”诗中，盛唐7首，中唐8首，晚唐共有9首，另有曹唐《题武陵洞五首》，虽未标明“桃源”，实际也是咏“桃源”之作。方干《书桃花坞周处士壁》、李宏皋《题桃源》、章孝标《玄都观栽桃十韵》等都是这方面的作品。

盛唐、中唐文人也写类似的题材,但稍不同的是,晚唐文人的“桃源”选择是一种无奈。如以隐逸而终老山林的诗人方干,“隐居鉴湖,任情于渔钓,似无心于仕宦者,观其《山中言事》诗云‘山阴钓叟无知己,窥镜挦多鬓欲空’……岂全能忘情这耶?罗隐题其诗云:‘九霄无鹤版,双鬓老渔樵。’盖亦惜其隐遁之言尔”[①]。而刘沧则在《题桃源处士山居留寄》中直言“穷达尽为身外事,浩然元气乐渔樵”的强为达观之语,流露了晚唐许多知识分子的共同心态。

趋于内敛的晚唐文人多以“庭前桃”“小桃”“桃园”“看桃花”等表示静态观照的字眼标识诗题,这决定了其笔法的细腻,具有淡然、闲适情调。李商隐《小桃园》:“竟日小桃园,休寒亦未暄。坐莺当酒重,送客出墙繁。啼久艳粉薄,舞多香雪翻。犹怜未圆月,先出照黄昏。”诗歌以“坐”“重”“送”“繁”“啼”“舞”字眼,对桃花进行拟人或情趣化的描写,突出了桃花的纤弱与柔美。“艳粉”“香雪”则又从视觉和味觉方面加以渲染,使桃花显得绮丽秾艳。温庭筠《敷水小桃盛开因作》则以“敷水小桥东,娟娟照露丛”中的“敷”“娟娟”突出了桃花美丽的情态,又以“二月艳阳节,一枝惆怅红”中的“惆怅”表达了小桃花因非处于胜地无人欣赏而失望的情态。这些诗歌都以纤细的笔触表现出了桃花的情状,从描写方式上讲,是对杜甫咏桃诗艺术方法的继承和深化。

晚唐咏桃诗歌的悲感意蕴更浓,“雨中桃花”“东风落花”等成为常见的桃花意象组合。雨中桃花在文学作品中是常见的意象,如王维《田

---

① 葛立方《韵语阳秋》卷十一,常振国、降云《历代诗话论作家》上编,湖南人民出版社1984年版,第526页。

园乐七首》中的“桃红复含宿雨，绿柳更带朝烟”，描写的是一派春意盎然、生机无限的自然。而在晚唐诗人罗隐《桃花》中则是末世情韵，“尽日无人疑惆怅，有时经雨乍凄凉。旧山山下还如此，回首东风一断肠”，写出了凄风苦雨中桃花遭受摧残的命运，充满了悲凉和孤寂情愫。所谓“罗隐诗，篇篇皆有喜怒哀乐心志去就之语，而不离乎一身”就是指此。

晚唐时期的咏桃诗是特定时代的产物，段成式《桃源僧舍看花》也许可以表达：“前年帝里探春时，寺寺名花我尽知。今日长安已灰烬，忍能南国对芳枝。”晚唐咏桃诗在继承前代咏桃诗创作的基础上，又加以发展和深化，仍然是咏桃诗繁盛的延续。

总之，咏桃诗歌在经历了魏晋至隋代的酝酿期后，在唐代各个时期又呈现出各自不同的时代特色和题材、风格，在审美倾向和艺术表达方式上，由于杜甫、白居易、韩愈、李商隐、温庭筠等诗人的继承、改造和创新，咏桃诗不断充实和发展，为宋代咏桃诗的革新提供了素材和题材。

（原载《名作欣赏》2008 年第 4 期）

# 唐代文学中的桃花意象

桃是遍布全国的、历史悠久的植物，自古就受到人们的喜爱而被奉为“五果”(桃、李、枣、杏、栗) 之首，民俗中美称之为“仙桃”。先秦至魏晋时期，人们对桃的认识局限于民俗和宗教领域，[①]晋傅玄的《桃赋》可为代表。桃花审美价值的发现是在南朝时期，然而，这一时期的文学作品对桃花的描写停留在物色层面，艺术上写物图貌，简单肤浅。桃花审美和文化意蕴的充分挖掘和艺术表达技巧的明显提高是在唐代完成的，而这一审美和艺术进步的前提是桃花题材和使用桃花意象作品的丰富。笔者据《诗经》及逯钦立辑校《先秦汉魏晋南北朝诗》、清代严可均辑《全上古三代秦汉三国六朝文》统计，唐代之前内容含“桃”的作品为 87 篇。又据北京大学中文系《全唐诗》检索系统、清代董诰编《全唐文》、陈尚君辑校《全唐诗补编》《全唐五代词》(曾昭岷等编撰，中华书局 1999 年版) 统计，唐代文学中内容中含有“桃”的作品为 1714 篇，是唐前作品总量的 21 倍，具有数量上的绝对优势。横向比较中，笔者根据北京大学中文系《全唐诗》检索系统，以在中国文学和文化中占重要地位的一百种植物为统计对象，结果显示，桃花题材和运用桃花意象的诗歌作品数量均居第 6 位。这充分说明了桃是唐代文人广泛关注和喜爱的对象，这是唐代桃花意象丰富意蕴形成

① 渠红岩《先秦至魏晋民俗中的桃》，《青海民族研究》2007 年第 3 期。

的基础。

关于唐代文学中的桃花意象，已有文章进行研究，如高林广《唐诗中的桃意象及其文化意义》一文，从对桃意象意义的分类入手，阐释其文化内涵[1]，这固然有分类详细的优点，然多为现象的列举，缺少深入探究。本文拟以唐代诗、词、赋、文中的桃花意象为考察对象，从桃花美感特征的表现、桃花意象的情感寓意及艺术表现方式等方面展开讨论，这将有助于全面、深入地把握唐代桃花意象文学创作的发展和成就，也是我们研究唐代文学的一个新视角。

## 一、桃花的美感特征

桃花是春日的芳妍，早春时节含苞待放，阳春三月，花叶同展，姿色娇媚，远远望去，如霞似锦，烂漫壮观。唐前桃花题材和运用桃花意象的作品，就像唐代杨思本《桃花赋》“序”所言：“自建安七子以来，凡草木之可咏者，辞人咸为之赋，而桃花无闻焉。晋宋诸君子，徒赋其实……”[2]唐代文人以较六朝明确的品种概念，展开了对不同形态、不同环境中桃花的细致观赏和深入把握，同时，以丰富多样的文化活动推动了桃花题材文学创作的发展，更重要的是以敏锐的观察能力和成熟的艺术技巧，突破了六朝时期的简单描摹和机械刻画，生动形象地表达出了桃花的美感特征，具体体现在如下几点：

### （一）物色美

桃花物色之美主要体现为花色美。自《诗经》开始，即以“灼灼”

① 高林广《唐诗中的桃意象及其文化意义》，《汉字文化》2004 年第 3 期。

② 陆心源《唐文拾遗》，（台北）文海出版社 1979 版，第 689 页。

形容其花色之美。文学史上对桃花的描写也是从这一物色特征开始的。桃花作为独立的审美对象是在南朝，梁萧子显《桃花曲》“但得桃花艳，得间美人簪”，简文帝《初桃》“若映窗前柳，悬疑红粉妆”等描写，无不是抓住了桃花之红艳这一物色特性。然而，不难看出，这些诗歌作品大都直接以“红”字形容花色，终究有失于直切，且缺少文学的审美意蕴，这种情况到唐代发生了根本变化。唐代文人就抓住了桃花的“色”进行描写，如王维《田园乐七首》“桃红复含宿雨，绿柳更带朝烟”，王昌龄《古意》“桃花四面发，桃叶一枝开”，杜甫《江村五首》“种竹交加翠，栽桃烂漫红”，温庭筠《照影曲》“桃花百媚如欲语，曾为无双今两身”等，这些描写有的通过色彩搭配，有的通过景物或背景的衬托，突出了桃花早春开放、花叶同发、烂漫妩媚的特征。钱锺书《管锥编》说：

> 观物之时，瞥眼乍见，得其大体风致，所谓“感觉情调”或“第三种性质”；注目熟视，遂得其细节之实象，如形模色泽，所谓“第一、二种性质”。[1]

唐代文人对桃花的“形模色泽”把握更加细致，不再拘泥于六朝时期对色彩的逼真再现，而是力求表现其形象给人的整体感受。

落花之美在南朝如沈约《咏桃》和陈张正见《衰桃赋》等作品中已有表现，但只是少数，唐代尤其是中、晚唐作品中落花意象频频出现，代表作是皮日休《桃花赋》，以历史上的十名美丽而又不幸的女子来比喻飘零桃花，增添了感伤意蕴，收到了情景兼备的艺术效果。

未发、初发桃花之美是唐人对桃花的新认识，这方面的例子如王维《赠裴十迪》“桃李虽未开，荑萼满芳枝”，杜甫《奉酬李都督表丈

① 钱锺书《管锥编》，中华书局 1986 年版，第 70 ～ 71 页。

早春作》“红入桃花嫩，青归柳叶新”，杜甫《江雨有怀郑典设》“宠光蕙叶多与碧，点注桃花舒小红”，韩愈《送无本师归范阳》“始见洛阳春，桃枝缀红糁”等都是。虽然作品数量并不丰富，艺术成就却不可忽视。含苞桃花微小，颜色淡红，与盛开桃花之烂漫妩媚和落花之满地红芳相比，是极易被忽略的细节。唐代文人以敏锐的捕捉能力，以“蕙萼”“小红”“糁”等字眼极为形象地表现了桃花似开未开或初开的特征，尤其是杜甫诗句，着一“入”字，初开桃花的粉嫩莹润呼之欲出。

### （二）景观美

桃花的景观美是指在某种特定环境和气候条件下而形成的具有一定规模的综合风景效应。不同地理和气候条件、不同植物搭配、不同规模，又使桃花呈现出不同的景观特色。

#### 1. 不同地理环境的美

魏晋至南朝时期咏桃诗、赋中的桃多是园林所植，因而带着宫廷台阁气息。唐代文人把各种不同地理环境的桃花都纳入了审美视野。野生桃花的美体现为一种野性的生机，如陆希声《桃花谷》“君阳山下足春风，满谷仙桃照水红”，李九龄《山舍南溪小桃花》“一树繁英夺眼红，开时先合占东风”，描写出山谷、山脚桃花不可遏制的旺盛之势。而庭园桃花则是另一种美，如王周《小园桃李始发，偶以成咏》“半红半白无风雨，随分夭容解笑人”，李商隐《小桃园》“啼久艳粉薄，舞多香雪翻”，都是对小园桃花的描写，柔美多情之态跃然纸上。再看庙宇中的桃花，杜牧《题桃花夫人庙》“细腰宫里露桃新，脉脉无言度几春”，许浑《金谷桃花》“泪光停晓露，愁态倚春风”，凄美、幽怨之情充溢其中。总之，这些作品都精心营造出与环境吻合的氛围，显示出桃花气质各异的美感。

2. **不同气候条件的美**

薛能《桃花》曰："冷湿朝如淡，晴干午更浓。"唐代文人艺术地表现了"晴午"桃花的典型特征,如韦应物《酒肆行》"晴景悠扬三月天，桃花飘俎柳垂筵"，以比喻、拟人手法写出了和风袅袅、春日迟迟下桃花的舒畅柔媚。

唐代文人还表现了"雨中桃花"之美。储光曦《汉阳即事》"江水带冰绿，桃花随雨飞"，杜甫《风雨看舟前落花戏为新句》"吹花困癫傍舟楫，水光风力俱相怯"，皎然《春日对雨联句一首》"春烟带微雨，漠漠连城邑。桐叶生微阴，桃花更宜湿"，等等，含烟笼雨的桃花似乎更具一份阴柔之美：轻扬流畅、纤弱娇羞、温润可感。这是唐人对桃花美感的新认识。

3. **与不同花木组合的美**

在文学作品中，通过桃花与不同花木的对比、烘托，可以凸显桃花之美，呈现风调不同的春色。唐代文学中常见的组合有桃柳、桃杏组合。

首先是桃与柳的组合。宋代许彦周《彦周诗话》云："春时秾丽，无过桃柳。"不仅说出了这两种物象的鲜明色彩，而且反映了桃花花期与柳树展叶大致同时的特点。这种物候现象产生的重叠之美很早就引起了人们的注意，如晋谢尚《大道曲》中就有"青阳二三月，柳青桃复红"春意萌动的景象描写，此后成为一种模式为唐代文人写春景时运用，如王维《田园乐七首》之六"桃红复含宿雨，绿柳更带朝烟"，杜甫《奉酬李都督表丈早春作》"红入桃花嫩，青归柳叶新"等皆为经典表述。正如刘禹锡《杨柳枝词九首》所云："桃红李白皆夸好，须得垂杨相发挥"，桃、柳组合，红翠相映，色彩鲜亮，描画出一幅俗中见新的春景图。

其次是桃与杏的组合。桃与杏关系密切，白居易《花下对酒二首》云："梅樱与桃杏，次第城上发"，李中《桃花》诗亦有"只应红杏是知音"的句子。桃与杏的组合较早见于南朝刘义庆《游鼍湖》"梅花覆树白，桃杏发荣光"的描写，而唐代文学中较为多见，如白居易《寄题东楼》"最忆东坡红烂漫，野桃山杏水林檎"，杨凭《春中泛舟》"惆怅满川桃杏醉，醉看还与曲江同"，孙光宪《浣溪沙》"桃杏风香帘幕闲，谢家门户约花关，画梁幽语燕初还"等，皆渲染了暄景谐淑的春意。桃、杏组合还用于描写仙道世界的春色，如高骈《访隐者不遇》"惆怅仙翁何处去，满庭红杏碧桃开"，卢纶《送王尊师》"旌幢天路晚，桃杏海山春"，桃、杏都是典型的道教景观，又是早春之物象，二者并置组合，写出了道观春色的烂漫之意。

**4. 大规模种植的景观美**

桃花的美感来自于其艳丽的花色和浓密的花朵，整体规模越大，给人的视觉冲击力越强。这种景观效应较早见于谢灵运《从游京口北固应诏》"原隰荑绿柳，墟囿散红桃"的描写，梁萧绎等人的诗歌中也有表现，然而他们只是简单地以"红"字加以形容，没有表达出其气势之美，直到唐代才得以真正成功展现。韩愈《桃源图》"种桃处处惟开花，川原近远蒸红霞"，遍布川原的桃花灿然齐发，远远望去，似乎是万顷锦霞在蒸腾，令人心潮澎湃。杜牧《残春独来南亭因寄张祜》"一岭桃花红锦黦，半溪山水碧罗新"也是如此。李商隐《永乐县所居即事一章》"柳飞彭泽雪，桃散武陵霞"，"武陵桃花"的壮美是公认的。独孤及《送别荆南张判官》云："欲识桃花最多处，前程问取武陵儿。"因此，诗人常拿来作比，形容大规模桃花如火如荼的气势。这些诗句一个共同点是以比喻和夸张的修辞手法，选取具有强烈色彩感的“霞”“锦”等字眼,形象贴切地表达出大片桃花云蒸霞蔚般的壮丽气势。

## 二、桃花意象的情感寓意

唐代文学中的桃花意象，不仅具有明丽优美的物色，而且渗透了文人深刻的思想,因而具有丰厚的情感意蕴,这可从以下方面体现出来:

### （一）对青春红颜的叹惋

女子春恨是中国古典诗歌的传统主题之一。由于桃花是出自《诗经》与美丽女性关系密切的原型意象，桃花飘零与红颜易逝之间有稳固的所指关系。早在南朝，陈江总《闺怨篇》即有了“愿君关山及早度，念妾桃李片时妍”的描写，到了唐代，文人赋予桃花飘零以青春易别、红颜暗逝的感伤意蕴。

贾至《春思二首》其一:“草色青青柳色黄，桃花历乱李花香。东风不为吹愁去，春思偏能惹恨长。”历乱飘落的桃花撩拨着女子莫名的春愁，流露出淡淡的落寞和感伤。严武《班婕妤》:“贱妾如桃李，君王若岁时。秋风一已劲,摇落不胜悲。”后宫女子颜如桃李,然不耐风寒,片时飘零,色衰爱弛的凄苦借东风中的桃花表达出来。此外,冯延巳《临江仙》“冷红飘起桃花片”、李煜《蝶恋花》“桃李依依春暗度”等中的片片“桃花”，无不诉说着红颜青春的阑珊意绪，承载了文人对倏忽而逝的女子容颜的叹惋。这方面的代表作当是皮日休《桃花赋》，以历史或神话中美丽而不幸的女子来描写飘落的桃花，从而使桃花具有了薄命红颜的意蕴。清代李渔曾言:“草木之花……色之极媚者莫过于桃，而寿之极短者亦莫过于桃，‘红颜薄命’之说单为此种。”[1]这种表达是以美人喻花，与上面几例的以花喻美人“目的不同，思路相反，但都是花与美人之间传统类比、隐喻关系的表现”。[2]

### （二）文人身世之感慨

桃花是早春时序物象。魏晋时期，花开花落引起文人的只是惜花之情，如《晋诗》卷十九“吴声歌曲”:“春桃初发红，惜色恐侬擿。朱夏花落去，谁复相寻觅。”唐代尤其是中、晚唐文人则借桃花抒发了身世之感慨，如白居易《种桃歌》:“命酒树下饮，停杯拾余葩。因桃忽自感，悲吒成狂歌：”诗人目睹桃花飘零，引起的不仅是惜花之情，更是对自身年光渐迈的悲慨。刘长卿《晚桃》:“四月深涧底，桃花方欲燃。宁知地势下，遂使春风偏。此意颇堪惜，无言谁为传。过时君未赏，空媚幽林前。”“桃花”是诗人自身的象征，春风难度而生机无限，渴望用世的心态借“晚桃花”曲折地透露出来。关于这一主题的作品，较有代表性的是刘禹锡的两首“玄都观桃花”题材的诗歌，其“引”更能帮助我们理解诗人的人生经历：

> 余贞元二十一年，为屯田郎，时此观未有花。是岁出牧连州，贬朗州司马。居十年，召至京师，人人皆言有道士手植仙桃，满观如红霞，遂有前篇，以志一时之事。旋又出牧，今十有四年，复为主客郎中，重游玄都观，荡然无复一树，惟兔葵、燕麦动摇春风耳。因再题二十八字，以俟后游，时大和二年三月。

---

① 李渔《李渔随笔全集》，艾舒仁编，冉云飞校点，巴蜀书社 1997 年版，第 201 页。

② 程杰《宋代咏梅文学研究》，安徽文艺出版社 2002 年版，第 298 页。

玄都观“千树桃花”见证了诗人的人生沉浮，而花开花落的时光流转，又寄寓着诗人起起落落的人生感慨。桃花意象的这种情感意蕴在晚唐时期依然延续，李九龄《山舍南小溪桃花》、温庭筠《敷水小桃盛开因作》、李商隐《赋得桃李无言》、皮日休《桃花赋》中的“桃花”，都是虽有济世之才而不得重用的晚唐士人的象征。

中、晚唐时期的诗人，将自己的身世和经历引起的主观感情移入到所描写的对象中去，主观感情的移入使桃花意象具有了文人强烈、复杂的情感体验内涵，标志着唐代对桃花意象审美认识的深入。

### （三）隐逸与求仙理想的寓托

唐代文人没有因为现实的坎坷而埋没掉精神的向往，艳丽桃花朵朵是春，片片落红点点是愁，这绝非唐代文学中桃花意蕴的主旋律。由于与道教的密切关系，桃历来是文学作品中幻想世外之情的素材，如陶渊明《桃花源记》以夹岸的桃花林点缀着他心中自得自适的天地；刘义庆《幽明录》所记刘晨、阮肇入天台山，食桃偶遇仙女的故事[①]；《太平广记》卷四百一十引《述异记》“武陵桃李”条云：“武陵源在吴中，山中无他木，尽生桃李，俗呼为‘桃李原’。原上有石洞，洞中有乳水。世传：秦乱，吴人于此避难者，食桃李者，皆得仙去。”[②]“野史笔记、史传小说等叙事文学则对意象进行增饰放大，向抒情文学中不断输入相关的背景材料……抒情文学拓广了意象的表情达意的疆域，使之更能表现人生的复杂情境与万千之慨。”在桃花的美感和意蕴被充分发掘的唐代，浪漫的文人以“桃花”装扮着幻想的世界，主要以两种方

① 王根林等校点《汉魏六朝笔记小说大观》，上海古籍出版社 1999 年版，第 697 ～ 698 页。

② 李昉等《太平广记》，中华书局 1961 年版，第 3328 页。

式表达：一是化用陶渊明《桃花源记》，表达隐逸之理想；二是以桃花渲染环境气氛，表达求仙的意趣。

张旭《桃花溪》写道："隐隐飞桥隔野烟，石矶西畔问渔船。桃花尽日随流水，洞在清溪何处边。"孙洙评此诗"四句抵得一篇《桃花源记》"[①]，简洁地表述了张旭笔下"桃花"的隐逸之意。李白《桃源二首》之一："露暗烟浓草色新，一番流水满溪春。可怜渔夫重来访，只见桃花不见人。"烟浓露重，新草萋萋，溪水淙淙，结尾点缀以桃花意象，隐逸意趣呼之欲出。卢纶《同吉中孚梦桃源》："花水自深浅，无人知古今。"茂盛的桃花，幽深的碧潭，笼罩在无声的春雨之中，那么静谧，那么悠远，大历诗人浓厚的隐逸思想由此可见。晚唐诗人曹唐《题武陵洞五首》中的第二首可以为这方面的代表作："溪口回舟日已昏，却听鸡犬隔前村。殷勤重与秦人别，莫使桃花闭洞门。"诗歌化用《桃花源记》之意，"桃花"与"流水"遍布的武陵春山，是诗人安放疲于喧嚣的身心的天地，"殷勤"二字表达了诗人渴望隐逸的情怀。

唐代文人自由浪漫、个性佻达。旗亭豪饮，云梦高歌，人间天上，仙道并治。他们不仅以桃花点缀着现实世界，还以丰富的想象渲染着尘外的仙境，如王维《桃源行》"春来遍是桃花水，不辨仙源何处寻"，刘禹锡《桃源行》"桃花满溪水似镜……仙家一出寻无踪，至今流水山重重"，诗人或以"桃花"渲染出空灵飘渺的世外天地，表达出对仙源追寻不已的理想；或以夹岸的桃花点缀出一个红堤绿岸、仙鸟时来的"仙隐"境界。晚唐皮日休和陆龟蒙的两首《桃花坞》唱和诗是文人对仙隐世界追求的代表作：

坞名虽然在，不见桃花发。恐是武陵溪，自闭仙日月。（皮

① （蘅塘退士）孙洙《唐诗三百首》，陈婉俊补注，中国书店1991年版，第372页。

日休《太湖诗·桃花坞》）

愿此为东风，吹起枝上春。愿此为流水，潜浮蕊中尘。愿此为好鸟，得栖花际邻。愿此作幽蝶，得随花下宾。（陆龟蒙《奉和袭美太湖诗二十首·桃花坞》）

两位惺惺相惜的友人都不约而同地以桃花为“仙日月”的最佳代表，尤其是陆龟蒙，连续用了四个“愿”字，淋漓尽致地表达出对桃花仙趣的认可。敦煌词《浣溪沙·仙境美》则直接说明了桃花与仙境的关系：“仙境美，满洞桃花渌水。”可见，“桃花”是文人心中的仙界景物，他们借桃花意象表达出对仙境的神往。

总之，在唐代文人笔下，无论是幻想的隐逸天地，还是憧憬着的仙境，莫不是桃花遍布、流水纵横、春昼彩霞般的世界。通过这些桃花意象，我们看到了唐代文人的高情远蕴和缱绻情思。

## 三、桃花意象的艺术表现

唐代文学中的桃花意象是主观世界和客观世界结合的产物，是文人的情感表象。桃花意象的这种审美意蕴，来自于文人的独具匠心的处理：

### （一）精心选材，突出主体

唐代文人以多种审美视角对桃花进行细致观察，并以多种艺术手法充分展现了桃花的美感。

首先是通过专题咏桃作品充分表现桃花美感。大量的专题咏桃作品，角度不同、主题各异，有利于多层次、多侧面地展现桃花的美感。

其次是通过色彩搭配和背景衬托，突出桃花的美感。物体的美感来自色彩的互相搭配和映衬。唐代文人非常注意设色技巧，以突出桃花的鲜亮和艳丽。如贺知章《望人家桃李花》以“桃花红兮李花白”的相得益彰,极显桃花之本色美。正如清代李渔所言:“桃色为红之极纯，李色为白之至洁，‘桃花能红李能白’一语，足尽二物之能事。”[①]王昌龄《古意》则别出心裁，“桃花四面发，桃叶一枝开”，以绿色桃叶衬托出桃花的红艳。白居易《寄献北都留守裴令公》中的“绿丝萦岸柳，红粉映桃楼”，即以翠绿的岸柳映衬出粉色桃花的娇艳和明媚。红与绿的搭配虽显俗气，然而较能突出这个季节生机勃勃的特殊美感。

所有的视觉现象都是由色彩和明度造成的。唐代文人除了注意从色彩搭配上突出桃花花色，还注意从明亮性的角度选取“水”来烘托桃花的艳丽，李白《访天台山道士不遇》“犬吠水声中，桃花带雨浓”，毛文锡《诉衷情》“桃花流水漾纵横，春昼彩霞明”等，都是这方面的例子。

**（二）妙用修辞，体物贴切**

魏晋六朝时期对桃花的刻板描写无法表现美感，更无神韵可言。唐人以敏锐的观察能力，抓住桃花的形貌、意态等方面的典型特征，以新颖的比喻、拟人、夸张等修辞手法进行描写，加以贴切表现。

李贺《将进酒》“况是青春日将暮，桃花乱落如红雨”，将暮春时节历乱飘零的桃花比喻为“红雨”，从色彩和形象感上把握住了桃花的特征。韩愈《桃源图》“种桃处处惟开花，川原近远蒸红霞”，以“霞”形象贴切地表达出大规模的桃花给人的强烈视觉感受，“蒸”的感觉来

① 李渔《李渔随笔全集》，艾舒仁编，冉云飞校点，巴蜀书社 1997 年版，第 201 页。

自于桃花如“霞”的景象所引起的诗人内心情绪流动，二者相辅相成，极尽渲染了川原桃花给人的视觉美。

《诗经》时代至六朝时期有以桃花喻女性之美的思路，唐人反其道而为之，开创出以女子的神态、举止比喻桃花的思路。如晚唐皮日休《桃花赋》以嫦娥、神女、西施、飞燕等神话和历史中的美丽女性比喻桃花飘落的情态，贴切又新颖，渲染了落花的悲感意蕴。李咸用《绯桃花歌》以“夭桃变态求新悦”的拟人手法，写出了“绯桃”与“夭桃”的不同，极有情趣意味。而皮日休《桃花赋》中则连续用了一系列拟人句式：“或俛者若想，或闭者如痴。或向者如步，或倚者如疲……”把夭夭怡怡的桃花拟为人的姿态或动作，体现了桃花的情态美。

夸张的修辞手法主要用于描写桃花烂漫的气势，李贺《送沈亚之歌》“桃花满陌千里红”、李中《咏桃花》“几树半开金谷晓，一溪齐绽武陵春”等，以及上文“大规模种植的景观美”部分的一些诗句，都极有效地表现出桃花盛开时如火如荼的景象。

**（三）比兴寄托，寓意深永**

南朝文人对桃花的描写是“旁观式”的创作姿态，没有深刻的情感内涵。唐代文人立足于桃花意象“春花”的意义，又以比兴、象征等修辞方式，寄寓伤春、身世之感等复杂的思想。

王昌龄《古意》：“桃花四面发，桃叶一枝开。欲暮黄鹂啭，伤心玉镜台。清筝向明月，半夜春风来。”开头两句以比兴手法渲染春色之浓郁，为下文女主人公揽镜自照惹起春愁作了铺垫。贾曾《有所思》亦是如此，以“洛阳城东桃李花，飞来飞去落谁家”的比兴，引起下文的“幽闺女儿爱颜色，坐见落花长叹息”之闺怨，极贴切，极自然。

清代李重华云：“咏物诗有两法：一是将自身放顿在里面，一是将自身站立在旁边。”[①]唐代文人将“自身放顿在里面”，不仅以桃花寄寓伤春情怀，更寄寓着自己丰富、复杂的人生体验。如崔护《题都城南庄》表达出爱而不得但又不能忘其所爱的怅惘，是可遇而难求的美好爱情的象征。然而，正如勃兰兑斯所说：“了解人们对爱情的看法及表达方式对理解一个时代的精神是一个重要因素。”[②]这首诗从侧面反映了中、晚唐文人的追求多以失败而告终的现实。

由以上几点论述可以看出，唐代文人不再如六朝那样，对桃花进行简单粗糙的描写，而是通过多种修辞方式和艺术技巧，突出了桃花的物色美，彰显了桃花的审美和文化意蕴，这不仅是艺术表达方式的演进，更是桃花意象内涵丰富的表现。

## 四、结　论

园艺学者以“色”“香”“姿”“韵”[③]来概括花卉美的四个方面。唐代文人以多种审美视角和艺术表达方式，全面、深入地描写出了桃花物“色”之美，表现了桃花的“韵”味，为后代文学创作提供了某些现成思路或习惯用法，如“锦”“霞”等字眼成为形容桃花壮观景象的常用比喻，《广群芳谱》卷二十五“西湖志”曰：“西湖栖霞岭，以岭上桃花烂漫，色如凝霞，故名。”“桃花流水”“桃花浪”等成为描写春景的习用之语；崔护诗中的“人面桃花”的故事，成为一种爱而不

① 李重华《贞一斋诗说》，《清诗话》，上海古籍出版社 1999 年版，第 930 页。
② ［丹麦］勃兰兑斯《十九世纪文学主流》，张道真译，人民文学出版社 1980 年版，第 211 页。
③ 周武忠《中国花卉文化》，花城出版社 1992 年版，第 6 页。

得的情感模式等。不仅如此，唐代文学中的桃花意象对后代的词、曲、小说等都产生了深刻影响。总之，桃花是中国古代文学中重要的植物意象和题材。由于桃在唐代分布和社会利用的普遍而引起了文人的广泛关注、喜爱。唐代文学中桃花题材和运用桃花意象的作品较前代大幅增加，反映了桃花意象在唐代文学中的重要地位。有关题材进一步开拓，美感特性深入挖掘，情感和思想寓意充分展开，表达技巧明显提高，显示了桃花意象丰富的审美和文化意蕴。唐代文学在桃花意象的审美认识和艺术表现等方面取得了很高的成就。

（原载《南京师大学报》社会科学版 2008 年第 2 期）

# 清丽新巧，深婉悠长

## ——读王建《宫词》之九十一

树头树底觅残红，

一片西飞一片东。

自是桃花贪结子，

错教人恨五更风。

这是唐代诗人王建写的表达一位被遗弃的宫女内心幽怨和激愤的诗歌，属于宫怨诗。据笔者统计，《全唐诗》中这类题材的诗歌有近五百首，唐代许多著名诗人如沈佺期、王昌龄、李白、王建、元缜等，都写有宫怨诗。形式有律诗、绝句、古体、乐府、歌行，也有多首组成的组诗。王建的《宫词》是组诗，共一百首，写于元和年间他任陕州司马期间。此诗为第九十一首。

开头一句“树头树底觅残红”就点明了时间和人物及其活动：“残红”说明是在暮春，“树头树底”告诉我们人物活动的环境，“觅”是该句的字眼，这是一个蕴含丰富感情、动作细腻的词，比“找”字更趋向于感性化。另外，联系整首诗句看，“觅”的动作发出者应该是一位女性，再结合题目看，该女子应是一位宫女。这样，由于诗人高超的艺术技巧，一个“觅”字就把宫女推到了画面的中心，它不仅写出了宫女暮春时节在树下抬头、低头、环顾的忙乱动作，而且还刻画了她的心理状态。

忙乱寻觅的背后隐藏着宫女的无奈和惋惜。而这种心情的产生是因为她爱花，然而，她已经很久没有走出宫门了，不然，怎么连花什么时候凋谢的也不知道，甚而至于要到处寻觅呢？

接下来，“一片西飞一片东”使用了白描的手法，描写出了花被风吹的零乱情态，也写出了春风的残酷和宫女内心对春色的留恋，同时，也暗示了宫女对自己青春如残花般逝去的伤感。刘勰《文心雕龙·物色》云：“春秋代序，阴阳惨舒，物色之动，心亦摇焉。”自古以来，落花就是引发文人和士子忧思之情的媒介。纷纷扬扬的花儿悄然飘落，昔日的绚烂和华艳不复存在，这是悲壮的，又是令人感伤的。刘希夷的《代悲白头翁》：“洛阳城东桃李花，飞来飞去落谁家？”“年年岁岁花相似，岁岁年年人不同。”（见《全唐诗》卷八二）写得是那样流畅飞动、明丽纯美。而《红楼梦》中林黛玉的《葬花词》也无不寓托着她对自身悲苦身世的敏感和哀叹。这些落花诗词在中国古代文学史上历代皆有，而且一般都和身世或时光消逝结合起来。可见，落花是触动感伤情绪的“酵母”，王建这首诗也不例外。

“自是桃花贪结子，错叫人恨五更风。”李时珍《本草纲目》：“桃，性早花，易植而子繁，故字从木从兆，十亿曰兆，言其多也。”（见图 24）感情因为宫女的所见所感而发生了很大的转折，原来是因为桃花太贪于结子，所以，才匆匆忙忙地落去，以前总是怪无情的“五更风”，现在才知道不该责怪风而应该恨桃花自身。这句话所说是生活常识又蕴含着哲理。宫女的埋怨看似超脱，实际却是由爱而转悲的无可奈何之语。

图 24　吴昌硕《桃图》。图绘二棵直立的桃树，枝叶茂密，果实硕大。构图独具匠心，神韵飘动，是作者晚年的杰作。自题曰："灼灼桃之华，赪颜如中酒。一开三千年，结实大于斗。丙辰冬吴昌硕。"现藏天津艺术博物馆。

桃树的开花期迟于梅花而早于杏花。晚唐诗人白敏中的《桃花》诗云：“凭君莫厌临风看，占断春光是此花。”桃花花落实结，而且结子很多。这是桃的生物属性，这生物属性为何会引起这位宫女的怪怨呢？原来这儿隐藏着一个悲惨的现实。宋代计有功《唐诗纪事》云：“建初为渭南尉，值内宫王枢密者，尽宗人之份，然彼我不均，复怀轻谤之色。忽过饮，语及汉桓、灵信任中宫起党锢之事，枢密深憾其讥。乃曰：‘吾弟所有《宫词》，天下皆诵于口，禁掖深邃，何以知之？’建不能对，后为诗以赠之，乃脱其祸。”

由此可见，王建的这一百首宫词写的都是宫中的真实事件，而这些事件暴露了宫中生活的内幕：皇帝的荒淫，宫女之间的争宠，失宠宫女被遗弃的悲惨。“开元中、天宝中，宫嫔大率四万。”（见欧阳修、宋祁《新唐书·宦者外传序》，中华书局1975年校点本）这些宫女最大的幸福和愿望是得到皇帝的恩宠，然而，宫女的众多以及皇上的喜新厌旧决定了她们之间的争宠必然存在。受到宠幸的只是少数，大多数都被当成奴婢，就是那些开始受到宠幸的宫女，也是因为她们年轻貌美。一旦年老色衰，或者皇上又有新宠，这些曾经被喜爱的宫女便被发配到幽宫。王建在他的另一首《宫词》里写的“闻有美人新进入，六宫未见一时怨”，就是这些可怜的宫女们患得患失心情的绝好写照。她们不能决定自己的命运，无权去追求自己的爱情，更谈不上嫁娶、生子。王建该诗中的宫女就是其中的一个不幸者，她目睹桃花的凋零和凋零后累累的小桃子，不由得想到了自己命运的凄苦和悲惨。人不如树木，怎不令她嫉恨呢？至此我们就可以理解这位宫女看似无理的埋怨了。

这首诗中的女主人公对桃花的感情经历了一个从爱花到觅花，再到惜花，最后到恨花的变化过程。她对桃花的喜爱也许是源于小时候的家乡生活，那时她是一个美丽活泼、天真烂漫的少女，在花开时节经常和同伴们摘花、赏花。宫中的生活是与大自然隔绝的，她失去了人生最美好的拥抱自然、畅游自然的机会，也失去了青春少女追求爱情生活的权利。她没有得到爱，陪伴她的只有朝朝暮暮徒劳的期盼和无尽的哀怨。

在林林总总的有关桃花的古代文学作品中，尤其是诗歌和词中，作家一般都是从各个角度去写“花”。南朝君臣作家笔下的咏桃作品，如梁简文帝《初桃》、沈约《咏桃》等，都是以女性的美描写桃花的艳丽多姿。大诗人杜甫的《江畔独步寻花七绝句》中的“桃花一簇开无主，可爱深红爱浅红”，也是表达对各种颜色桃花的钟爱；大历诗人刘长卿、中唐诗人刘禹锡、晚唐诗人曹唐等，也都是着笔于“花”，通过“桃花”的境遇寓托自身的人生经历。而内敛的宋代文人则以更加细腻的笔触描摹“桃花”，表达他们的惜花和赞花之情，比如大诗人王安石、苏轼、陆游等都有这方面的作品。所有这些作品都着笔于“花”的色、形、态等方面。而王建这首诗不仅写到了“花”，还写到了“子”，这种独辟蹊径的艺术手法得到了后人的赞扬，《唐诗品汇》卷五一引谢叠山的评语云：“说到落花，气象便萧索，独此诗从落花说归结子，便有生意。”但是，这“生意”是一个冷落得近乎沉寂的后宫里的孤独，这更加反映出诗中主人公对常人生活的渴望及内心的凄楚和怨恨。

该诗题为《宫词》，乃是言宫女之“怨”的，全篇未着一“怨”字“而怨意弥深”。陈辅《陈辅之诗话》云：“王建宫词，荆公独爱其‘树头树底觅残红’云云，谓其意味深婉而悠长。”由此可见，王建这首诗的艺术成就是得到了历代评论家的认可的。

（原载《古典文学知识》2006年第6期）

# 宋代对桃花的品种和桃花“比德”意义的认识

在桃花审美认识发展史上，先秦至魏晋时期偏于对果实的实用价值的表现和认识，南朝时期才开始对桃花进行独立的审美。然而，这一时期人们对桃花的认识还没有明确的种类和品名的区分，艺术表现也显得粗糙和稚嫩。唐代文人则宕开一步，以较为明确的品种意识对桃花物色之美进行了充分的展现，并以比兴、寄托等方式赋予桃花以复杂深刻的思想内涵，显示出对前代桃花审美水平的超越。宋代园艺更加进步，对桃花的品种区分和认识也更加细致；理学的兴起又使桃花在这一时代被赋予了“妖客”的人格内涵，而对桃花的认识能够摈弃这种“花德”之偏见而予以知性思考的当推杨万里和范成大。萎靡的国势与压抑的政治又使文人对桃花的审美认识突破了唐代物色神韵的艺术表现，充分全面地挖掘并阐发出建立在桃花自然属性基础上的思想和象征意蕴，使桃花意象的文学、文化内涵在这一时代成熟并固定下来。

## 一、对桃花品种的认识

宋代园艺日趋发展，花卉著作颇为丰富，并且突破了以前的综合式谱录而出现了多种花卉专著，如欧阳修《洛阳牡丹记》、范成大

《石湖菊谱》《范村梅谱》、沈立《海棠记》等，更为重要的是，还出现了集前代花卉园艺之大成的陈景沂《全芳备祖》，所列观赏花卉近一百三十种，对明代王象晋《群芳谱》、清代汪灏《广群芳谱》都产生了深刻的影响。书分前后两集。前集二十七卷，为花部，分记各种花卉。如卷一为“梅花”，卷二为“牡丹”，卷三为“芍药”，共计一百二十种左右。后集三十一卷，分为七个部分，其中九卷记果，三卷记卉，一卷记草，六卷记木，三卷记农桑，五卷记蔬，四卷记药。著录植物一百五十余种。各种植物之下又分三大部分。一是“事实祖”，下分碎录、纪要、杂著三目，记载古今图书中所见的各种文献资料。一是“赋咏祖”，下分五言散句、七言散记、五言散联、七言散联、五言古诗、五言八句、七言八句、五言绝句、七言绝句凡十目，收集文人墨客有关的诗、词、歌、赋。一是“乐赋祖”，收录有关的词，分别以词牌标目。书中对于各部每种植物的序次颇为注意，例如“花”部第一种是牡丹，“果”部第一种是荔枝，“卉”部以芝为首，“木”部以松为首。这些虽然没有科学的依据，却是时尚的反映。谱录类著作的一大特点是面向大众的观赏，既为观赏服务，就必然要对所观赏的对象品评高下。因此，分级划等也就成为谱录类著作的主要内容。《全芳备祖》作为谱录类著作的集成，自然也不落窠臼。作为一部既全且备的植物学著作，书中保留了不少罕见的珍品。这也是此书留给后人最大的一笔财富。《全芳备祖》初版一套八册，印数很少。后东传日本，藏于宫内省图书馆。1979 年 10 月，《全芳备祖》影印件运抵北京。农业出版社以此为底本,配以国内抄藏本，第一次影印出版全书，列为“中国农学珍本丛刊”第一种。

宋代虽然没有出现专门的关于桃的著述，然而，从相关的文献记载来看，确实是中国桃的培植技术发展和新品种出现的黄金时代。

北宋周师厚《洛阳花木记》是作者于元丰四年(1081)居洛阳的见闻，参考唐代李德裕《平泉山居草木记》等花卉典籍，记载了桃的三十个品种，即小桃、十月桃、冬桃、蟠桃、千叶缠桃、二色桃、合欢二色桃、千叶绯桃、千叶碧桃、大御桃、金桃、银桃、白桃、昆仑桃、憨利核桃、胭脂桃、白御桃、旱桃、油桃、人桃、蜜桃、平顶桃、胖桃、紫叶大桃、社桃、方桃、邠州桃、圃田桃、红穰利核桃、光桃[1]，比晋葛洪《西京杂记》所记桃的品种增加了二十一种，其中昆仑桃、油桃、蜜桃、金桃、银桃为后世农书所沿用。这些名称的得来，有的是根据果实成熟期，有的是根据果实的颜色，有的是根据花朵的瓣数，有的是根据果实产地，不一而足，反映了对桃认识的细致和深入。

南宋时期，又增加了一些新的品种，如《梦粱录》卷十八“物产·果之品”条言：“桃有金、银、水蜜、红穰、细叶、红饼子。”[2]其中，“红穰”“细叶”“红饼子”是南宋才出现的新品种。宋代桃的栽培和推广速度也是很快的。以“金桃”为例，“金桃”在唐代仅为入贡之品，而到宋代则已经在临安等地广泛种植，并且成为集市上的常见果品，如杨万里《尝桃》诗就这样写道：“金桃两饤照银杯，一是栽花一买来。香味比尝无两样，人情毕竟爱亲栽。”[3]宋代不仅对桃的果实有了更为丰富的认识和细致分类，对桃花品种的认识也在逐步深入，如《梦粱录》卷十八“花之品”条言：“桃花有数种，单叶、千叶、饼子、绯桃、白桃。”[4]

---

① 周师厚《洛阳花木记》，见陶宗仪《说郛》（一百卷本），卷二六。

② 吴自牧《梦粱录》卷一八，浙江人民出版社 1980 年版，第 164 页。

③ 傅璇琮等主编、北京大学古文献研究所编《全宋诗》卷二三一八，北京大学出版社 1991—1998 年版，第 42 册，第 26342 页。

④ 吴自牧《梦粱录》卷一八，第 167 页。

大自然总是以无穷的美昭示着人们，而审美的主体则各自以不同的需要和目的赋予这些自然物以多样的社会属性。桃花即是如此。在世人都司空见惯而以之为凡品的条件下，其丰富的种类竟然引起了人们的注意。宋代谢维新《古今合璧事类备要别集》卷二十六“花卉门”“桃花”条言：

> 《格物丛话》花品以少者为贵，多者为贱。世传广陵琼花、京口玉蘂、洛阳牡丹，皆以少见贵。至如桃花，何处独无之？不择地而蕃，不待培壅而滋茂。漫山填谷，容易成林。樵童牧子，厌观熟玩，何若是之多欤！遂使世人鄙贱，目为凡品，花中之不幸，未有甚于此者也。然司花之巧，不如此而止也。令有数品：或黄，或碧，或绛色；垂丝者，闪烁者，龙鳞者，饼子者，牡丹者，水蜜者，千叶者。凡中求异，不可胜数。好事者亦必为之刮目。[①]

抛开了世俗以桃花为“凡品”的偏见，宋人别开生面地在文学作品中展现了这数品桃花的优异特质。于是我们看到，宋代文学中对碧桃、蟠桃、千叶绯桃、千叶碧桃、小桃、十月桃等的描写和赋咏是很多的。我们以小桃、碧桃为例，探讨宋代对桃花品种的认识。

首先以欧阳修、杨万里作品为例来看宋人对小桃的描写。欧阳修《小桃》：“雪里开花人未知，摘来相顾共惊疑。便当索酒花前醉，初见今年第一枝。”[②]关于“小桃”，陆游《老学庵笔记》卷四云：“欧阳公、梅宛陵、王文恭集皆有小桃诗，欧诗云：‘雪里花开人未知，摘来相顾

① 谢维新《古今事类合璧备要》卷二六，《影印文渊阁四库全书》本。

② 傅璇琮等主编、北京大学古文献研究所编《全宋诗》卷三〇二，第6册，第3699页。

共惊疑。便须索酒花前醉，初见今年第一枝。’初但谓桃花有一种早开者耳，及游成都，始识所谓小桃者，上元前后即着花，状如垂丝海棠。曾子固《杂识》云：‘正月二十开天章阁赏小桃’，正谓此也。”[①]可见，小桃正月即开花，花期较一般桃花为早。欧阳修这首诗即是着笔于花期早这一特点，以“雪里开花”和“共惊疑”加以烘托。杨万里《小桃》则又从另外角度加以描写：“小桃着子可怜渠，疏处全疏无处无。并缀一梢三十颗，垂枝欲折没人扶。”[②]很明显，该诗是写小桃结子繁多的特性。

这两首诗歌都是着笔于小桃的生物习性。“小桃”是唐代即已出现的桃花品种，晚唐时期的文人郑谷、温庭筠等都有描写“小桃”的诗歌。只要我们稍加对照，即可以看出唐、宋文人描写小桃的不同的审美视角。郑谷《小桃》云：“和烟和雨遮敷水，映竹映村连灞桥。撩乱春风耐寒令，到头赢得杏花娇。”[③]温庭筠《敷水小桃盛开因作》曰：“敷水小桥东，娟娟照露丛。所嗟非胜地，堪恨是春风。二月艳阳节，一枝惆怅红。定知留不住，吹落路尘中。”[④]可见，郑谷和温庭筠之作都是着笔于小桃之花的情态美感，文学审美意味浓厚，而欧阳修和杨万里之作则更多地表现了小桃之物“理”，这是宋代即物究理的时代特色在文学中的反映。

宋代文学中还有其他种类桃花的专题作品，如白珽《题碧桃折枝》、王十朋《觅季仲权碧桃》、谢逸《和饶正叔碧桃绝句》、王十朋《千

① 陆游《老学庵笔记》卷四，刘文忠评注，学苑出版社1998年版，第153页。

② 傅璇琮等主编、北京大学古文献研究所编《全宋诗》卷二三一八，第42册，第26342页。

③ 彭定求等编《全唐诗》卷六七六，中华书局1960年版。

④ 彭定求等编《全唐诗》卷五八一，中华书局1960年版。

叶白桃》、方回《二色桃花》、易士达《二色桃》、陶弼《途次叶县观千叶桃花》、程俱《和同会舍千叶桃花》、王洋《和赋千叶桃花》、王十朋《书院杂咏·千叶白桃》、刘攽《次韵酬盛秘丞黑桃二首》、邓深《次韵赋十月桃为罗司理生朝》等，以及宋词中李弥逊、张元干《十月桃》各两首，另有两无名氏《十月桃》两首等。《全唐诗》中具体品种的专题之作较少，主要有韩愈《题百叶桃花》、杨凭《千叶桃花》、李咸用《绯桃花歌》《绯桃花》、唐彦谦《绯桃》等少数作品。这些作品描写和表现的重点是桃花的美感。宋代文人则另辟蹊径，突出各种桃花的生物特征，即描述桃花之“物理”成了写作目的，在种类意识的具体深入方面超过了唐代。

综观传统文学对桃花的欣赏和认识，我们发现这样一个现象：魏晋时期没有关于桃的具体品种的作品。唐代有了百叶桃花、千叶桃花、绯桃等品种的专题诗歌，但是数量还不多，且主要描写的是桃花物色之美。到了宋代，随着桃的栽培技术和园艺业的发展，新的桃花品种不断出现，成为当时一个引人注目的现象，这种现象在文学上的反映是，以不同品种桃花为题材的作品较唐代增加，描写和表达的重点从桃花之色、形、韵转入桃花品种的生物属性，完成了对桃花品种审美认识的全过程。也正是在这一意义上我们可以说，宋代是对桃花品种认识的成熟时代。

## 二、桃花的品格

由于理学的影响，宋代文人追求高情远韵，在花卉审美方面，往往不取花卉之姿，而取其意，不取花卉之意，而取其德，透过花卉物色和表象，归求道义事理，标举其所蕴涵的道德价值。在这样的时代条件和文化背景下，桃花一方面被视为“俗物”和“妖客”，这主要是因为桃花常见，且为春日艳阳花卉，开落匆匆。另一方面，桃花花色绚烂、结子繁硕、果实甘美，对人们有一种无形的吸引力，因而其“成蹊亦无言”的德行又得到了充分的张扬。下面将对这两个方面分别加以论述：

### （一）“俗物”与“妖客”

大自然的花卉秉承着各自的自然特征，应时开落，然而，人们欣赏花卉时却受时代审美思潮、个人喜恶等因素的影响，从而使花卉具有尊卑高下之别，正如黄永武《中国诗学·思想篇》所说：

> 咏物的诗，对所咏的物，有一种特别的看法，这看法像是充分自由的，诗人可以无拘无束地任意挥写。其实每一种看法，无不以庞大的民族文化为其背景，这文化往往显示出千百年来一个民族共通的理念。①

桃花被视为妖、俗之花卉也是渊源有自的。就桃花本身的形象特色而言，《诗经》篇章中即有“桃之夭夭，灼灼其华”的描写，其鲜艳的花色过于耀眼，与宋人清雅的生活情趣迥异。桃花常见，较易被人

① 黄永武《中国诗学》，（台北）巨流图书公司2000年版，第35页。

认为是鄙俗之花，如皮日休《桃花赋》所言："花品之中，此花最异。以众为繁，以多见鄙。自是物情，非关春意。若氏族之斥素流，品秩之卑寒士。"这样的传统文化心理与宋代思想的暗合，产生了桃花为妖俗之花的认识，如王禹偁《公余对竹》"曾任雪欺终古绿，也从桃映暂时红"[①]，王安石《咏梅》"望尘俗眼哪知此，只买夭桃艳杏栽"[②]，司马光《和君贶任少师园赏梅》"不用繁管妨淡泊，岂容桃李兢繁华"[③]，邵雍《人心》"多花必早落，桃李不如松"[④]，张伯玉《次韵王治臣九日使君席上二章》其二"莫笑松筠岁寒地，却胜桃李艳阳时"[⑤]，韦骧《紫荆花》"不随桃李色，俗眼莫相轻"[⑥]，朱熹《与诸人用东坡韵共赋梅花，适得元履书，有怀其人，因赋此，以寄意焉》："羞同桃李媚春色，敢与葵藿争朝暾"[⑦]，吴芾《和陈天予岩桂》"天然风韵月中来，颇鄙人间桃李俗"[⑧]，裘万顷《松花开，竹笋茂，喜而咏之》"品高宜入神仙药，

---

① 傅璇琮等主编、北京大学古文献研究所编《全宋诗》卷七一，第2册，第768页。
② 傅璇琮等主编、北京大学古文献研究所编《全宋诗》卷五七七，第10册，第6781页。
③ 傅璇琮等主编、北京大学古文献研究所编《全宋诗》卷五一〇，第9册，第6192页。
④ 傅璇琮等主编、北京大学古文献研究所编《全宋诗》卷三七九，第7册，第4699页。
⑤ 傅璇琮等主编、北京大学古文献研究所编《全宋诗》卷三八三，第7册，第4729页。
⑥ 傅璇琮等主编、北京大学古文献研究所编《全宋诗》卷七三三，第13册，第8503页。
⑦ 傅璇琮等主编、北京大学古文献研究所编《全宋诗》卷二三九二，第44册，第27496页。
⑧ 傅璇琮等主编、北京大学古文献研究所编《全宋诗》卷一九六五，第35册，第21870页。

节劲终全冰雪姿。笑彼杏桃儿女态，谩争艳冶媚山歧”[1]等等。

在这些共同标举梅花、贬抑桃花的作品中，陆游的作品可以说极具代表性，如《雪中卧病在告戏作》“俗人爱桃李，苦道太疏瘦”[2]，《雪后寻梅偶得绝句十首》之四“饱知桃李俗到骨，何至与渠争着鞭”[3]，《探梅》二首之二“平生不喜凡桃李，看了梅花睡过春”[4]，《梅》“逢时绝非桃李辈，得道自保冰雪研”[5]等。

由以上这些例子我们可以看出，宋代对桃花之妖俗的认定集中出现在南宋文人笔下，且是在与松、竹、梅、葵藿、紫荆、岩桂等同类物象的对比中完成并强化的。“松”与“竹”早在《论语》中即已经是“岁寒”和“后凋”之代表花卉了，在理学兴盛的宋代无疑更受青睐。梅是传统文学中的最具代表性的耐寒花卉，备受众多文人的推举，而梅在传统文学和文化中的这种地位是在宋代建立起来的，正如程杰先生所言：

> 艺梅赏梅盛于宋，是得其时；宋人讲求品格操守，是得其义；而梅之姿质品性适应人情，是得其物。天时地利，人情物理，风会际遇，形神凑泊，梅花演生出人格的图腾。梅花定格于这一历史时空，成了道德品格和民族精神的永恒象征。[6]

---

① 傅璇琮等主编、北京大学古文献研究所编《全宋诗》卷二七四三，第52册，第32290页。

② 陆游《剑南诗稿校注》卷二，钱仲联校注，上海古籍出版社1985年版，179页。

③ 陆游《剑南诗稿校注》卷一四，钱仲联校注，上海古籍出版社1985年版，第1100页。

④ 陆游《剑南诗稿校注》卷一六，钱仲联校注，上海古籍出版社1985年版，第1228页。

⑤ 陆游《剑南诗稿校注》卷五六，钱仲联校注，上海古籍出版社1985年版，第2885页。

⑥ 程杰《宋代咏梅文学研究》，安徽文艺出版社2002年版，第79页。

范成大《梅谱》“序”曰：

> 梅，天下尤物，无问智贤愚不肖，莫敢有异议。学圃之士，必先种梅，且不厌多，他花有无多少，皆不系重轻。[1]

可见，梅花在宋代的地位是其他任何一种花卉都无法取代的。诗人借梅花抒发自己的情怀和节操，尤其是在南宋，当民族矛盾和内忧外患愈演愈烈时，梅花的凛然风骨深深契合诗人身处恶劣环境而衷心不改的爱国精神，而禀性为春日艳阳花卉、开落匆匆的桃花就成为那些善于谄媚和邀宠的世俗“小人”的写照。

另外，宋人对人生有广泛的兴趣，并且有开阔的审美视野。因此，在花卉欣赏和以花卉为题材或意象进行创作时，他们一方面把前代吟咏过的花卉再加发挥；另一方面，许多较少引人注意的花卉也被纳入文学表现的领域，如紫荆、岩桂即是如此，在《全唐诗》中，仅有十二首作品写到岩桂，有八首作品写到了紫荆。在宋代，这些花卉恰恰因为少见而又被视为珍品。而桃花情况则不同，它是自《诗经》以来历代文学创作中主要的花卉之一，宋代品花风尚以少者为贵，多者为贱，桃花就在这样的时代条件下被视为“俗品”，又因其花色艳丽，不够庄重，在喜欢素色淡香的宋人看来未免有些“妖冶”。而宋人为了张扬松、竹、梅等花卉的地位，只能以贬低某些花卉的地位为代价，桃花就是其中的一个牺牲品，这委实是一种冤枉！也正是在众人对色彩艳丽的桃花加以贬斥的时代氛围中，白色桃花成了宋人喜欢的桃花品种。宋代对白色桃花表示欣赏的最典型的莫过于王十朋，如其《千

---

① 范成大《梅谱》，上海古籍出版社 1993 年版。

叶白桃》:“洗尽夭夭色，泠然众卉中。却将千叶雪，全胜几枝红”[1]，洗尽铅华的千叶白桃，脱去了普通桃花的秾艳的脂粉，在百花中尽显清越纯洁之气质，全然胜过那些俗艳的红桃花儿。另有一首《书院杂咏·千叶白桃》亦言“岂有夭桃艳，淡然群卉中。全身是清白，那肯媚春风”[2]，更进一步把千叶白桃人格化，其淡雅素洁的花色嫣然一清白正直之人，哪里像那些妖冶的桃花，只知道献媚于春风。诗人对白色桃花的推崇可见一斑。

桃是起源、利用都较早的果实和花卉，它在食物匮乏的时代曾经为人类提供了丰富的食物来源，因而人们对桃果的感情胜过对桃花的感情，还把桃子美称为“仙桃”。这种偏爱竟然剥夺了人们对桃花的佳赏，在中国文学和文化史上，桃花一直没有取得像梅花、牡丹、桂花、荷花等同类们所拥有的人们所赋予的殊荣，这其实是不公平的！第一个为之鸣不平的是唐代杨思本，其《桃花赋》之“序”曰:“自建安七子以来，凡草木之可咏者，辞人咸为之赋，而桃花无闻焉。”而皮日休更是措辞急切而果决，其《桃花赋》中言:

> 花品之中，此花最异。以众为繁，以多见鄙。自是物情，非关春意。若氏族之斥素流，品秩之卑寒士。他目则目，他耳则耳。或以昵而称珍，或以疏而见贵。或有实而华乖，或有花而实悴。其花可以畅君之心目，其实可以充君之口腹。匪乎兹花，他则碌碌，我将修花品，以此花为第一。

宋代继承这一力图为桃花翻案思想的代表作家是杨万里，在《诚

① 傅璇琮等主编、北京大学古文献研究所编《全宋诗》卷二〇四二，第36册，第22959页。

② 傅璇琮等主编、北京大学古文献研究所编《全宋诗》卷二〇四二，第36册，第22641页。

斋诗集》里，我们很少见到他对桃花的贬抑作品，如《朝天集》卷二十一《戏作司花谣呈詹进卿大监郎中》即云：“灵君觞客滕王家，鳌头仙人作司花。仙人一笑春风起，开尽仙源万桃李。李花冶白桃鲜红，坐客桃霞李雪中。仙人半酣舞造化，风吹雨打千花空。嫣然烟色付一扫，收拾残英又嫌老。落花已对春风羞，新花也对春风愁。姚黄魏紫世无种，且据眼前桃李休。”[1]司花仙人嫣然一笑，天地之间桃红李白，如霞似雪，而仙人微醉起舞，又令群芳落尽，落英满地。诗歌并未用世俗的笔法表现桃李的妖艳而荣华短暂的特性，而是赋予桃花与大自然建立起嫡亲母子的亲情关系[2]，这样便打破了既定的世俗花卉审美的尊卑观念，桃花也能与众花一样参加诗歌的盛宴。

宋代文人以桃花为“俗”“妖”之花的意识当然有社会和政治背景，然而，诗人人生经历也是十分重要的影响因素，如上面所列陆游诗歌，桃花是被贬低的对象。但是，《剑南诗稿》中却有着与这些作品格调截然不同的作品，如《泛舟观桃花》：“花泾二月桃花发，霞照波心锦裹山。说与东风直须惜，莫吹一片落人间。”[3]二月桃花，灿然齐发，如霞如锦，诗人禁不住殷勤告慰东风，要珍惜这些美丽的花儿，切莫无情吹落。《梅仙坞花泾观桃李》甚至这样盛赞桃花：“妖妍天遣占年华，叹息人间有许花。”[4]昔日的桃花不仅没有一点妖冶之态，反而因其妖妍而使人惊叹自然的神奇造化，甚至面对如许美丽的桃花时，竟然使诗人觉得足以折笔。

① 傅璇琮等主编、北京大学古文献研究所编《全宋诗》卷二三一八，第42册，第26324页。

② 钱锺书《宋诗选注》，人民文学出版社1994年版，第161页。

③ 陆游《剑南诗稿》卷二九，钱仲联校注，第1995页。

④ 傅璇琮等主编、北京大学古文献研究所编《全宋诗》卷二二四一，第40册，第25292页。

那么，为什么诗人对桃花的态度会发生如此的变化呢？这就要与陆游人生经历紧密联系起来了。这几首诗歌作于陆游的晚年，那时的诗人已经泯灭了曾经的悲愤激昂，而代之以躬耕自适，诗歌也转为“闲适细腻，拒绝出日常生活的深永的滋味，熨帖出当前景物的曲折的情状”[①]。可见，陆游的人生历程的转折引起了他对桃花审美态度的深刻变化，从而给予桃花一个公正的认识。“每个诗人都有一定的是非、善恶、美丑观念，当他们的某种观念和对事物的某种特性相联系时，就觉得事物有美或丑的特性了，再经过艺术加工创作，就形成了咏物诗中的艺术形象。在现实生活中，因为时间、地点、条件的不同，人和物的关系也能改变，人对物的态度也会不同。”[②]宋代对桃花的认识也当作如是观。

**（二）“成蹊亦无言”**

《史记》卷一百零九云：“余睹李将军，悛悛如鄙人，口不能道辞。及死之日，天下知与不知，皆为尽哀，彼其忠实心诚信于士大夫也。谚曰：‘桃李不言，下自成蹊。’此言虽小，可以论大也。”唐司马贞索隐曰：“姚氏云‘桃李本不能言，但以华实感物，故人不期而往，其下自成蹊径也’。以喻广虽不能道辞，能有所感，而忠心信物故也。”[③]《前汉书》卷五十四唐颜师古对“桃李不言，下自成蹊”注曰：“蹊，谓径，道也。言桃李以其华、实之故，非有所召呼，而人争归趣，来往不绝，其下自然成径。以喻人怀诚信之心，故能潜有所感也。”[④]桃的这种比喻意义在讲求花卉内涵和德行的时代氛围中得到了充分表现。

这种现象主要在诗歌中体现出来，如余靖《寄邓秀才求桃枝接头》

---

① 钱锺书《宋诗选注》，第170页。

② 麻守中《试论古代咏物诗》，《吉林大学社会科学学报》1983年第5期。

③ 司马迁《史记》卷一〇九，郭逸校注，上海古籍出版社1997年版，第2182页。

④ 班固《汉书》，颜师古注，中州古籍出版社1991年版，第407页。

“自惭闲所居，岂贪颜色盛。爰渠真不言，可以通三径”[①]，洪朋《春风》“君看桃与李，成蹊亦无言”[②]，韦骧《送张公度之官南安》“更将学行规逢掖，桃李无言下自蹊”[③]，释绍嵩《和自然》“知渠已富江山句，英誉自成桃李蹊”[④]，华镇《拟古十六首》其一六“翩翩李将军，鸣弦压由基。余威震戎虏，谈笑静边陲。桃李曾无言，嘉声满黄扉”[⑤]，文天祥《送吉州陈守解任》“岁年忽畹晚，桃李已成蹊”[⑥]，等等。

宋词中亦不乏类似之作，如黄庭坚《谒金门》“山又水，行尽吴头楚尾。兄弟灯前家万里，相看如梦寐。君似成蹊桃李，入我草堂松桂。莫厌岁寒无气味，馀生今已矣”[⑦]，辛弃疾《一剪梅》“一片闲愁，芳草萋萋。多情山鸟不须啼。桃李无言，下自成蹊”[⑧]等。

这些作品莫不是以“桃李无言，下自成蹊”为喻，赞美人的高尚节操，踏踏实实植根于大地，采天地灵气的桃李默默生长，开花、结果，艳丽的花朵和繁硕的桃实吸引了无数人的注意，以至踏出了一条原本没有的路。纵观唐代类似之作，多为一般性描述，并无多少深刻寓意，

① 傅璇琮等主编、北京大学古文献研究所编《全宋诗》卷二二七，第4册，第2669页。

② 傅璇琮等主编、北京大学古文献研究所编《全宋诗》卷一二七八，第22册，第14445页。

③ 傅璇琮等主编、北京大学古文献研究所编《全宋诗》卷七三三，第13册，第8605页。

④ 傅璇琮等主编、北京大学古文献研究所编《全宋诗》卷三二三九，第61册，第38638页。

⑤ 傅璇琮等主编、北京大学古文献研究所编《全宋诗》卷一〇九〇，第18册，第12294页。

⑥ 傅璇琮等主编、北京大学古文献研究所编《全宋诗》卷三五九八，第68册，第42981页。

⑦ 唐圭璋主编《全宋词》第1册，第396页。

⑧ 唐圭璋主编《全宋词》第3册，第1907页。

两千多年之前的一句谚语所蕴含的深刻道理在宋代得以充分的张扬，这也是宋人对桃花审美认识开拓的表现，是宋代伦理和道德意识高涨的文学表现。

## 三、桃花的身份

桃花是与神话和传说结合较早的花卉之一，《夸父逐日》中那大片的“桃林”就是先民对桃的情感的有力见证。而这种“人类童年时期的‘原始情感’与‘原始思维’”[①]便是中国桃花文化的源头，带有鲜明的道教神仙色彩，此后，历经先秦至魏晋，桃的道教气息越来越浓。

到唐、宋两代，举凡道观、寺庙等处皆广种桃花，以至成为道教的代表性景观，如宋代徐铉《题雷公井》即云："掩霭雷公井，萧寥羽客家。俗人知处所，应为有桃花。"[②]由于宗教与文学有着亲密的血缘关系，"文学与宗教常常会不由自主地联姻，前者刺激后者的想象，并提供大量神奇瑰丽的意象……使文学作品极为浓重地表现出这种与宗教有千丝万缕联系的感情色彩、意象群落"[③]。桃花烂漫妩媚的色彩和花姿，更能激发起文人强烈的关于神仙和仙境的联想。

由于时代审美因素的影响，桃在魏晋南北朝时期的文学作品中还没有完全脱离其宗教意义。桃花文学意义的集中彰显是在唐代，但是，唐代文人对桃花的描写注重外在形象美感的细腻观察和整体把握，且有明显的感情寄托。宋代文人对高雅超逸生活的追求使桃花的神姿仙

① 葛兆光《道教与中国文化》，上海人民出版社 1987 年版，第 371-372 页。
② 傅璇琮等主编、北京大学古文献研究所编《全宋诗》卷一〇，第 1 册，第 88 页。
③ 葛兆光《道教与中国文化》，第 376 页。

态和意趣在这一时代凸显出来，这最明显地体现在对碧桃花描写的作品中。

范成大《次韵周子充正字馆中绯碧两桃花》:“碧城香雾赤城霞，染出刘郎未见花。凭仗天风扶绛节，为招萼绿过羊家。”[①]诗歌以丰富神奇的想象描写了碧桃花惊人的美丽。第一句言碧桃是碧城的香雾熏染出来的，如《太平御览》卷六七四引《上清经》云：“元始居紫云之阙，碧霞为城。”[②]可见，“碧城”乃神仙所居之处。这里的香雾染出的桃花一定是美丽绝伦的，因而也非当年的刘禹锡所描写的玄都观之桃花，想必是天风扶着使节，把这超凡脱俗的桃花栽到了周氏馆中的。

又据《云笈七签》：

> 萼绿华者，仙女也。年二十许，上下青衣，颜色绝整，以晋穆帝升平三年己未十一月十日夜降于羊权之家。自云是南山人，不知何山……授权尸解药，亦隐影化形而去，今住湘东山中。[③]

这段话的主要意思是：周家馆中能拥有如此美丽的花儿，就如同当年的羊权获得了女仙萼绿华的道术一样荣耀。此诗可与舒岳祥《碧桃》诗参读，诗曰：“碧桃本是仙人花，仙人花里饭胡麻。初来此树向谁得，翠眉婵娟萼绿华。世间俗桃千百数，溪谷往往蒸成霞。”[④]

“碧桃”是女仙萼绿华所赐，因而，世间的桃花在它的面前皆俗不

① 傅璇琮等主编、北京大学古文献研究所编《全宋诗》卷二二七二，第41册，第25816页。

② 李昉等《太平御览》卷六七四，第3004页。

③ 张君房《云笈七签》卷九七，蒋力生等校注，华夏出版社1996年版，第587页。

④ 傅璇琮等主编、北京大学古文献研究所编《全宋诗》卷三四四二，第65册，第40917页。

可耐。面对范成大如此的欣赏热情，周必大欣然赋诗，《范致能以诗求二色桃再次韵二首》其二曰："翰墨场中蔡少霞，如今悟彻颂桃花。看朱成碧吾方眩，试把横枝问作家。"[①]对主人的慷慨与幽默，范成大又以诗相谢，《明日子冲折赠，次韵谢之》："海上三山冠彩霞，六时高会雨天花。步虚声里随风下，吹落寻常百姓家。"[②]诗歌把雨中的碧桃花描写得如此美丽，似乎是天上的仙花伴着步虚词乐来到了人间，将这朋友折赠的碧桃花之美渲染得淋漓尽致。范成大与友人周必大之间的这个富有生活情趣和深厚友情的故事是围绕着碧桃花展开的，从中我们既可以看到宋代文人对碧桃花的喜爱，更可以看出宋人对碧桃为仙界之花的体认。

对碧桃花为仙界之花的描写和佳赏绝非仅是范成大一己之爱。如施枢《碧桃》中即有"月浸虚亭夜未央，一枝静对白云乡"[③]的描写，阑珊月夜里的碧桃竟能使人有超脱尘世的遐想！王十朋《觅季仲权碧桃》亦言："红雨纷纷空自繁，碧云一朵胜桃源。君家独有神仙种，分我闹花深处根。"[④]那些妖艳的桃花只知道开着繁盛的花儿，哪有碧桃花那样足以让人感觉如同置身于桃花之源呢？谢逸《和饶正叔碧桃绝句》"诗人莫作夭桃看，不是玄都观里花"[⑤]，更是强调了碧桃的非凡。

① 傅璇琮等主编、北京大学古文献研究所编《全宋诗》卷二三三一，第43册，第26694页。

② 傅璇琮等主编、北京大学古文献研究所编《全宋诗》卷二二七二，第41册，第25816页。

③ 傅璇琮等主编、北京大学古文献研究所编《全宋诗》卷三二八二，第62册，第39120页。

④ 傅璇琮等主编、北京大学古文献研究所编《全宋诗》卷二〇四二，第36册，第22656页。

⑤ 傅璇琮等主编、北京大学古文献研究所编《全宋诗》卷一三〇七，第22册，第14850页。

在宋词中，这种作品更是多见。秦观《虞美人》其二直言曰：“碧桃天上栽和露，不是凡花数。”[1]朱敦儒《木兰花》更是将碧桃花看成是人间唯一能托身的仙花：“老后人间无去处，多谢碧桃留我住。红尘回步旧烟霞，清境开扉新院宇。隐几日长香一缕，风散飞花红不聚。眼前寻见自家春，罢问玉霄云海路。”[2]而其《踏莎行》更有“听命宽心，随缘适愿，痴狂赢取身常健。醉中等看碧桃春，尊前莫问蓬莱浅”[3]的描写，微醉中的感觉如同碧桃之花，千岁长春。

可见，在朱敦儒笔下，碧桃无疑就是神仙的象征了。杨无咎《于中好》把碧桃视为仙家景物：“溅溅不住溪流素，忆曾记、碧桃红露。别来寂寞朝朝暮，恨遮乱、当时路。仙家岂解空相误。叹尘世、自知难处……”[4]曾觌《清平乐》“闻道碧桃花绽，一枝枝祝千春”[5]，也是把碧桃写为千年的春花。这样的例子很多，兹不赘举。

宋代由于理学的影响，人们被道教激发起来的富丽辉煌、奇异诡谲的想象力减弱了，但是，道教所提供的意象并没有消失，作为一种有意味的形式，它会跨越时空地出现在文人作品中，引发着人们的想象。

如此看来，对于宋代文人笔下的碧桃意象我们应该作这样的观照：

第一，从生物特性而言，碧桃花多为白色，花为重瓣，是极具观赏价值的花卉。宋代的社会生活和文化氛围，塑造了文人注重内涵、崇尚优雅精致的生活和追求自然质朴的审美心理，这在文学和艺术领域都产生了深刻影响。

---

① 唐圭璋主编《全宋词》第 1 册，中华书局 1965 年版，第 467 页。
② 唐圭璋主编《全宋词》第 2 册，第 844 页。
③ 唐圭璋主编《全宋词》第 2 册，第 850 页
④ 唐圭璋主编《全宋词》第 2 册，第 1183 页。
⑤ 唐圭璋主编《全宋词》第 2 册，第 1321 页

绘画中人物画的间歇与山水画的兴起、水墨画的流行，是绘画崇尚简约平淡的表现；杜甫《李潮八分小篆歌》“书贵瘦硬方通神”[1]的美学倡导成为宋代文人的审美取向；而宋代瓷器的黑、蓝、白等色彩素洁纯净的高雅趣味，迥别于唐代的秾丽明艳的格调。这种影响在花卉审美方面的表现就是，宋代文人不再欣赏唐代曾经追求的秾艳和华丽，而代之以对素淡和萧疏风格的偏好（见图 25），高雅脱俗的碧桃从花色上恰恰迎合了士大夫的欣赏口味，因而备受青睐。

第二，宋代以来，士大夫“对于道教中所蕴含的人生哲理与生活情趣，即清净虚明的心理状态、健康长寿的生理状态及怡然自乐的生活状态越来越发生了浓厚的兴趣”[2]。由于桃与道教深远、密切的关系，人们在欣赏、描写碧桃时会不自觉地以道教典故点缀其间，增加了欣赏和描述的趣味性，士大夫借对碧桃的描写表达对长生和超逸生活的向往也是很自然的事情。

① 彭定求等编《全唐诗》卷二二二。

② 葛兆光《道教与中国文化》，第 307 页。

图 25　［宋］佚名《碧桃图》。绢本，设色。此图绘碧桃两枝，有的吐露盛开，有的含苞欲放。全图用笔精细，设色淡雅，画虽小而意趣无穷，是南宋写生妙品。现藏北京故宫博物院。

第三，与唐代文人对碧桃的描写对比可知，宋代文学中的碧桃意象愈显精致和典雅。宋代对碧桃神仙意蕴的表现不仅通过文学作品体现出来，还可以通过绘画作品反映出来。也正是在宋代特定的社会背景下，碧桃的神仙意蕴被充分张扬，从此成为中国文化中的神仙意象而应用于文学、绘画等领域。

桃极为常见、花期短暂、花色艳丽的特性，在宋代花卉审美风尚的影响下，被赋予了“俗”与“妖”的内涵。色彩素雅的白色桃花以及碧桃花因为迎合了宋人的雅趣而备受青睐；桃花开花无语而下自成蹊的品性被宋人大加褒扬。宋代文人悖逆了唐代桃花意象艺术表现的情景相生的原则，遗貌取神，在内容、表现方式、艺术特色方面都具有不同于唐人的创新，从而表现出对桃的文学及审美认识的深化和成熟的特征。宋代对桃花的审美认识较前代已呈现明显的细致、深入和成熟，桃花的许多意蕴在这一时期固定下来，桃题材和意象文学作品表现出人们对桃的认识趋于深化，而对桃花的认识则表现出透过物色而标举其人格化象征的特点。

（原载《中国古代文学桃花题材与意象研究》第四章第二节至第四节，第 68 ~ 81 页，中国社会科学出版社 2009 年版，标题为新增）

# 宋代文学与桃花民俗

桃是较早进入古人生活领域的植物，因而，有关桃的民俗现象也较为丰富。笔者曾经在《先秦至魏晋时期的民俗中的桃》（《青海民族研究》2007年第3期，第138～142页）一文中对魏晋及以前的桃民俗进行了一些探讨，可参考。唐代桃花意象主要偏重于文学和审美表现，民俗领域的桃意象作品虽然也有，但是很少。宋代社会经济文化较唐代繁荣，无论宋诗、宋词，都极为贴近现实生活，更不要说市民文艺了。因而，民俗现象被纳入宋代文学作品也是极为自然的事情。

宋代文学中的桃花意象极其丰富，有关的桃民俗现象也就成为宋代文学民俗内容的重要组成部分。仅就宋词而言，宋代专题咏桃诗歌和桃花意象的文学作品无论质还是量较之前代都明显提高。在《全唐诗》中，桃花意象文学作品数量在同类作品中居第7位。笔者据《全宋词》检索系统（含宋词21050首）统计，植物意象出现的单句次数位于前10位的依次是：杨柳3431次，梅2794次，荷花1873次，桃1711次，竹1574次，兰1264次，松柏1052次，桂681次，李552次，杏545次。桃位居第4位，在观赏类花卉中，仅次于被宋人高标的梅和荷花。可见，桃在宋代也是文人较为常用的意象词汇。

又据《宋词三百首》电子检索系统统计，中国文学和文化中常见的植物意象出现的词句数居前10位的依次是：柳80次，梅42次，桃

26 次，竹 22 次，梧桐 18 次，杏、梨各 13 次，桂、海棠各 6 次，荷 5 次，松 3 次，槐、李各 2 次。桃高居第 3 位。宋代陈景沂《全芳备祖》所收 130 多种观赏花木的诗、词、赋、文等作品，花卉意象出现的次数（含散句和散联）前 10 位的依次为：梅（梅花、红梅、蜡梅、杨梅）479 首，柳（柳花、杨柳）237 次，荷（荷、莲藕）228 次，竹（竹、笋）219 次。松柏（松、柏）197 次，牡丹 181 次，海棠（海棠，棣棠、甘棠）177 次，桃（桃花、桃实、桃木）160 次，柑橘（柑、橘）153 次，茶 132 次。桃位居第 8 位。

根据宁波大学文学院许伯卿提供的《全宋词植物题材数量统计表》，在 2189 首咏花词中，数量位居前 10 位的依次是：梅花 1032 首，占 47.14%；桂花 185 首，占 8.45%；荷花 145 首，占 6.62%；海棠 133 首，占 6.08%；牡丹 126 首，占 5.76%；菊花 70 首，占 3.2%；酴醿 59 首，占 2.7%；蜡梅 48 首，占 2.19%；桃花 44 首，占 2.01%；芍药 39 首，占 1.78%。[①]

这几组数据表明，与唐代相比，在宋代，桃题材和桃意象作品的绝对数量呈增加之势。宋代文人追求生活情趣，讲究生活的格调，重视生活享受，与桃花有关的社会民俗活动如折枝瓶插、折桃枝馈赠亲友、花节赏桃、仙桃祝寿、桃符避邪等，都进入了文人的视野和艺术表现的领域。因而，将桃花的这些民俗现象加以专门的研究，无论是对于文学研究还是对于民俗学研究都是必须的。然而，古代文学研究领域

① 许伯卿《宋代咏物词的发展脉络》，《南京师大学报》（社会科学版）2002 年第 1 期。

对这一民俗现象还没有进行充分的探讨。[1]因此，本文抛砖引玉，期待方家的批评。

## 一、瓶插桃枝

瓶插花艺缘于南唐，当时是用“筒插”。据宋代陶穀《清异录》卷(上)“百花门”“锦洞天”条记载：

> 李后主每春盛时，梁、栋、窗、壁、柱、拱、阶、砌并作隔筒，密插杂花，榜曰“锦洞天”[2]。

竹筒插花自然难以久存，因而不便流行。而“花瓶”是专门用来插花之瓶，无论是实用价值还是工艺水平，都较前代更加进步。据文献记载，瓶插花艺较早出现在北宋，温革《琐碎录》中还记载了花瓶和不同花卉的插花方法，可见鲜花瓶插之盛行。[3]南宋时期，插花甚至成为一种普遍的习俗。吴自牧《梦粱录》卷十六“茶肆”条言：

> 汴京熟食店，张挂名画，所以勾引观者，留连食客。今杭城茶肆亦如之，插四时花，挂名人画，装点店面。

这表明，在南宋时期，不仅贵族富宅，就连街坊酒肆也都插花供养。插花风俗的盛行反过来活跃了花卉市场。《梦粱录》卷十三“诸色杂卖”条记曰：

---

① 黄杰《宋词与民俗》中有“宋词与花卉民俗”专章，主要涉及的是梅花、海棠、牡丹、兰，对桃花民俗现象没有涉及。见黄杰《宋词与民俗》，商务印书馆2005年版。

② 朱易安、傅璇琮主编、上海师范大学古籍整理所编《全宋笔记》第1编，大象出版社2003年版，第37页。

③ 扬之水《宋代花瓶》，《故宫博物院院刊》2007年第1期。

四时有扑带朵花，亦有卖成窠时花、插瓶、把花、柏、桂、罗汉、叶春、扑带朵、桃花、四香、瑞香、木香等物。

可见，桃花是当时出售的重要瓶插花卉之一，也可见人们对瓶插桃花的喜爱。而在这种对瓶插桃花普遍喜爱的行为中，宋代文人和士大夫对瓶插桃花的讲究更具有代表性。

宋代文人和士大夫对清雅生活的追求体现在各个方面，而书房布局、家具陈设是其中的重要表现。宋人的书房多是由隔断形成的一个独立的空间，小巧而精致，文房陈设如笔、笔格、砚、墨、香炉等无不如此。与这种整体的环境氛围相吻合的配置则是花瓶，质地或瓷或铜，风格仿古，以插四时新鲜花卉，这些瓶插花卉作为几案清供，如同沉香一样，与文人的诗思相伴，瓶花所护持的缕缕花香能为他们的生活带来闲适和清朗。

楼钥《以十月桃杂松竹置瓶中照以镜屏用潇韵》："中有桃源天地宽，杳然溪照武陵寒。莫言洞府无由入，试向桃花背后看。"[1]诗人别出心裁地把十月桃瓶插一枝，并且把它放在镜子的旁边，这样，揽镜时便可见"镜中桃源"，顿觉天地宽广，似乎把武陵溪水也邀请到了室内。宋代文人把对"格物"的偏爱关注到生活的每一个细节，使宋诗的美并不仅仅表现于意蕴丰厚，而且还表现于诗心常在，镜中的桃花就是诗心烛照下的一点玄思！

文人诗酒吟咏桃花是他们追求闲适生活的表现之一。相比而言，折枝瓶插是更为简捷便利的方法，只要有现成的桃树，即可享受这种"把春色搬回家"的感觉。正如张明中《瓶里桃花》所言："折得蒸红簪小瓶，

---

① 傅璇琮等主编、北京大学古文献研究所编《全宋诗》卷二五四九，北京大学出版社 1991—1998 年版，第 47 册，第 29451 页。

掇来几案自生春。朱唇绛口都开了，始信桃花解笑人。”[1]折来之花给文人的生活平添了无限的乐趣，是宋人追求日常生活艺术化的反映。

宋人折桃花还有一些讲究，因为是瓶插一枝，便要求其熨帖，花枝选择要得体，品种选择要适宜，以便与花瓶的风格一致，求得韵致相谐的艺术效果，如陈文蔚《以花枝好处安详折，酒盏满时撋就持为韵赠徐子融》诗中即言：“寄语折花人，半开花正好……折花需惜枝，容易莫伤残。”[2]

钱穆《国史新论·中国文化传统之演进》说：

> 宋以后的文学艺术，都已经平民化了，每一个平民家庭的厅堂墙壁上，总会挂有几幅字画，上面写着几句诗，或画上几根竹子……令人日常接触到的，尽是艺术，尽是文学，而尽已平民化了。单纯，和平，安静，让你沉默体味，教你怡然自得……使你身处其间，可以自遣自适。[3]

这是宋人的生活情调，旖旎无限，雅韵绵绵。

据宋陈骙《南宋馆阁录》卷三“储藏”条，当时馆阁的桃花图有《千叶碧桃蘋茄》《桃竹黄莺》《桃杏花》《碧壶桃花图》各一幅的记载[4]，桃花成为宋代及后世重要的美化或装饰环境的花卉，体现出文人的高雅的生活趣尚（见图26）。

---

① 傅璇琮等主编、北京大学古文献研究所编《全宋诗》卷三〇八四，第58册，第36789页。

② 傅璇琮等主编、北京大学古文献研究所编《全宋诗》卷二七一五，第51册，第31921页。

③ 钱穆《国史新论》，（台北）东大图书公司1981年版，第133页。

④ 陈骙《南宋馆阁录》卷三，张富祥点校，中华书局1998年版，第180页、第186页。

图 26　［清］粉彩过枝桃花纹盘。粉彩过枝桃花纹盘是雍正年间清宫御用瓷器。桃枝旁飞舞着数只红蝙蝠；桃花盛开，果实累累。画面喜庆吉祥。现藏北京故宫博物院。

## 二、馈赠桃枝

翻阅宋人花卉诗，我们发现“折赠”二字出现的频率很高，所涉花卉如梅花、牡丹、芍药、荷花、桂花、桃花等，史浩《花舞》云:“对芳辰，成良聚，珠服龙妆环宴俎。我御清风，来此纵观，还须折枝归去。归去蕊珠绕头,一一是东君为主。隐隐青冥怯路遥,且向台中寻伴侣。”[①]可见，宋代折花赠友成为文人之间交往的常事，也是宋人生活清雅的艺术表现。

折花相赠的习俗在唐代渐成风尚，中、晚唐文人如韩愈、姚合、白居易、陆龟蒙等人都有这方面的诗歌作品，然所折之花主要是柳、梅、莲，而白居易《晚桃花》中虽有“春深欲落谁怜惜，白侍郎来折一枝”[②]的描写。然而，所“折一枝”显然并非以赠友人之用，只是表达对这一枝晚开桃花的怜爱之意。

宋代文人折桃枝相赠的现象渐多，而且还有充满生活情趣的故事。范成大和朋友周必大、张恭府之间就曾经折赠碧桃、次韵唱和，有关作品《次韵周子充正字馆中绯碧两桃花》《明日子充折赠,次韵谢之》《明日大雨复折赠，再次韵》《张恭甫正字折赠馆中碧桃因次韵》均见于范成大《石湖诗集》卷八，其中《张恭甫正字折赠馆中碧桃因次韵》诗题下有注曰:“次年。”(按:指《明日大雨复折赠,再次韵》诗写作的“次年”）由此我们可见，折赠的碧桃花成为这三位惺惺相惜的友人之间的

① 唐圭璋主编《全宋词》，中华书局 1965 年版，第 2 册，第 1258 页。

② 彭定求等编《全唐诗》卷四五一。

感情纽带和友谊的见证。

正如范成大《张恭甫正字折赠馆中碧桃因次子充韵》诗中所言:“满枝晴雪照青霞,旧识桃源晕碧花。俯仰京尘来年梦,东风犹认故人家。”[1]折赠之碧桃花凝聚了故人的深深情谊。

折赠桃花不仅限于朋友之间,甚至成为一种遗赠习俗。张镃《桃花》云:“园翁能好客,折赠小春桃。却为开花少,翻成占格高。来年红烂漫,绕涧碧周遭。莫忘闻门外,曾将进浊醪。”[2]热情的灌园老人亲手折小园桃枝给诗人,诗人顿觉感动万分,似乎老人把满园春色都赠予了他。

宋代文学描写折桃赠送亲友的作品虽然不像“折梅”作品那么丰富,然而,它是宋代文人对桃花的新的审美态度,新的生活习尚,同时,折桃活动丰富了桃花的民俗内涵,折枝桃花也成为绘画作品的常见题材(见图27)。

---

① 傅璇琮等主编、北京大学古文献研究所编《全宋诗》卷二二七二,第41册,第25817页。

② 傅璇琮等主编、北京大学古文献研究所编《全宋诗》卷二六八八,第50册,第31580页。

图 27　[清]恽寿平《折枝桃花图》(图片来源于网络 http://sucai.redocn.com/yishuwenhua_5231483.html，2018 年 1 月 14 日访问。此扇绘没骨桃花，笔法圆熟，设色淡雅，构图疏密相间，风格清丽不俗。现藏辽宁博物馆)。

## 三、仙桃祝寿

长寿的愿望是人类本能的需求，早在《皇帝内经》和《山海经》中，就有了关于长生的神话和传说，《尚书·洪范》把“寿”列为“五福”①之首；《诗经》篇章还有关于祝寿祖宗的内容；在唐代，君臣们将唐玄宗的生日称为“千秋节”，《新唐书》卷 22“礼乐志”云：

> 千秋节者，玄宗以八月五日生，因以其日名节，而君臣

① 孔安国传、孔颖达等正义、黄侃经文句读《尚书正义》卷一二，上海古籍出版社 1990 年版，第 175 页。

> 共为荒乐，当时流俗多传其事以为盛。其后巨盗起，陷两京，自此天下用兵不息，而离宫苑囿遂以荒堙，独其余声遗曲传人间，闻者为之悲凉感动。盖其事适足为戒，而不足考法，故不复著其详。自肃宗以后，皆以生日为节，而德宗不立节，然止于群臣称觞上寿而已。[1]

宋代郭茂倩所编《乐府诗集》中也保存了许多祝福君主生辰的作品。而在这久远的祝寿历史中，“桃”扮演了重要的角色，因为在中国文化史上，桃与仙的关系随着道教的成熟也渐渐深入人心，大约至魏晋时期，仙桃的民俗意蕴就形成了。

宋代祝寿风气渐浓，桃也是宋代文人祝寿作品中常见的意象之一（见图 28）。而在众多桃的品种中，宋人更多地以蟠桃为“不老之物”。如释绍昙《偈颂一百零四首》其四七“仙苑蟠桃不老春，三千年实荐芳新”[2]，因而也就成为宋代较为常用的祝寿之物。

---

① 欧阳修、宋祈《新唐书》卷二二，“礼乐志”一二，中州古籍出版社 1996 年版，第 84 页。

② 傅璇琮等主编、北京大学古文献研究所编《全宋诗》卷三四三〇，第 65 册，第 40767 页。

图 28　［清］邹一桂《寿子山水图》。画幅以桃与鹤象征长寿延年，体现出桃的吉祥寓意。现藏辽宁博物馆。

毛滂《清平乐》“欲助我公寿骨，蟠桃等见开花”[1]，无名氏《水调歌头·寿范帅》“正是蟠桃开也，特向尊前为寿，一醉一千秋”[2]，张元干《水龙吟·周总领生朝》“红妆翠盖，生朝时候，湖山摇曳……看巢龟戏叶，蟠桃着子，祝三千岁”[3]，韩元吉《水龙吟·寿辛侍郎》：“南风五月江波，使君莫袖平戎手……功画凌烟，万钉宝带，百壶清酒。便留公剩馥，蟠桃分我，作归来寿”[4]等，都是对以蟠桃祝寿的描写。

与宋代文学中的蟠桃意象比较，唐代文学中的蟠桃意象主要用于渲染仙界的气氛，如曹唐《仙都即景》：“蟠桃花老华阳东，轩后登真谢六宫。旌节暗迎归碧落，笙歌遥听隔崆峒。衣冠留葬桥山月，剑履将随浪海风。看却龙髯攀不得，红霞零落鼎湖空。”[5]而宋代则主要用以祝寿之语，由此也可以看出唐、宋文人对桃花意象审美视角的不同。

## 四、节日赏花

民俗生活的一个重要方面是岁时节序，而描写这些节序也是历代文学创作的内容之一。宋代社会经济文化发达，市民阶层队伍不断壮大，因而，民俗生活较前代呈现出更为丰富多彩的特征，节序诗词的创作也就很多。而人们在庆祝节序时会使用各种物象，桃即是其中之一，举凡桃花、桃符都被文人纳入了民俗文化的表现视野，人们还喜欢将某些场所以“桃花”命名。

---

① 唐圭璋主编《全宋词》第2册，第662页。
② 唐圭璋主编《全宋词》第5册，第3751页。
③ 唐圭璋主编《全宋词》第2册，第1099页。
④ 唐圭璋主编《全宋词》第2册，第1402页。
⑤ 彭定求等编《全唐诗》卷六四〇。

宋代开国之初，社会稳定，经济繁荣，农业生产逐渐恢复，花卉栽培技术随之提高，种花和赏花之风逐渐向民间普及，人们对花卉欣赏的热情较唐代有过之而无不及。北宋时期，洛阳经济繁荣，人们观赏桃花之热情甚为浓厚。宋代邵伯温《闻见录》卷十七载：

洛中风俗尚名教，虽公卿家不敢事形势，人随贫富自乐于货利不急也。岁正月，梅已花。二月，桃李杂花盛。三月，牡丹开，于花盛处作园囿，四方伎艺举集，都人士女，载酒争出，择园亭胜地上下池台间，引满歌呼，不复问其主人，抵暮游花市，以筠笼卖花，虽贫者亦戴花饮酒相乐。[①]

南宋时期的都城杭州的桃花植赏也毫不逊色。《都城纪胜》“园苑”条记曰：

城南嘉会门外则有玉津御园，又有就包山作园，以植桃花，都人春时最为胜赏，惟内贵张侯壮观园为最。[②]

宋·吴自牧《梦粱录》卷十九“园囿”亦曰：

嘉会门外有山……山上有关，名“桃花关”，旧扁“蒸霞”。两带皆植桃花，都人春时，游者无数，为城南之胜境也。[③]

“桃花关”的命名也许更让我们看到了南宋时期包家山桃花欣赏的盛极一时。

与民间的赏桃花情形相比，宫廷赏桃可谓隆重之极。宋代周密《武林旧事》卷二“赏花”云：

禁中赏花非一，先期后苑及修内司分任排办，凡诸苑、亭、

---

① 邵伯温《闻见录》卷一七，《影印文渊阁四库全书》本。

② 朱彭等《南宋古迹考》（外四种），浙江人民出版社 1983 年版，第 90 页。

③ 吴自牧《梦粱录》卷一九，浙江人民出版社 1980 年版，第 179 页。

榭花木，妆点一新。锦帘绡幕、飞梭绣球，以至裀褥设放、器玩盆窠、珍禽异物，各务奇丽……悉效西湖景物，起自梅堂赏梅，芳春堂赏杏花，桃源观桃，粲锦堂金林檎，照妆亭海棠，兰亭修禊，至于钟美堂赏大花为极盛。[①]

宋代人们赏花热情高涨，甚至形成了一个特定的节日即“花朝”，曹组《声声慢》即写出了宋代花朝节盛况：“重檐飞峻，丽彩横空，繁华壮观都城。云母屏开八面，人在青冥。凭栏瑞烟深处，望皇居、遥识蓬瀛。回环阁道，五花相斗，压尽旗亭。歌酒长春不夜，金翠照罗绮，笑语盈盈。陆海人山辐辏，万国欢声。登临四时总好，况花朝、月白风清。丰年乐，岁熙熙、且醉太平。”[②]而吟赏桃花是“花朝”节的重要活动。吴自牧《梦粱录》卷一“二月望”条云：

仲春十五日为花朝节。浙间风俗以为春序正中，百花争放之时，最堪游赏。都人皆往钱塘门外玉壶古柳林、杨府、云洞，钱湖门外庆乐、小湖等园，嘉会门外包家山、王保生、张太尉等园，玩赏奇花异木。最是包家山，桃开浑如锦障，极为可爱……观者纷集，竟日不绝。[③]

宋代以后，“花朝”即成为民间传统的赏花节日。

宋人爱桃花的风尚还可以通过人们买桃花的热情体现出来，如《梦粱录》卷二“暮春”条曰：

是月春光将暮，百花尽开，如牡丹、芍药、棣棠、木香、酴醾、蔷薇、金纱、玉绣球、小牡丹、海棠、锦李、月季、粉团、

① 田汝成《西湖游览志余》，浙江人民出版社 1980 年版，第 53 页。

② 唐圭璋主编《全宋词》，第 2 册，第 805 页。

③ 吴自牧《梦粱录》卷二，第 8 页。

杜鹃、宝相、千叶桃、绯桃、香梅、紫笑、长春、紫荆、金雀儿、笑靥香兰、水仙、映山红等花，种种奇绝。卖花者以马头竹篮盛之，歌叫于市，买者纷然。当此之时雕梁燕语，绮槛莺啼，静院明轩，溶溶泄泄，对景行乐，未易以一言尽也。[①]

宋代“堂花”花卉技艺开始出现，即以纸窗温室，通过蒸汽加温，促使花早放，这样就保证了一年四季都有花卉可赏。因此，宋代花市较唐代更加繁荣，如欧阳修《生查子》中的“去年元夜时，花市灯如昼”，就写出了花市中热闹情形。而桃花也是花市中常见的花卉，《梦粱录》卷十三“诸色杂卖”条就有记载。

## 五、桃符避邪

“桃符”是战国时期即已出现的桃木的避邪形式（见图29），魏晋南北朝时期仍沿袭此风俗，南朝宗懔《荆楚岁时记》曰：

正月一日……贴画鸡，或斫镂五彩及土鸡于户上。造桃版著户，谓之仙木。

“按庄周云：‘有挂鸡于户，悬苇索于其上，插桃符于旁，百鬼畏之。”[②]

① 吴自牧《梦粱录》卷二，第15页。

② 宗懔《荆楚岁时记》，宋金龙校注，山西人民出版社1987年版，第4～5页。

图 29　桃符。桃板上分别刻有神荼、郁垒四字，用于避邪御凶。图片由网友提供。

唐代文学作品中桃的避邪形式主要有桃弧、桃鞭、桃枝，“桃符”仅见于韦璜《赠嫂》:“赤心用尽为相知，虑后防前只定疑。案牍可申生节目，桃符虽圣欲何为。”①而且其中的避邪意义并不明显，但宋代民俗中，“桃符”成为较为重要的避邪用物。

岁末除夕，宋代民俗中以“桃符”除旧迎新。陈骙《南宋馆阁录》卷六“节物”曰:

① 彭定求等编《全唐诗》卷八六六。

本省元宵，每位莲花灯五盏，球灯三盏。重午，洪州扇二，草虫扇二。岁除，桃符、门神各二副。[1]

馆阁如此，民间更是如此，孟元老《东京梦华录·十二月》曰：

近岁节，市井皆印卖门神、钟馗、桃版、桃符。[2]

这在诗词作品中也有表现，如向子諲《浣溪沙》："爆竹声中一岁除，东风送暖入屠苏。瞳瞳晓色上林庐，老去怕看新历日，退归拟学旧桃符。青春不染白髭鬚。"[3]又如晁补之失调名词"残腊初雪霁。梅白飘香蕊。依前又还是，迎春时候，大家都备。灶马门神，酒酌酴酥，桃符尽书吉利。五更催驱傩，爆竹起"[4]，赵师侠《鹧鸪天·丁巳除夕》"爆竹声中岁又除。顿回和气满寰区。春风解绿江南树，不与人间染白须。残蜡烛，旧桃符。宁辞末后饮屠苏"[5]等，都是这种民俗现象的反映。南宋末年的方回《瀛奎律髓》卷十六"节序类"所收为唐宋有关节序之律诗，其中写桃符的如唐庚《除夕》"南荒足妖怪，此日谩桃符"[6]，所写的就是这种民俗。

值得注意的是，宋代文学中的"桃符"已经不再如魏晋时期在桃木板上画神荼、郁垒，而是以纸代替桃木板，即在纸上书写"门对"，这沿袭了五代后蜀时期的形式，清代俞正燮《癸巳存稿·门对》就说："桃符板，即今门对，古当有之，其事始于五代见记载耳。"[7]而在内

① 陈骙《南宋馆阁录》卷六，张富祥点校，第67页。

② 孟元老《东京梦华录》，《笔记小说大观》，（台北）新兴书局1984年版，第九编，第5册，第3376页。

③ 唐圭璋主编《全宋词》第2 册，第960页。

④ 唐圭璋主编《全宋词》第1册，第583页。

⑤ 唐圭璋主编《全宋词》第3册，第2081页。

⑥ 傅璇琮等主编、北京大学古文献研究所编《全宋诗》卷一三二六，第23册，第15000页。

⑦ 俞正燮《癸巳存稿》卷一一，《续修四库全书》本，上海古籍出版社2003年版。

涵上，也由纯粹的避邪转向了辞旧迎新。桃符形式和内涵的变化反映了宋代对桃木避邪的民俗内涵的继承和发展。

王国维《末代之金石学》说："天水一朝人智之活动与文化之多方面，前之汉唐，后之元明，皆所不逮也。"[1]这是说宋代文化之集大成的特色。陈寅恪先生也说："华夏民族之文化，历数千载之演进，造极于赵宋之世。"[2]文学是文化的重要载体，就词而言，宋词是文学史上唯一可以与唐诗媲美的文学形式；依诗而论，宋代诗歌处于继唐诗的辉煌之后的关键位置。再从花卉艺术的发展角度看，中国古代花卉品鉴中的最高境界——花德，也在宋代产生并渐趋成熟，中国古代文学对桃花的文化认识在宋代也已经臻于深入和成熟，这当然与时代背景有密切的关系，但是，就桃花与人们日常生活的关系而言，它已经成为那一时代的人们普遍喜爱的花卉，甚至走进了文人的书房，成为文人清雅生活的重要场景。有关桃花的民俗活动比唐代更加丰富，瓶插桃枝、馈赠桃枝、仙桃祝寿、桃符避邪等，为讲究追求生活情趣、讲究生活格调的文人提供了丰富的创作素材。因此，相应地，与桃花有关的民俗活动也在宋代文学中得到了充分表现。集大成之文化背景下的宋代文人悖逆了唐代桃花意象表现的情景相生的原则，遗貌取神，在内容、表现方式、艺术特色方面都具有不同于唐人的创新，丰富了我们对桃花民俗的认识与理解。

（原载《云南社会科学》2016 年第 6 期）

---

① 王国维《静安文集续编·末代之金石学》，《王国维遗书》第 5 册，上海书店 1983 年版，第 70 页。

② 陈寅恪《邓广铭〈宋史职官志考证〉序》，《金明馆丛稿二编》，上海古籍出版社 1980 年版，第 245 页。

# 论传统文化中桃花意象的隐喻意义

在中国广袤的土地上，到处都可以见到桃树，桃花独特而优越的物候期使其成为春天的象征。桃开发和利用的历史悠久，很早就进入了诗歌领域，成为常见的植物意象，如《诗》中即有“桃之夭夭，灼灼其华”的描述。这一描述建立了中国文学文化中桃花与女性的密切关系，而这里的“女性”是指青春、美丽、健康的女子。然而，这种关系在后代文人笔下悄悄地发生了变化，即桃花意象的女性意义呈现出普遍化的特点，桃花与女性的关系也表现为明显的普遍性，甚至与女性相关的物象或事项也以桃花命名。而在这泛化的女性内涵中，又存在一个由女色到情色的转化过程。其中的原因大概有两个：一是桃花为红色或粉红，本身具有既“嫩”且“娇”的特征，很容易使人想起青春女性的容颜，因此，文人常用以描写漂亮女子的容貌。二是桃花较为常见，不被珍视；姿色妖冶，显得张扬，所以，文人又常常用以描写下层歌女或者妓女。在中国古代文学史上，这种现象被历代文人反复描写、强化，体现了文人群某种特定的审美情趣，影响着读者群的审美倾向和阅读期待。

桃花意象具有女性隐喻意义，这是一种人们普遍熟悉而有趣的文化和文学现象，目前学术界尚未进行深入、细致的探讨，本文抛砖引玉，以求教于方家。

## 一、青春美丽女性：桃花意象的原初隐喻

在传统意象中，花卉自有一套语意系统，如梅、兰、竹、菊，被赋予的是文人风骨。桃花与之不同，它另成一宗，且性别鲜明。桃花是春天的象征，阳春三月开放，花色艳丽，花朵秾密，姿容娇媚，这种自然特质与美感表现极容易使人想到青春曼妙的女子容颜。我们都有这样的体验，春天河岸的袅袅柳丝会让人想起女子的婀娜身姿，因为柳之美主要体现为枝条的柔长；而桃花则会让人想起女性的美丽的容貌，因为桃之美感主要体现为花色的妍丽。而这种联想在《诗经》时代就产生了，典型的例子是《周南·桃夭》和《召南·何彼襛矣》篇章，其内容分别为：

桃之夭夭，灼灼其华。之子于归，宜其室家。桃之夭夭，有蕡其实。之子于归，宜其家室。桃之夭夭，其叶蓁蓁。之子于归，宜其家人。

何彼襛矣，唐棣之华。曷不肃雝，王姬之车。何彼襛矣，华如桃李。平王之孙，齐侯之子。其钓维何，维丝伊缗。齐侯之子，平王之孙。

"从周代相关的记载中可以确知，中国人同世界上其他古老的民族一样，将春天认定为体现着宇宙化生万物的生命力量的季节……《关雎》篇中的'荇菜'，《桃夭》篇中的'桃夭'，都是春天景物的有

力明示。”[1]

汉代焦赣《焦氏易林》卷二云：“春桃生花，季女宜家。受福多年，男为邦君。”[2]这可以旁证《桃夭》为婚嫁诗歌。陈子展《诗经直解》亦云《桃夭》“为民间嫁娶之诗”[3]。清代方玉润《诗经原始》这样说道：“桃夭不过取其色以喻之子，且春华初茂，即芳龄正盛时耳，故以为比。”[4]

而对于《召南·何彼襛矣》“何彼秾矣，华如桃李”，《诗经原始》解释说：“诗不云乎，‘何彼襛矣’是美其色之盛极也。”[5]陈子展《诗经直解》：“以桃李为比，男女双提。同为贵族，华丽相匹。”[6]

那么，《诗经》篇章为何以桃花来祝福新娘、比喻女子美貌呢？这一问题更多属于约定俗成的民族思维和审美心理范畴，很难以确切的材料佐证这一现象，因此，我们只能依据相关材料作如下的推测：

桃树初次开花较早，桃花开放的季节是生机勃发的仲春，这迎合了追求生命力的上古时代人们的心理需求。宋代陆佃《埤雅》卷十三“释木”：“谚曰‘白头种桃’，又曰‘桃三李四梅子十二’，言桃生三岁便放花果，早于梅李。”这说明了桃开花、结果都比较早的植物特性，也是桃生机旺盛的体现。从物候角度观察，梅花早春独步，冰中育蕾，雪里开放，－10°C左右的气温条件最佳，唐朱庆馀《早梅》“天然根性异，万物尽难陪。自古承春早，严冬斗雪开”[7]，就写出了梅花的这

① 李山《诗经的文化精神》，东方出版社1997年版，第139页

② 焦延寿《焦氏易林注》，尚秉和注，中国书店1990年版，上册，第132页。

③ 陈子展《诗经直解》，复旦大学出版社1983年版，上册，第15页。

④ 方玉润《诗经原始》，李先耕点校，中华书局1986年版，第82页。

⑤ 方玉润《诗经原始》，李先耕点校，中华书局1986年版，第115页

⑥ 陈子展《诗经直解》，复旦大学出版社1983年版上册，第65页。

⑦ 彭定求等编《全唐诗》卷五一五。

一特征。罗隐《杏花》“暖气潜催次第春，梅花已谢杏花新”[1]，写出了杏花稍迟于梅花开放的习性。宋祈《玉楼春·春景》“绿杨烟外晓寒轻，红杏枝头春意闹”[2]则写出了杏花开于初春的特点。而桃花开于清明前后，是万物复苏、生机勃发的季节。因而，在大自然的众多花卉之中，桃花是最能代表生命和活力的花卉，这与人生的青春，尤其是女性的青春极为吻合。

在同属于蔷薇科的春日花卉中，桃花较早进入了先民的审美视野。《诗经》中有六篇作品写到“桃”，其中有两篇写的即是“桃花”，即《周南·桃夭》和《召南·何彼穠矣》。有五篇作品写到“梅”，即《摽有梅》《终南》《墓门》《鸤鸠》《四月》，描写的是“梅子”或“梅树”。《诗经》中没有出现描写“杏”的篇章。《诗经》约编成于春秋中叶，反映的是西周至春秋时期的社会现实。在春秋之前，梅花、杏花并未引起先民的关注。梅花以花卉之美引起人的注意是在战国时期。刘向《说苑》卷十二：“越使诸发，执一枝梅遗梁王，梁王之臣曰韩子顾谓左右曰：‘恶有一枝梅乃遗列国之君乎？’”[3]元代方回《瀛奎律髓》卷二十“梅花类”曰：

> 《虚谷》曰：“梅见于《书》《诗》《周礼》《礼记》《大戴礼》《左氏传》《管子》《淮南子》《山海经》《尔雅》《本草》，取其实而已，未以其花为贵也……惟《诗》：‘山有嘉卉，侯栗侯梅’，《大戴礼·夏小正》：‘正月梅、杏、杝桃始华’，一言卉，一言华。《说苑》：‘越使诸发，执一枝梅遗梁，臣韩子顾左右曰：

---

① 彭定求等编《全唐诗》卷六六五。

② 唐圭璋主编《全宋词》，第1册，第116页。

③ 刘向《说苑疏证》卷一二，赵善诒疏证，华东师范大学出版社1985年版，第335页。

“恶有一枝梅乃遗列国之君乎？”由是考之，则梅以花贵自战国始。”[1]

杏花以花名是在南北朝时期，如梁武帝萧衍《上声歌》有“花色过桃杏”的句子，北周出现了专咏杏花的诗歌，庾信《杏花》：“春色方盈野，枝枝绽翠英。依稀映村坞，烂漫开山城。好折待宾客，金盘衬红琼。”[2]因此，相比之下，桃花更早地进入了文人的视野和文学的表现领域。

桃花花色与姿容与青春美丽的女子在视觉感上有相通之处（见图30），即粉嫩、靓丽，这是桃花与女性之间的关系建立的直观因素。

图30　桃花的花色与姿容。图片由友人提供。

① 方回《瀛奎律髓》卷二〇，李庆甲集评校点，上海古籍出版社1986年版，第744页。

② 逯钦立辑校《先秦汉魏晋南北朝诗》北周诗卷四，第2399页。

相比而言，梅花先叶而发，花朵小而色淡，由于缺少绿叶的映衬，视觉感不强。杏花花蕾为红色，盛开后颜色渐渐变淡，至落时已全为白色；盛开时点缀着的叶子极为细碎，因而也没有取得红绿映衬的视觉效果。桃花始终为红色或粉红色，花叶同时生发，且花先叶而茂，新翠的叶子是嫩红花儿的绝好烘托者，所以，就视觉效果而言，盛开的桃花具有无以伦比的鲜明感，而这种鲜嫩极容易使人联想起青春美女的容颜，嫣然而娇美，这种视觉感上的互通是桃花与女性关系较为密切的先天优势。

《诗经》时代，是希求生育的社会意识盛行的时代，它深刻影响着人们的生活情态，使人追求生命的精神。桃分布广泛，开发、利用较早，人们对桃的习性极为熟悉。桃树物性早花，盛开时极为烂漫而娇媚，花落后即结子满枝，果实大而味甜，较之其他果实如梅子、杏等具有独特的优势。据此，古人以桃花为生命与生机的象征。因此可以这样说，《桃夭》以桃花起兴的最直接的原因就是用以预祝新娘能像桃花那样，绿叶成荫，结子满枝。这样，桃花就与青春美丽的女性之间建立了稳固的比附关系。这种关系在唐代诗人崔护《题都城南庄》中得到了强化。“去年今日此门中，人面桃花相映红。人面不知何处去，桃花依旧笑春风”的描写，把“桃花之艳”和“年轻女子之美”紧紧联系在一起，深深地影响着中华民族对女性传统的审美认知，“美若桃花”成为对女性外在之美的最常见描述。然而，这一认识反映着人们在对理想生活的追求与向往中所凝聚的审美情结，“人面桃花相映红”的描写已经超越了对女性外在之美的欣赏而上升为一种对理想生活的憧憬。也正是在这个意义上，崔护的《题都城南庄》激发了历代读者的美丽想象，元明清时期的文人将其改编成各种版本的剧目，并增加了一些富有时代气息的新内容，使“桃花美女”成为从多个生活场景反映青年女性艺术形象的模式和文学题材。

## 二、地位低贱女性：桃花意象的衍生隐喻

魏晋南北朝时期，尤其是南朝时期的社会文化背景使文人对女性描写情有独钟，这也使得桃花意象与女性的关系更加密切，甚至凡是与女性有关的物象都能引起文人的联想而以桃花命名，桃花成为描写女性的常见词汇。同时，桃花意象的隐喻意义也发生了微妙的变化，开始隐喻下层女性和地位低贱的女性。

南朝时期，桃花就被作为女性的美容用品。北朝时期，桃花可以美容的秘方在社会上广为流传，甚至有上口的洗面词。《渊鉴类函》卷三百九十九引唐代虞世南《史略》曰：“北齐卢士深妻崔氏，有才学。春日以桃花和雪与儿靧面，祝曰：‘取桃花，取白雪，与儿洗面作光悦。取白雪，取红花，与儿洗面作妍华。取花红，取雪白，与儿洗面作光泽。取雪白，取花红，与儿洗面作华容。’”①隋朝出现了以“桃花面”“桃花妆”命名的妆束。《事物纪原》卷三“妆”条：“周文王时，女人始传铅粉；秦始皇宫中，悉红妆翠眉，此妆之始也。宋武宫女效寿阳落梅之异，作梅花妆。隋文宫中红妆，谓之桃花面。”②明代顾起元《说略》卷二十一“服饰”条引《妆台记》言“美人妆”即“面既傅粉，复以胭脂调匀掌中，施之两颊，浓者为酒晕妆，浅者为桃花妆”③。据后一

① 张英《渊鉴类函》卷三九九，中国书店 1985 年版，第 290 页。

② 高承《事物纪原》卷三，金圆、许沛藻点校，中华书局 1989 年版，第 143 页。

③ 顾起元《说略》卷二一，《影印文渊阁四库全书》本。

条材料我们可知，所谓“桃花面”“桃花妆”就是取脂粉调和后施之面容后，白赤适宜，恰如粉色桃花而名之。

在文学作品中,文人也习惯于用桃花描写女性的妆容。梁简文帝《初桃》中对桃花的“悬疑红粉妆”的描写开启了以桃花比喻女性妆容的先河，施荣泰《杂诗》“赵女修丽姿，燕姬正容饰。妆成桃殷红，黛起草惭色”，周南《晚妆》“青楼谁家女，当窗启明月。拂黛双蛾飞，调脂艳桃发”等，也都是这方面的例子。不仅如此，古代文人也习惯性地以“桃花”修饰女性容貌。如“桃脸”，唐代韦庄《伤灼灼》有“桃脸曼长横绿水，玉肌香腻透红纱空”的描写;“桃颊”，崔涂《初识梅花》“燕脂桃颊梨花粉,共作寒梅一面妆”;“桃花面”,宋葛胜仲《蝶恋花》“灯火休催归小院，殷勤更照桃花面”;“桃腮”，方千里《秋蕊香》中有“一枕盘莺锦暖。初起懒匀妆面。绿云袅娜映娇眼。酒入桃腮晕浅”的句子，陈允平《虞美人》中亦有“春衫薄薄寒犹恋。芳草连天远。嫩红和露入桃腮。柳外东边楼阁、燕飞来”的描写。另外，人们对某些女性也习惯性地以“桃”唤之，如唐代韩愈的爱妾就被昵称为“绛桃”，宋代寇准的妾被称为“蒨桃”等。桃花意象与女性的关系越来越密切。

我们还应注意到，魏晋南北朝时期，桃花意象的女性隐喻意义开始发生微妙的变化，渐渐指向地位低贱的女性，如歌妓或艺妓。这里首先要提到东晋时期的桃叶。宋代祝穆《古今事文类聚》后集卷十六引《金陵览古》云:

> 晋王献之爱妾名桃叶，献之歌以送之云:“桃叶复桃叶，渡江不用楫。但道无所苦，若我自迎接。”[1]

① 祝穆《古今事文类聚》后集卷一六，富大用辑，书目文献出版社 1991 年版，第 773 页。

魏晋是风流名士尽显风神的时代，他们的落拓不羁成为时人和后人竞相模仿的标准和境界。王献之身为世家名流，其行为和事迹自然也是当时社会的重要话题。《隋书》卷二十二："陈时，江南盛歌王献之《桃叶》之词。"[①]王献之《桃叶歌》在南朝陈时的盛行绝非一朝一夕之事，当是文化传承的结果。[②]偏安一隅的南朝君臣对声色的本能需求催生出了歌女与艺妓，文人在赏歌宴舞之际，总习惯性地以桃花来形容眼前女子的美貌。"风流跌宕，名高一府"[③]的刘缓《在县中庭看月诗》中有"侍儿能劝酒，贵客解弹琴。柏叶生鬟内，桃花出髻心"的诗句，通过描写"桃花"状的发髻来形容"侍儿"之美。刘孝绰《遥见邻舟主人投一物众姬争之有客请余为咏》"此日倡家女，竞娇桃李颜"，则以桃花来形容"倡家女"的容貌。王金珠《上声歌》亦有"花色过桃杏，名称重金琼。名歌非下里，含笑作上声"的描写，类似的例子还有许多，不再一一罗列。

至迟在西晋，桃花就成为女子的装饰之花，傅玄《桃赋》中即有"华升御于内庭兮，饰佳人之令颜"的叙述。在唐代，桃花作为女性装饰物使用渐多，竟至受到贵妃的青睐，据王仁裕《开元天宝遗事》卷一"助娇花"条："御苑新有千叶桃花，帝亲折一枝，插于妃子宝冠上曰：'此个花尤能助娇态也。'"宋元时期，桃花作为装饰之花使用更为普遍，但越来越成为身份较为低贱的女性如歌妓等的专用物，如宋伯仁《佳人歌》："淡匀粉，浅画眉，鬓边羞插桃花枝。白面郎君马如箭，回头再盼情依依。"南宋李莱老《浪淘沙》上阕云："宝押绣帘斜，莺燕谁家。

① 魏征《隋书》卷二二，中华书局 1973 年版，第 637 页。

② 高国藩《论乐府民歌《桃叶歌》》，《盐城师范学院学报》（哲学社会科学版），1998 年第 2 期，第 35 页。

③ 李延寿《南史》卷七二，中华书局 1975 年版，第 1778 页。

银筝初试合琵琶。柳色春罗裁袖小，双戴桃花。”元代赵禹圭《双调·风入松·思情》亦有“唤丫环休买小桃花，一任教云鬟堆鸦，眉儿淡了不堪画”的句子。宋、元时期的歌女还以桃花装饰她们的手中的小扇，如宋代吴龙翰《宫词》“舞罢霓裳宝髻垂，桃花扇底暖风吹。夜深内殿重开宴，手捻灯花画翠眉”，陈允平《意难忘》“额粉宫黄。衬桃花扇底，歌送瑶觞。裙拖金缕细，衫唾碧花香”，元代曾瑞《中吕·喜春来》“桃花扇影香风软，杨柳楼心夜月圆”等，这些例子中，桃花扇与歌女的关系已非常明晰。孔尚任《桃花扇》中的李香君的形象更是将桃花与妓女的关系强化了，那把由香君之血研磨出的绢扇如人面桃花，成为妓女或歌女身份的重要表征。

## 三、情色场景与生机：桃花意象的蜕变隐喻

中国古代的农耕和采集生活使人与植物的联系得以强化。长期的观察使古人对桃花的物候特征和规律有了深刻的认识。桃花开放于惊蛰前后，此后便可见万物复苏。这种不变的节序使桃花成为人们心目中不折不扣的生命之“象”。在古人看来，桃花的物候节律与人的生殖具有异质而同类的特征，即桃花的开放与男女情欲的爆发具有同样的含义。从《诗经·桃夭》等篇章看来，春天被认为是婚嫁的最佳时节，班固《白虎通义》卷下：“嫁娶必以春者，春，天地交通，万物始生，阴阳交接之时也。诗云‘士如归妻，迨冰未泮’。周官曰‘仲春之月，令会男女’。令男三十娶，女二十嫁。”[①]仲春之月开放的桃花就成了古

① 班固《白虎通德论》卷九，上海古籍出版社 1990 年版，第 71~72 页。

人婚恋的信号，这也使桃花具有了两性结合的色彩。因此，在古代文学作品中，文人对桃花的观赏和描写多是有色的，甚至是艳情的。

魏晋时期，曹植、刘孝绰等人即以桃花直接、明确地比喻“佳人”“倡家女”，这是桃花意象的女性隐喻意义转变的开始。追求声色之娱的南朝文人续扬其波，桃花成为青楼或风月场所的代表景物，如梁武帝萧纲《鸡鸣高树巅》诗云：“碧玉好名倡，夫婿侍中郎。桃花全覆井，金门半隐堂。”南朝陈独孤嗣宗《紫骝马》中也有“倡楼望早春，宝马度城闉。照耀桃花径，蹀躞采桑津”的句子，无论“桃花径”一语是否为实写，桃花已被作为娼妓生活环境的代表景物是不言而喻的。这种现象成为一种文学传统而被历代文人传承和接受。在宋代，男女交合的场所也以桃花命名，如柳永《昼夜乐·赠妓》有“秀香家住桃花径，算神仙，才堪并。层波细剪明眸，腻玉圆搓素颈。爱把歌喉当筵逞，遏天边，乱云愁凝。言语似娇莺，一声声堪听”的描写，“桃花径”是柳永喜爱的歌妓秀香住处的代称。又宋代黄昇《花庵词选》卷五说此词“丽以淫，不当入选，以东坡尝引用其语，故录之”[1]，这样，就足以说明了桃花实为男欢女爱场所的暗示或象征性景观。

南朝时期广为流传的汉代刘晨、阮肇去天台山遇仙女的故事又为桃花意象的情色意义添上了重重的一笔。这一故事在晋干宝《搜神记》和南朝宋刘义庆《幽冥录》中都有记载。桃是从先秦至魏晋时期一直流传于社会的仙果，是“仙”的主题符号；桃花在《诗经》时代就有了女性意味，因而在描写神仙生活或描述仙女容貌时，桃、桃花往往是必不可少的“道具”或比喻。《三辅黄图》卷三：“《汉武帝内传》曰，

① 张璋等《历代词话》，大象出版社2002年版，上册，第158页。

鲁女生，长乐人。初饵胡麻，乃永绝谷，八十余，年少壮，色如桃华。”[1]

刘晨、阮肇的故事是桃花意象的情色意义生成的契机，它对后世文学的深刻影响不断强化着这一内涵，并产生了如“刘郎”“阮郎”“桃花洞”等固有说法或经典意象，这些意象成为“情爱”的代称在作品中频频出现，如曹唐《小游仙诗》:“偷来洞口访刘君，缓步轻抬玉线裙。细擘桃花逐流水，更无言语倚彤云。”“绛阙夫人下北方，细环清佩响丁当。攀花笑入春风里，偷折红桃寄阮郎。”两首诗歌都用了刘晨、阮肇之典故，然而，细作比较可见，第一首诗中的缓步轻抬、倚云无言的仙子似乎婉约含蓄些，而第二首诗中的仙子则显得更加直接和大胆，两首诗都荡漾着浓浓的春情，“桃花”“红桃”的情色意蕴极为明显。唐代佚名《席上歌》:“洞府深沈春日长，山花无主自芬芳。凭栏寂寂看明月，欲种桃花待阮郎。”该诗题下有小注云:“有少年于岩下逢女子，留与同居十日。于席上作歌赠少年云。”据此，“桃花”与“阮郎”之间的暧昧关系已非常明确。元代文学中的“桃花”与“刘郎”的关系依然是指涉着情爱，如萨都拉《蘂珠宫》中也有这样的描写 :“天宫仙女淡淡妆，桃花洞口逢刘郎。巫山神女弄云雨，楚台人去空断肠。”其中的情色意义同样明显。

唐、宋词是文人风流浪漫的生活表现的最佳形式。在唐、宋婉约词人心中，以艳为美和以柔为美的审美心理占据着主流地位。在这种思想潮流影响下，桃花意象因天生具有“艳”的特质和女性意味而备受青睐，“刘郎”“阮郎”成为常见词语。

和凝《天仙子》中有“洞口春红飞簌簌，仙子含愁黛眉绿。阮郎何事不归来。懒烧金，慵篆玉，流水桃花空断续”，毛文锡《诉衷情》“桃

① 何清谷《三辅黄图校注》卷三，三秦出版社 1995 年版，第 189 页。

花流水漾纵横,春昼彩霞明。刘郎去,阮郎行,惆怅恨难平。愁坐对云屏。算归程,何时携手洞边迎,诉衷情”,欧阳炯《春光好》“流水桃花情不已,待刘郎”,莫不以“桃花”承载着女仙子浓浓的相思和情爱。苏轼《鹧鸪天》:“笑拈红梅亸翠翘,扬州十里最妖饶。夜来绮席亲曾见,撮得精神滴滴娇。娇后眼,舞时腰。刘郎几度欲魂消。明朝酒醒知何处,肠断云间紫玉箫。”“夜来绮席亲曾见”即点明了女子的身份为歌女,“刘郎几度欲魂消”又是情色的描述。贺铸《小重山》:“苎萝标韵美,倚新妆。月华歌调转清商。尊酒畔,好住伴刘郎。”新妆标韵、歌声婉转,这些简直令“刘郎”乐不自持了。卢炳《鹧鸪天·席上戏作》:“秋月明眸两鬓浓。衫儿贴体绉轻红。清声宛转歌金缕,纤手殷勤捧玉钟。娇娅姹,语惺松。酒香沸沸透羞容。刘郎莫恨相逢晚,且喜桃源路已通。”作者更是善于“布景设色”:秋月明眸、轻罗红衫、纤纤玉手、娇语羞容、婉转金缕,读后一股香艳温软的气息迎面而来,其中的情色意义不言自明。

以上这些作品虽然大部分都没有直接出现“桃花”字眼,然而,“刘郎”“阮郎”充分发挥了桃花意象的象征意义,“刘郎”“阮郎”的背后,仿佛可以看到一个个桃花美人,传递着缱绻缠绵的情韵。

桃花意象的情色意义在元曲里似乎表达得更直白,如马致远《南吕·四块玉》:“采药童,乘鸾客,怨感刘郎下天台。春风再到人何在?桃花又不见开。命薄的秀才,谁教你回去来!”娇嗔中充满了爱恋,薄责里洋溢着真情,作品以刘晨、阮肇误入桃源的故事为题材,生动地写出了青年女子对心上人热烈的爱。这篇作品虽然不像以上所列作品有情色的具体场景,然而,结尾处因为没有艳遇而发出的慨叹,让人体会到的仍是那种不可遏止的情欲。

清代朱彝尊《明诗综》卷七十二引王彦泓《赋得别梦依依到谢家》："名花偏作隔墙枝，爱影怜声入手迟。门第敢言非道蕴，才情端喜是芳姿。桃边未许裙题字，柳下曾将带乞诗。今日眼波微动处，半通商略半矜持。""爱影怜声"、轻牵裙带，逗引着蠢蠢欲动的男女春情，适中的"桃"也许是借用了王献之爱妾桃叶之典，寻桃问柳的意思还是极为明显的。

以上这些作品都似乎为我们再现着一个个充满着粉红情欲的场面。刘晨、阮肇天台山艳遇的题材在诗词中的绵延是桃花意象的情色意义，而宋代特殊的社会文化背景则使桃花意象的情欲意义固定下来。

粉红而艳的桃花与嫩翠的绿叶勾引着人们的绚丽想象和情感体验，这种想象和体验被文人以精致和优雅的词句表现出来，并被反复摹写和强化，使桃花意象的情色意义成为文学和文化积淀，影响着民族的审美倾向。因此，众多文学作品中的桃花意象皆有暧昧甚至情色的意味。

总之，在常见的植物意象中，桃花是女性意味最充分自足的花卉，或者说，在所有花卉意象中，桃花最具女性隐喻意义。《诗经·周南·桃夭》建立了桃花与青春关丽的女性之间的隐喻关系，这一隐喻关系自南朝开始发生变化，渐指下层女性或歌妓；至宋元时期，桃花成了情色场景的符号。

《历代题画诗》卷八十七引明代谢承举《题桃花》和汤显祖《咏杨太宰桃花园图》，诗中的"日暖风柔逞艳姿，花神独立小春时"与"吏部桃花千树秾，春风春日好颜容"并读互见，可以较为全面地概括桃花意象的女性隐喻意义及其形成。这一古代就已形成的文学现象被当代人们普遍接受和认可，桃花成为现代汉语与文学中女性的代名词而被广泛地使用，如 2007 年 3 月 20 日《中国新闻周刊》中的《如何看画家笔下的桃花》一文，就引用了以画桃花而著称的画家周春芽的一段话："2005年3月，我第一次去成都的桃花山，看见满山桃花，觉得特别有意思，而且桃花的颜色特别奇怪，粉红的，不是很鲜艳，也不是白的那种，很暧昧的颜色。""它是一种很微妙的颜色，我受这种颜色的刺激，开始画桃花，觉得画出来特别舒服。"桃花的这种"暧昧的颜色"使它成为大自然众多花卉中最能代表青春和女性的花卉。可见，桃花意象的女性隐喻意义使"桃花"与"女性"紧紧联系在一起，深深地影响着中华民族对女性的传统的审美认识，体现了中国传统文化对桃花与女性之间比附关系的普遍认同。

（原载《南京政治学院学报》2012年第1期）

# “桃花流水”意象的文学意蕴及形成

清代王昶《清词综》“序”云：“太白之‘西风残照，汉家陵阙’，黍离行迈之意也;志和之‘桃花流水’，《考盘》《衡门》之旨也。”[①]“志和之‘桃花流水’”,即唐代张志和《渔父歌》中的“桃花流水鳜鱼肥”句。《考盘》为《诗经·卫风》之篇,《衡门》为《诗经·陈风》之章。朱熹云:“《考盘》，刺庄公也，不能继先公之业，使贤者退而穷处。此为美贤者穷处而能安其乐之诗，文意甚明。”[②]清代黄中松《诗疑辨证》卷二云：“此诗当以孔子之言为定，孔子曰：‘吾于《考盘》，见遁世之士无闷于世。”[③]宋辅广《诗童子问》卷三云：“《衡门》三章，此诗以为隐居自乐而无求者之辞。”[④]王昶从文学角度将张志和之“桃花流水”释为超脱世俗之意。超脱境界是“桃花流水”意象的文学意蕴之一，但并非其原型意义。与其他意象不同的是，它的形成有一个从物候现象向文学意象转变的过程。

那么，这一过程是怎样的呢？“桃花流水”的文学意蕴及其形成又是怎样的呢？本文拟从以下三个方面论述:

① 王昶《清词综》，清刻本，第3页。
② 朱熹《诗经集传》卷二，巴蜀书社1989年版，第118页。
③ 黄中松《诗疑辨证》卷二，《影印文渊阁四库全书》本。
④ 宋辅广《诗童子问》卷三，《影印文渊阁四库全书》本。

## 一、“桃花流水”意象的原型意义

上古时期，桃花主要是作为物候意义出现在文献中，《吕氏春秋·仲春记》言：“仲春之月，始雨水，桃李华，仓庚鸣。”[①]即是以桃树开花和雨水增多作为春天来临的表征。古人审美心理具有重视经验、用物象进行思维的特点，这是先民在当时的生态环境中长期实践的结果。由此可见，年复一年的“始雨水”与“桃始花”给古人的印象是多么深刻！这种“深刻”印象的形成有两方面原因：一是由于中国的疆域大部分处在北温带，降水主要集中在夏季。雨水对于古人的重要性可以通过文献记载加以证实，如《山海经》的《大荒东经》和《海内北经》中都有关于河神即“河伯”的记载，《穆天子传》《春秋传》等典籍中还有关于祭祀河神的描述。对水的神化充分说明了古人对水的依赖性。因此，从心理学角度说，在一年中，人们最期盼和欣喜的是雨水开始增多的春季，春季来临的一切表征都会在先民心目中留下深刻的印象。二是因为桃被古人视作珍品，人们因期待累累的桃子而关注桃花。一般而言，桃花盛开于清明节前后，花叶共展，鲜嫩妍丽，极易引起善于对物象进行直观感知和整体把握的古人的注意，汉代崔寔《四民月令》即言：“三月桃花盛，农人候时而种也。”[②]可见，桃花开放成为一种耕稼信号。

① 吕不韦《吕氏春秋》卷二“仲春纪二”，高诱注，上海古籍出版社 1989 年影印本，第 17 页。

② 李昉等《太平御览》卷九六七，中华书局 1960 年版，第 4288 页。

由以上分析可知，“始雨水”“桃始花”两种物候在时间上的重叠一方面使古人认识到“雨水”和“桃子”对于生存的重要性;另一方面，随着生产力的发展，古人逐渐摆脱了对自然的某些依赖，产生了要把主观感觉到的客观真实变为需要观照的对象的欲望。因此,“水”“桃花”就“不是以它们的零散的直接存在的面貌而为人所认识，而是上升为观念，观念的功能就获得一种绝对普遍的存在形式”[1]。从每年“始雨水”“桃始花”的物候重复中，人们发现了某种规律性，因此，就将“桃花”和“水”作为春天来临的表征，春天的象征即是“桃花流水”意象的原型意义。

## 二、“桃花流水”由物候现象向文学意象的转变

“桃花”和“水”的结合较早出现在西汉的文献中，如三国吴陆玑《陆氏诗疏广要》卷上引韩诗云：“今三月桃花水下，以招魂续魄，祓除氛秽。”《东观汉记》卷十一亦云：

来歙，字君叔，南阳人也……建武五年，持节送马援，奉玺书于隗嚣……嚣围歙于洛阳，上诏曰：“桃花水出，船盘皆至。郁夷陈仓，分部而进。”[2]

《渊鉴类函》卷三十六引桓谭《新论》曰：

大司马张仲议曰：“河水浊，一石水六斗泥，而民竞决河溉田，令河不通利，至三月桃花水至则决，以其噎不泄也。

---

① ［德］黑格尔《美学》第二卷，朱光潜译，商务印书馆 1996 年版，第 23 页。
② 刘珍《东观汉记》卷一一，吴庆峰点校，齐鲁书社 2000 年版，第 95 页。

可禁民勿复引河。”[1]

第一则材料中的“韩诗”即汉代韩婴《诗外传》，班固《前汉书》卷八十八：“韩婴，燕人也。孝文时为博士，景帝时至常山太傅。婴推诗人之意,而作内、外传数万言。”[2]据此可知,韩婴为西汉人。《前汉书》卷二十一：“光武皇帝，著纪以景帝后，高祖九世孙，受命中兴，复汉，改元曰‘建武’。”[3]由此可知，韩婴与来歙都是西汉人，且韩婴生活的年代略早。宋范晔《后汉书》卷五十八“桓冯列传”第十八“桓谭传”：

> 桓谭，字君山，沛国相人也。父成帝时为太乐令，谭以父任为郎……数从刘歆、扬雄辩析疑异，性嗜倡乐。[4]

由此可知桓谭为两汉之际人。这样就可以清楚地看出，韩婴生活和活动的主要年代是西汉，且都早于来歙、桓谭。所以，“桃花水”一语较早出现在西汉韩婴《诗外传》中。抛开文献的时间先后问题,就《诗外传》《东观汉记》和《新论》中所共同使用的“桃花水”的表达方式看，它在汉代已经成为春季河水的代称。将这三则文献的记载与上文所引《吕氏春秋·仲春记》文字进行比较可知,从“桃始花”“始雨水”到“桃花水”，不仅仅是构词方式的变化，其中还存在一个从具体描述到抽象概括的发展脉络。事物的自然形式在它的特殊形象里虽只具有某些性质,但足以暗示出一种和它们相联系的较广泛的意义。汉代文献中的“桃花水”与“桃花”和“雨水”具有密切的关系,《前汉书》卷二十九《沟洫志》第九引唐颜师古注云：“《月令》‘仲春之月，始雨水，桃始华’，盖桃方华时，既有雨水，川谷冰泮，众流猥集，波澜盛长，故谓之‘桃

① 张英等《渊鉴类函》卷三六，中国书店 1985 年版，第 280 页。

② 班固《汉书》卷八八，颜师古注，中州古籍出版社 1991 年版，第 593 页。

③ 班固《汉书》卷二一，颜师古注，中州古籍出版社 1996 年版，第 177 页。

④ 范晔《后汉书》卷五八（上），中州古籍出版社 1996 年版，第 340 页。

华水'耳。""桃花"盛开和"雨水"增多是"桃花水"的基本特征与表现,"桃花水"是先秦文献中的"桃始花""始雨水"的内在意义与外在形象的结合。文学意象是客观事物的具体形象和它的普遍意义的统一。因此,这种结合成为促使"桃花水"成为文学意象的基础。"作为诗人的心理活动,意象的创造无非是过去有关的感受或直觉上的经验在头脑中的重现或回忆。"[①]"桃花"和"水"成为春天留给人们的第一印象,是人们对春天的"重现或回忆",而这种"重现或回忆"呈现于文学作品中就成为文学意象。

"桃花流水"成为文学意象经历了一个较为漫长的过程。汉代桃文化侧重对桃的神异性的宣扬,而对桃花无暇照拂。这种现象延迟了"桃花水"由物候现象向文学意象的转变进程。真正转变时机的到来是在文人的主体情性觉醒的魏晋南北朝时期。《文心雕龙》卷十"物色"曰:"春秋代序,阴阳惨舒。物色之动,心亦摇焉。"人们已经意识到客观事物的运动和变化对人的情感的触发作用。而在"物色之动"中,春天最能给人以一年的憧憬,文人莫不援以诗笔,描述这一季节的美丽。"桃花水"是传统文化中的典型春季景观,因而成为描写春景的常用词,如陈代张正见《赋得岸花临水发》"漾色随桃水,飘香入桂舟",《赋得鱼跃水花生》"漾色桃花水,相望濯锦流"的描写即是。"对审美对象来说,水又常以流水意象的形式表现出来,许多重要而普遍的情绪观念,在其中聚焦式地得到了别致的展示。"因此,在中国古代文学中,"桃花流水"由一种物候现象逐渐转变为一个常见的文学意象,而这一意象在悠长的文化发展历程中又衍生出了丰富的文学意蕴。

---

① 陈植锷《诗歌意象论》,中国社会科学出版社 1990 年版,第 147 页。

## 三、“桃花流水”意象的文学意蕴

### （一）春天景色的象征

“桃花流水”是由“桃花”和“流水”两个自然物象组合而成的意象，二者并无多少直接联系，但因为它们同时出现在春季，文人便将二者组合起来描写春色，如元代方回《舟行青溪道中入歙十二首》之一所写：“蕨拳欲动茗抽芽，节近清明路近家。五日缓行三百里，夹溪随处有桃花。”而当这两种意象呈现在文学作品中时，桃花的粉红，春流之清澈，会唤起人们的某些感受状态，取得“超以象外，得其环中”（司空图《诗品·雄浑》）的艺术效果。而在这些“感受状态”中，春天的景色应该是一种普遍的状态，因为这一感觉的获得并不需要多少知识和文化，只凭视觉和经验即可。因此，“桃花流水”成为历代文人描绘春景的常用意象。早在北周，王褒《燕歌行》中即以“初春丽景莺欲娇，桃花流水没河桥”的诗句渲染春色。宋代释道潜《次韵方平送李南仲赴试春闱》“拜命还家春尚好，桃花流水涨渔矶”，郭祥正《忆敬亭山作》“桃花流水三月深，柳絮披烟辞故林”，两篇作品虽然一是言返还家乡的喜悦，一是写对故土的留恋，但都是以“桃花流水”的春景衬托家乡的美好。而代表表述当推欧阳修《送宋次道学士赴太平州》“古堤老柳藏春烟，桃花水下清明前”。据《太平寰宇记》“江南西道”三“太平州”条：

太平州理当涂县……太平兴国二年升为太平州，割当涂、芜湖、繁昌三县以隶焉。[1]

太平州因地近长江，桃花开于清明之前，故云。欧阳修这首诗极为确切地写出了清明之时桃花开放、河水涌动的春意。可见，“桃花流水”已经是约定俗成的春景词语。

**（二）仙境的象征**

在桃文化的发展历史上，两汉、魏晋是张扬桃的神异色彩的时期，在小说、野史笔记等叙事文学作品以文体的优势，为桃的神仙意味提供了典型的艺术真实，并赋予它新的意味或价值。“桃花流水”意象的仙境意味就产生在这样的文学背景中。《太平广记》卷六十一所记“天台二女”的故事，除了生成“天台桃花”即桃花意象的情色内涵外，还衍生了“桃花流水”即桃花意象的仙境意义。因此，后世文人常以“桃花流水”象征福乐无边的仙境，如王维《桃源行》中即以“春来遍是桃花水，不辨仙源何处寻”表达对仙境的向往和追寻(见图31)。李白《山中问答》:“问余何事栖碧山，笑而不答心自闲。桃花流水杳然去，别有天地非人间。”明代李东阳《怀麓堂诗话》对其中的“桃花流水”句这样评价:“淡而愈浓，近而愈远。可与知者道，难与俗人言。”[2]“难与俗人言”就表明“桃花流水”的世界是“非人间”的仙境。

① 乐史《太平寰宇记》卷一〇五，《影印文渊阁四库全书》本。

② 丁福保《历代诗话续编》，中华书局1983年版，下册，第1370页。

图 31　春来遍是桃花水。烂漫的桃花与明丽的春水渲染出迷离神秘的仙境气氛。图片由友人提供。

不仅如此，文人还以诗歌的形式直接表达对“桃花流水”意象的仙境意蕴的确认，如元代库库《李景山归自南谈点苍之胜寄题一首》即曰:“桂树小山招隐士,桃花流水属仙才。”明袁宏道《桃花流水引》“序”云:“花源棹返,幽思萦怀,枕上梦中,如有所得,命曰‘桃花流水引’,亦仙家《竹枝词》也。”[①]

“桃花流水”的仙境意蕴不仅体现在文学作品中，而且表现在绘画领域，它或者是绘画的现成题材，或者成为古代题画诗的常用词，如苏轼《书王定国所藏烟江叠嶂图》“桃花流水在人世,武陵岂必皆神仙”,以及元代吴师道《仙居图》“谁识仙家归路，桃花流水渔舟”等。

① 袁宏道《袁宏道集笺校》卷三一，钱伯城笺校，上海古籍出版社 1981 年版，第 1016 页。

### （三）超脱境界的象征

两汉、魏晋南北朝时期是“桃花流水”文学意象形成和意义渐趋丰满的时期。陶渊明《桃花源记》以“武陵渔人”偶遇的“桃花林”描绘和渲染了他所向往的人间乐园。据《后汉书·逸民列传》：

严光，字子陵，会稽余姚人也。少有高名，同光武游学。及帝即位，光乃变易姓名，隐逝不见。帝思其贤，乃物色求之。后齐国上言有一男子，披羊裘，钓泽中。帝疑光也。[①]

垂钓乃中国古代隐士的一种生活形式，陶渊明笔下的武陵渔人、桃花、溪水等意象具有隐逸和超脱世俗的意蕴。“隐士既被社会视为‘至人’，一切的一切自然有人来模仿。”[②]尤其是陶渊明，其思想、艺术风格等都引起后世文人的效仿和追求。因此,《桃花源记》中的“桃花流水”意象便被历代文人作为超脱境界的象征。

唐代牟融《题道院壁》“神枣胡麻能饭客，桃花流水阴通津”，宋代陆佃《送陈初道录》“莫遣桃花流水出,等闲应被客相寻”,元代张宪《青山白云图》“桃花流水春粼粼,不识人间有战尘”等,都是以“桃花流水”象征摈弃喧嚣的境界。其中最著名的莫过于唐代张志和《渔父歌》“西塞山前白鹭飞,桃花流水鳜鱼肥”的描写。宋代郭熙《林泉高致集》云:“水以山为面，以亭榭为眉目，以渔钓为精神。故水得山而出，得亭榭而明快，得渔钓而旷落，此山水之布置也。”西塞山前，桃花盛开，鸥鹭时起，晴笠雨蓑的渔人，恋秀色以支颐，临清流而忘归，这是一个令人旷怡的山水境界,这一境界又可用“桃花流水”描述和概括。后世,

① 范晔《后汉书》卷一三一，第798页。

② 蒋星煜《中国隐士与中国文化》，生活·读书·新知三联书店1988年版，第81页。

特别是宋代拟作《渔夫歌》的文人很多，如苏轼和黄庭坚就是其中著名的两位。可见，“桃花流水”意象的隐逸和超脱意蕴在中国古代文学中绵绵不绝。

**（四）青春易逝、人生失意的感伤**

钟嵘《诗品》卷一云：“气之动物，物之感人，故摇荡性情，形诸歌咏。”在“感人之物”中，“桃花”“流水”是较为鲜明突出的物象。因为桃花开时极为明艳，然而花期短暂，如红雨般飘落的花瓣给人的印象极为深刻，因而，其所触发的联想也更为丰富。“《诗经》中的比兴，早将自然与人的感情结合在一起。而先秦的儒道两家，亦早已形成在自然中看人生的态度，把自然加以人格化了。”①

在中国古代文学史上，以花落寄寓情感的表达方式可以追溯到《诗经》中的《小雅·苕之华》篇，“苕之华，芸其黄矣。心之忧矣，惟其伤矣”的描写表达了对生命由盛而倏忽转衰的深沉哀叹。桃花的凋落又常常与红颜的暗老相联系，如曹植的《杂诗七首》其四：“南国有佳人，容华若桃李。朝游北海岸，夕宿潇湘沚。时俗薄朱颜，谁为发皓齿。俯仰岁将暮，荣耀难久恃。”诗歌以明喻手法，将这位倾国倾城的“佳人”比作桃李之花，“俯仰岁将暮，荣耀难久恃”的表达流露出对佳人荣华短暂的悲感情韵。美人迟暮之感是“物色摇情”的南朝之音，梁代沈约《咏桃》、陈代张正见《衰桃赋》等，即以此种情感格调建立了桃花飘零与女性青春易逝之间的比喻关系。

中国传统思维方式是以形象中心主义为特征的，这种思维方式形成了中国人善于用具体形象来表达思想的特点。流水的连绵不断契合了古人心目中的时间、年华等的不可复返，如《诗经·大雅·抑》中

---

① 徐复观《中国文学论集》，（台北）台湾学生书局 1980 年版，第 53 页。

即有“肆皇天弗尚，如彼泉流”的感慨，《论语·子罕》中的“逝者如斯夫，不舍昼夜”的临流之叹更是痛切之言，而南朝乐舞《前溪歌》其六“黄葛结蒙笼，生在落溪边。花落逐水去，何当顺流还？还亦不复鲜”则以落花逐水比喻爱情的不可追回。在中国古代特殊的文化背景下，“桃花”和“流水”便在时光的流逝、人生追求如理想或爱情的失落等方面具有某些相融性和共通性。因此，文人便以“桃花流水”意象含蓄地表达出这些复杂的人生情感，如唐释贯休《偶作因怀山中道侣》“是是非非竟不真,桃花流水送青春”,刘禹锡《忆江南》“春过也，共惜艳阳年，犹有桃花流水上，无辞竹叶醉樽前。惟待见青天”，都表达了对如“桃花流水”般消逝的青春的珍惜与感伤。宋代魏夫人《减字木兰花》下阕“玉人何处？又见江南春色暮。芳信难寻。去后桃花流水深”，表达的则是爱情的缥缈之感。

## 四、总　结

“桃花流水”意象是由“桃花”“流水”这两个“凝聚了人类千百年来共同具有的特定感情而被不同时代、不同历史时期、不同个人所重复使用的现成意象所组成”[①]的复合意象。“桃花流水”的文学意蕴形成有一个从物候现象向文学意象转变的历史过程。中国古人在独特的自然环境和长期的农业生产实践中，形成了“天地与我并生，万物与我为一”的思维方式,“桃花盛开”和“流水增多”的物候共时性使“桃花”和“流水”建立了天然的联系,并且被赋予“春水”这一原始意义。

① 陈植锷《诗歌意象论》，第 7 页。

这种意义在历代文学发展的进程中又衍生了新的内涵，如春天的象征、仙境的象征、超脱境界的象征和人生失意的感伤等。这些意蕴“既是过去的，也是现在的，包括它所蕴含的特定环境中人类所产生的情感表现、审美情感和表达方式在内，组成了一个超越时间和空间的共存并发的独立系统”。[①]

总之，“桃花流水”是中国古代文学中一个历史久远的、常见的、内涵丰富的意象。从文学角度看，“桃花流水”意象的形成有一个从物候现象向文学意象转变的过程。“桃花盛开”和“雨水增多”在物候上的共时性使“桃花”和“水”建立了天然联系,“桃花水”是春水的代称，这种现象较早反映在西汉的有关文献中。从美学角度而言，水又常以流水意象的形式表现出来。魏晋南北朝时期，“桃花流水”作为一个固定表述出现在文学作品中而成为一个文学意象。随着文学和文化的发展，这一表述逐渐成为一种经典语境，并衍生出如春景的象征、仙境的象征、超脱境界的象征等多种内涵和意蕴。

（原载《江苏社会科学》2010年第5期）

① 陈植锷《诗歌意象论》，第3页。

# “人面桃花”的原型意义与影响

## 一、原型意义

“人面桃花”是中国古代文学中的经典语境之一，其文献来源是唐代崔护《题都城南庄》，唐孟棨《本事诗》、宋计无功《唐诗纪事》都对该诗进行了故事化。我们今天对这一语境的欣赏多是出于它所留给我们的无限阔大的想象空间。

目前研究领域对这一课题的探讨有两种情况。一是将“人面桃花”作为一个意象加以阐释,如周兆梅《试析中国文人的“人面桃花”情结》，从精神原型、审美韵味两个方面阐释了“人面桃花”对中国文人的影响。二是将“人面桃花”作为一种题材而探讨其被接受情况，如赵俊玠《“人面桃花”的演变》[①]、杨林夕《崔护“人面桃花”的故事在明代的演变》[②]，这些角度都不失为对这一课题的准确把握，但是仍然有很多的不足。比如对“人面桃花”意象的原型探讨流于空洞的理论套用，没有落实到本质意义的解释；对题材的被接受的探讨还限于戏剧方面等。其实，“人面桃花”是一组合意象，对它原型意义的理解和阐释是研究这一意象的基础和前提，所以，本文拟从此入手，探

① 赵俊玠《“人面桃花”的演变》，《西北大学学报》（哲学社会科学版）1995 年第 1 期。

② 杨林夕《崔护“人面桃花”的故事在明代的演变》，《求索》2003 年第 1 期。

讨其文学意蕴与影响。

首先看“人面桃花”的原型意义。崔护《题都城南庄》:“去年今日此门中,人面桃花相映红。人面不知何处去,桃花依旧笑春风。”由“人面桃花相映红”中的“相”字不难看出,“人面”与“桃花”是两个各自独立的意象,“人面”指的是美丽的女子,“桃花”则首先是一花卉意象。也许这两者并非真的同时出现在诗人面前,然而,这并不妨碍诗人的丰富的想象。当代著名诗人艾青在1979年3月18日《南方日报》谈到这一问题时说到:“写诗的人常常为表达一个观念而寻找形象。”诗人在客观世界中,选择着与自己所想表达的思想或者感情相吻合的物象,而这些物象常常是心灵化的。这样,诗歌中的“人面”和“桃花”其实是一种本体和喻体的关系,由于传统文学中桃花与女性的关系,诗人由眼前娇美的“人面”想到妍丽的“桃花”也是很自然的事情,反之亦然。而唐代诗歌意象密集性的特点更有助于我们理解这种“状难写之景如在目前,含不尽之意见于言外”[①]的艺术效果。

然而,“人面”与“桃花”组合作为意象并非始自崔护笔下。托名王昌龄的《诗格》云:“搜求于象,心入于境,神会于物,因心而得,曰‘取思’。久用精思,未契意象,力疲智竭,放安神思,心偶照境,率然而生,曰‘生思’。寻味前言,吟讽古制,感而生思,曰‘感思’。”[②]桃花与女性容颜之间固有传统意义上的比附关系,诗人“取思”于这种现成意义和习惯用法,借以表达其畅游都城南庄时的独特的心理感受,这应该是极为自然的事情。“艺术也可以说是要把每一个形象的看得见

① 欧阳修《六一诗话》,何文焕辑《历代诗话》,中华书局1981年版,上册,第267页。

② 胡震亨《唐音癸签》卷二,《影印文渊阁四库全书》本。

的外表上的每一点都化成眼睛或灵魂的住所，使它把心灵显现出来。”[1]隋代即流行一种女性的妆容“桃花面”，诗人触景而“感思”，以“桃花”与“人面”两个意象同时出现的方式表达眼前的美，这同样是顺理成章的事情。

我们再联系《诗经》中的《国风·周南·桃夭》，或许更能深入体会“人面桃花”的原型意义。“桃之夭夭，灼灼其华”，表达的或许是一种眼前实景，“去年今日此门中，人面桃花相映红”则可能是存在于诗人的意念中的事物。《桃夭》前两句表达的是一种源自人们直觉的、原始的、单纯的生之欣喜。[2]《题都城南庄》中的“相映红”句则写出了眼前所见物色的资质之美，在《桃夭》篇的对生命的欣喜之外，又增加了一种欣赏、珍惜的思想感情。

由上面的论述内容可见，“人面桃花”的原型意义首先应该是指诗人爱慕的红颜女子或者所欣赏的优美的风景。

“人面不知何处去，桃花依旧笑春风”，情感基调急转直下。在中国文学和文化传统中，桃意象具有自然的永恒的文化意蕴，就桃树而言，自古就流传着关于“大桃木”的故事，如汉代王充《论衡·订鬼》引《山海经》云：“沧海之中，有度朔之山，上有大桃木，其曲蟠三千里。”[3]就桃的果实而言，魏晋时期即被称为“仙桃”，其中的长生之意极为明显。就桃花而言，它常常用以形容仙人的容颜，如宋代李昉等编《太平广记》卷七引《神仙传》云：

伯山甫者，雍州人也。入华山中，精思服食，时时归乡

① [德]黑格尔《美学》第一卷，朱光潜译，商务印书馆1996年版，第198页。

② 叶嘉莹《几首咏花诗和一些关于诗歌的话》，《迦陵论诗丛稿》，中华书局1984年版，第276页。

③ 王充《论衡校释》，黄晖校释，中华书局1998年版，第937～938页。

里省亲，如此二百年不老……其外甥女年老多病，乃以药与之，女时年已八十，转还少，色如桃花。[1]

因此，桃花也象征着时间和自然的永恒，这种永恒在与世事的对比中，更能反衬出人生盛衰之巨变，刘希夷《代悲白头翁》中的“今年花落颜色改，明年花开复谁在”，“年年岁岁花相似，岁岁年年人不同”，较为贴切地表述了桃花意象的这种意蕴。理解了桃花意象的这层意蕴，再来看“人面不知何处去，桃花依旧笑春风”，“人面”已不可追寻，而“桃花”依然年复一年地盛开，桃花的烂漫反衬了“人面”不再的感伤。诗句采取了意象对举的方式,形式和内容的结合体现了“人面桃花”的另外一种原型意义，即对昼夕递迁、岁月流逝的感慨。

由以上论述可见，崔护《题都城南庄》诗歌中“人面桃花”的原型意义包含两个方面的内容，一是对美好境界或者美好事物的赞美，二是对昔日美好情感的追忆和留恋。

## 二、孟棨《本事诗》与“人面桃花”

《题都城南庄》含蓄、凝练的表达影响了后世的文学创作，文人或者以诗歌为蓝本进行加工和合理推衍，改编成生动曲折的故事，表现了对传统题材的继承和发展，或者以“人面桃花”为固有意象写入诗词作品，表现了对原型意义的体认和摹写。晚唐孟棨《本事诗》中的“情感”篇对崔护诗歌的合理发挥想象是这一影响产生的“酵母”，此后，“人面桃花”意象和“人面桃花”的故事在中国文学中笙歌袅袅，

① 李昉等《太平广记》卷七，中华书局1961年版，第48页。

不绝如缕。

博陵崔护，姿质甚美，而孤洁寡合，举进士下第。清明日独游都城南，得居人庄。一亩之宫，而花木丛萃，寂若无人。扣门久之，有女子自门隙窥之问曰："谁耶？"以姓字对，曰："寻春独行，酒渴求饮。"女人以杯水至，开门设床命坐，独倚小桃斜柯，伫立而意属殊厚，妖姿媚态，绰有余妍。崔以言挑之，不对，目注者久之。崔辞去，送至门，如不胜情而入。崔亦睠盼而归，嗣后绝不复至。及来岁清明日，忽思之情不可抑，径往寻之。门墙如故，而已锁扃之。因题诗于左扉曰："去年今日此门中，人面桃花相映红。人面不知何处去，桃花依旧笑春风。"后数日，偶至都城南，复往寻之，闻其中有哭声，扣门问之，有老父出曰："君非崔护邪？"曰："是也。"又哭曰："君杀吾女。"护惊起，莫知所答。老父曰："吾女甫笄，知书未适人。自去年以来，常恍惚若有所失，比日与之出入，归见左扉有字，读之，入门而病，遂绝食，数日而死。吾老矣，一女所以不嫁者，将求君子以托吾身，今不幸而殒，得非君杀之耶？"又特大哭。崔亦感恸，请入哭之，尚俨然在床，崔举其首，枕其股，哭而祝曰："某在斯，某在斯。"须臾开目，半日复活矣。父大喜，遂以女归之。[①]

"本事"一词，较早见于《汉书·艺文志》：

丘明恐弟子各安其意，以失其真，故论本事而作传，明夫子不以空言说经也。春秋所贬损大人当世君臣，有威权势力，其事实皆形于传。是以隐其书而不宣，所以免时难也。及末世，

① 孟棨等《本事诗》，李学颖标点，上海古籍出版社1991年版，第13页。

口说流行，故有公羊、谷梁、邹、夹之传，四家之中，公羊、谷梁立于学官，邹氏无师，夹氏未有书。[1]

又《本事诗》“序”云：

诗者，情动于衷而行于言，故怨思悲愁，常多感慨。抒怀佳作，讽刺雅言，着于群书，虽盈厨溢阁，其间触事兴咏，尤所钟情。不有发挥，孰明厥义。因采为《本事诗》，凡七题，尤四始也。情感、事感、高逸、怨愤、征异、征咎、嘲戏，各以其类聚之……时光启二年十一月。[2]

根据以上两则材料可知，“本事”就是介绍诗歌等产生的事实。孟棨《本事诗》是对诗歌产生的背景和历史进行合理的“发挥”以明“厥义”的，而把“人面桃花”的故事放于“情感”类目的意图则说明了这一故事的性质为爱情。

## 三、宋、元、明戏曲中的“人面桃花”

孟棨《本事诗》讲述了一段才子和红粉佳人的旖旎恋情。通俗和娱乐的性质决定了这样的故事应该是在城市经济繁荣、市民文艺兴盛的时代才能拥有广泛的群众基础。《四库全书总目提要》：

《本事诗》一卷。唐孟棨撰……是书前有光启二年自序，云“大驾在褒中”，盖作于僖宗幸兴元时。[3]

据此可知，孟棨《本事诗》成书年代为唐僖宗光启二年，也就是

① 班固《汉书》卷三〇，颜师古注，第 287 页。

② 孟棨等《本事诗》，李学颖标点，上海古籍出版社 1991 年版，第 4 页。

③ 纪昀《四库全书总目提要》卷一九五，河北人民出版社 2000 年版，第 5667 页。

公元886年，这一时代为晚唐，动乱的社会崇尚侠肝义胆。因此，这一时期的男女恋爱多是侠客和妓女的爱情，这从唐传奇中可见一斑。所以，《本事诗》中的故事模式并未在晚唐的文坛表现出任何的反响，它像一颗种子，终于在宋代找到了赖以生根、发芽的土壤。

宋代社会城市经济繁荣、市民文艺思潮兴起，民间说话艺人的“小说”是宋代社会各个阶层普遍欢迎的文艺形式，这种文艺形式的表演不限于勾栏瓦肆，还遍于宫廷、官府、酒楼茶肆、街道乡村，这决定了它必须有广大市民熟悉的市井生活和人物，有生动丰富的故事情节。[①]

在这样的时代条件和社会心理需求下，孟棨《本事诗》中的崔护和艳若桃花的女子的爱情因为带着传奇和旖旎的色彩而成为深受欢迎的素材，于是，文人和民间艺人纷纷以各种艺术形式再现着这种传奇爱情，如宋代官本杂剧段《崔护六么》《崔护逍遥乐》（见周密《武林旧事》），话本《崔护觅水》（见罗烨《醉翁谈录》），诸宫调《崔护谒浆》（见《董解元西厢记》）等。元代则有白朴《崔护谒浆》、尚仲贤《崔护谒浆》（均见于钟嗣成《录鬼簿》）等，但是，这些作品都已经散失。明清时期，“人面桃花”的故事依然是戏曲创作较为重要的题材，如金怀玉《桃花记》、王澹《双合记》、杨之炯《玉杵记》、凌蒙初《颠倒姻缘》、舒位《桃花人面》，但是，这些剧目也都散佚。明、清时期流传下来的“桃花人面”题材的曲目有明代孟称舜《桃花人面》、清代曹锡黼《桃花吟》、无名氏《金琬钗》等。[②]这些剧本有的沿袭《本事诗》故事结构和模式，代表作是孟称舜《桃花人面》。另外一种是突破《本事诗》的结构框架，增添

① 张毅《宋代文学思想史》，中华书局2004年版，第342～344页。

② 庄一拂《古典戏曲存目汇考》，上海古籍出版社1982年版。

了另外的人物和情节，有的是与“人面桃花”故事毫不相干的，但是，由于情节的复杂、人物的众多，增加了故事的曲折性和戏剧的冲突性，因而更受群众的欢迎，代表作是无名氏《金琬钗》。

## 四、古典诗词中的“人面桃花”

由于孟棨《本事诗》对崔护诗歌的“发挥”具有很强的故事性，因而它较容易成为市民文艺体裁的创作素材；而崔护原诗中的“人面”和“桃花”意象具有明显的含蓄和凝练的特征和强烈的抒情性，常常成为文人雅士青睐的对象，他们以此来表达对深情绵渺的爱的追寻或时过境迁的怅惘，这种现象在宋代及以后的诗词中体现得较为明显。这些作品从以下两个方面的内容体现着“人面桃花”的原型意义的影响：

第一，表达对美好景色的赞美。宋代王洋《携稚幼看桃花》中“人面看花花笑人，春风吹絮絮催春”的句子，就以孩子稚嫩的脸庞和夭夭如笑的桃花互相映衬，描写出春天万物欣然的美景。陆游《春晚村居杂赋绝句》中也这样抒写春景，“一篙湖水鸭头绿，千树桃花人面红。茆舍青帘起余意，聊将醉舞畲春风”，嫣然如人面的桃花与绿如蓝染的湖水辉映出乡村春色的浓郁气象。明胡奎《渡江》描写的是祥和的桃花源境界：“日出江头春雪消，双鬟荡漾木兰桡。歌声唱入武陵去，人面桃花一样娇。”兰舟上美如桃花的女子将不休的山歌带进了武陵，令人想起那片广袤的桃花林，和谐自足。

第二，表达对昔日恋情的追忆和留恋。这种感情倾向的作品在宋词中有较多表现。如宋柳永《满朝欢》下阕这样写道：“因念秦楼彩凤，楚馆朝云，往昔曾迷歌笑。别来岁久，偶忆欢盟重到，人面桃花，未知何处。但掩朱门悄悄，尽日伫立无言，赢得凄凉怀抱。”柳永一生落拓而风流，《艺苑雌黄》云：“喜作小词，然薄于操行……日与猥子纵游娼馆酒楼间，无复检约。”[①]“彩凤”和“朝云”都是词人曾经爱恋的歌女，“人面桃花”语义双关，表达了词人对往日欢盟的深深向往。“但掩朱门悄悄，尽日伫立无言，赢得凄凉怀抱”则又表明这种欢盟只存在于无限的回忆中。宋代文人中，蔡伸是较青睐“人面桃花”意象的作家，其《友古词》中相关作品较多，代表作是《极相思》：“相思情味堪伤。谁与话衷肠。明朝见也，桃花人面，碧藓回廊。别后相逢唯有梦，梦回时、展转思量。不如早睡，今宵魂梦，先到伊行。”“桃花人面”所凝聚的相思意味极为浓厚。

古代诗词中的“人面桃花”意象在情感取向上较偏于伤感和迷惘，或表达对往昔美好爱情的追忆，或表达对世事变迁的感慨（见图 32）。总之，都表现出对这一意象的深层审美意蕴的解读和把握。宋代蔡伸《点绛唇·登历阳连云观》：“人面桃花，去年今日津亭见，瑶琴锦荐，一弄清商怨。今日重来，不见如花面，空肠断。乱红千片，流水天涯远。”流水天涯，好像永远消逝的美好情感；瑶琴清商，又似乎应和着断肠之人的深深叹息。袁去华《瑞鹤仙》中有“伤离恨，最愁苦。纵收香藏镜，他年重到，人面桃花在否。念沉沉、小阁幽窗，有时梦去”的描写也是如此。

① 胡仔《苕溪渔隐词话》卷二，张璋等《历代词话》，大象出版社 2002 年版，第 80 页。

图 32　程十发《人面桃花香》（图片来源于网络：http://367art.net/gallery/C/chengshifa/chengshifa_renmiantaohuaxiang_jingxin_59675.html，2018 年 1 月 14 日访问）

宋代王洋《和圣求》:“桃花人面共春风，人去桃花自笑红。撩乱絮飞春物后，依稀云散梦魂中。莺迁是处皆良友，蝶化知谁是主翁。莫讶求仙杳无信，卖花人过小桥东。”这可以说是宋词版的崔护《题都城南庄》诗歌。“内容可以是完全不关重要的，或是如果没有经过艺术表现出来，它在日常生活中只能引起一霎时的兴趣。例如，荷兰画就能把现前的自然界飘忽的现象表现成为千千万万的境界，好像是由人再造出来似的……艺术既然把这种内容呈现给我们，它马上引起我们兴趣的也就是这种好像是由心灵创造的自然事物的外形和现象，心灵把全部材料的外在的感性因素化成了最内在的东西。”[①]历代文学和艺术家的创造成就了中国文学史或艺术史上的“人面桃花”的经典语境，使人含咏不已，回味无穷。

总之，“人面桃花”这一表述源于唐代崔护《题都城南庄》，是中国古代文学中的经典语境之一，其原型意义包含两个方面的内容：一是对美好事物的赞美；二是对昔日美好情感的追忆和留恋。文人或者以诗歌为蓝本进行加工和合理推衍，改编成生动曲折的故事，表现了对传统题材的继承和发展，或者以“人面桃花”为固有意象写入诗词作品，表现了对原型意义的体认和摹写。

（原载《北方论丛》2009年第2期，略有改动）

---

① ［德］黑格尔《美学》第一卷，朱光潜译，第208～209页。

# 中国古代文学“桃花源”思想的产生与主题表现

文学和文化对陶渊明（见图 33）的关注历史悠久，并逐渐形成了琳琅满目的陶渊明文化，如有关的传说、诗文、典故、文学主题和题材等，“桃花源”即是其一。“桃花源”是陶渊明在《桃花源记》并诗中所想象的理想和睦的世界，它宁静、富饶、淳朴，诗人借对此种生活境界的向往来舒缓窘迫现实生活的压力。由于这一理想图式既是不同流俗的文人心向往之的地方，也是封建时代普通百姓的乐土，因此引起了历代文人、画家的注意：他们或者追加相关的神话和传说，或者附会有关古迹，或者创作大量的咏叹诗文，或者将有关题材付诸绘画。甚至南朝宋刘义庆《幽明录》中的刘、阮天台山食桃遇仙故事也被当成爱情的“桃花源”。可以说,“桃花源”题材在历代的接受过程中，显示了其多变性和生命力，不断衍生，意义也渐渐丰满。研究领域对这几点都有探讨，但是笔者认为，有些研究，如关于桃花源的原址在何处的问题是毫无意义的，因为“桃花源”的本质是一思想模式，若试图在现实中找到一个真实的对应地，当有拘泥之弊和舍本逐末之遗憾，只有把“桃花源”作为一种理想的思想模式加以审视，才算是切中肯綮。鉴于此，本文将以主题学的研究方法，在分析“桃花源”思想产生条件的基础上,探究古代文学史上不同时代、不同文人笔下的“桃源”风貌和特色,以此来呈现“桃花源”主题的不断演进和变化的态势，从中也可以看出陶渊明构画的“桃花源”绵绵不绝的艺术魅力。

图33　［明］张鹏《渊明醉归图》。纸本，设色。画面上陶渊明的衣纹用高古游丝描，轻圆细劲；童子的衣褶顿挫分明，方楞出角。观画使我们联想起陶渊明的《归去来辞》《桃花源记》等名作。自题“酩然尽兴酬佳节，指（只）恐梅花催鬓霜”，深化了图的意境。现藏广东省博物馆。

## 一、桃花源思想的渊源

### （一）陶渊明的“桃花源”：理想社会的象征

中国文学中的“桃花源”主题思想包含两个方面的内容，一是陶渊明笔下的《桃花源记》中的“桃花源”所蕴含的哲学和社会理想图景。二是南朝宋刘义庆《幽明录》中所记刘晨、阮肇天台山遇仙而发生的人仙之间美好爱情的故事。在历代的文学发展和传承的过程中，陶渊明的“桃花源”与刘、阮的爱情“桃花源”这两个文学主题和文学意象被作为避世隐居和求仙艳遇的文化符号而再现着绵绵无绝的生命力。

陈寅恪先生《桃花源记旁证》说：

> 陶渊明《桃花源记》寓意之文，亦纪实之文也。[①]

正是因为关于桃源之“纪实”成分，古今对桃源有无以及究竟在何地的争议较多。如明吴宽《家藏集》卷四十六《送刘武陵诗引》云：“盖古桃源实在武陵境内，今则别自名县矣。”[②]清余良栋等修《桃源县志》卷十三引杜维耀《桃源洞说》，认为桃源洞去桃源县邑治三十里。其实，这些皆为附会之说。对于陈寅恪先生在《桃花源记旁证》一文中将桃源的原型认定在北方的弘农县的看法，龚斌《陶渊明集校笺》中即认为“此殆臆说而已”。[③]而当今的研究领域，关于桃源到底是在

---

① 陈寅恪《陈寅恪集·金明馆丛稿初编》，生活·读书·新知三联书店2001年版，第188页。

② 吴宽《家藏集》卷四六，上海古籍出版社1991年版，第412页。

③ 陶潜《陶渊明集校笺》，龚斌校笺，上海古籍出版社1996年版，第409页。

武陵还是别处的争论也呈众说纷纭状态。其实，在现实生活中，找到与陶渊明笔下的桃源地貌和环境近似之处当不是一件困难的事情，正如《广群芳谱》卷二十六引《纪谈録》所云：“陶渊明所记桃花源，人谓桃花观即是其处，不知公盖寓言也。”[①]《桃花源记》首先是一篇文学作品，若刻板地在现实中寻找真实的桃花源，其实是在某种程度上将文学作品等同于现实纪闻了，有损于文学的艺术性，因为“艺术的意义是一种想象出来的情感和意绪，或是一种想象出来的主观现实”。[②]

当然，桃花源的构想也是有着现实的成分的。桃花源人居山自保是当时社会现实的反映，如陈寅恪先生在文章中所列举的《三国志·田畴传》《晋书》苏峻、祖逖等人传记等就是这一方面的内容。程千帆先生在《古诗考索》《相同的题材与不同的主题、形象、风格——四篇桃源诗的比较研究》一文中引用唐长孺《读〈桃花源记旁证〉质疑》一文的观点可与之互读。[③]徐志啸《“桃花源”＝“乌托邦”》一文也有大致相同的观点（见《中国文学研究》，1995 年第 1 期）。《桃花源记》结尾所云南阳刘子骥之事，《世说新语》下卷上“栖逸”第十八：“南阳刘驎之，高率，善史传，隐于阳岐。于时苻坚临江，荆州刺史桓冲将尽吁谟之益，征为长史，遣人船往迎，赠贶甚厚。驎之闻命，便升舟，悉不受所饷，缘道以乞穷乏。”[④]又《太平御览》卷五百四引《晋中兴书》曰：“刘驎之字子骥，一字道民。好游于山泽，志在存道，常采药于名山，深入忘返。见有一涧水，南有二石囷，一

① 汪灏等《广群芳谱》卷二六，上海书店 1985 年影印本，第 641 页。

② ［美］苏珊·朗格《艺术问题》，滕守尧等译，中国社会科学版出版社 1983 年版，第 109 页。

③ 程千帆《古诗考索》，上海古籍出版社 1984 年版，第 27 页。

④ 刘义庆《世说新语》卷下，刘孝标注，上海古籍出版社 1982 年版，第 348 页。

囷开，一囷闭，或说囷中皆仙方秘药，骥之欲更寻索，终不能知。桓冲请为长史，固辞，居于阳岐。”[1]《初学记》卷五所引臧荣绪《晋书》与此略同，《晋书·隐逸传》从之。今人余嘉锡《世说新语笺疏》中也这样认为：“《初学记》五引臧荣绪晋书略同。惟名山作衡山，今晋书隐逸传从之。案此叙骥之所见，颇类桃花源，盖即一事而传闻异辞。陶渊明集五桃花源记，正太元中事，其末曰：‘南阳刘子骥，高尚士也。闻之，欣然规往，未果，寻病终。后遂无问津者。’据记，骥之盖即卒于太元闲。晋书谓骥之为光禄大夫耽之族。而渊明作其外祖父孟嘉传，言耽与嘉同在桓温府，渊明从父太常夔尝问嘉于耽，则渊明与耽世通家，宜得识骥之，故知其有欲往桃源事，惟不知与晋中兴书所记，孰得其真耳。嘉锡又案：搜神后记卷一兼载桃源及衡山二事，其书即托名陶潜。但易桃花源记中之南阳刘子骥为太守刘歆，作伪之迹显然。然亦梁以前书也。”余嘉锡先生根据陶渊明所作《孟嘉传》，认为刘骥之与南阳光禄大夫刘耽为同一宗族，陶渊明从父陶夔曾问孟嘉于刘耽，因而应知刘骥之之事，写《桃花源记》时采取了刘骥之入山采药之传说[2]，这是较为可信的说法。

总之，桃花源是陶渊明笔下的一个文学意象，并非实有其地，而是以当时社会现实和传闻为素材，寄寓自己理想的虚实浑涵之境。那么，陶渊明的“桃花源”思想是怎样产生的呢？

《桃花源记》以武陵渔人所见为线索，描写了出一幅这样的田园风光：“土地平旷，屋舍俨然，有良田、美池、桑竹之属。阡陌交通，鸡犬相闻。其中往来种作，男女衣着，悉如外人。黄髮垂髫，并怡然自乐。”[3]

① 李昉等《太平御览》卷五〇四，中华书局1960年版，第2300页。

② 余嘉锡《世说新语笺疏》，中华书局1983年版，第658页。

③ 陶潜《陶渊明集》卷六，线装书局2000年版，第1页。

《桃花源诗》亦云:“相命肆农耕,日入从所憩。桑竹垂余荫,菽稷随时艺。春蚕取长丝,秋熟靡王税。荒路暧交通,鸡犬互鸣吠。俎豆犹古法,衣裳无新制。童孺纵行歌,斑白欢游诣。草荣识节和,木衰知风厉。”[①]俨然一幅上古时期的农耕图。丹纳《艺术哲学》中对艺术品的产生这样认为:“作品的产生取决于时代精神和周围的风俗。”[②]这其中包含了两个层面的意思,即艺术创作体现出艺术品产生的时代性和地域性的文化特征。晋末大乱,各个政治集团之间互相倾轧,大肆杀戮异己,百姓居无定所,道路断绝,千里无烟。因而百姓呼唤没有战乱、没有灾荒的生活的愿望非常强烈。在这样残酷的现实背景下,本欲大济苍生的诗人发出了这样的深深叹息:“雷同毁异,物恶其上,妙算者谓迷,直道者云妄。坦至公而无猜,卒蒙耻以受谤;虽怀琼而握兰,徒芳洁而谁亮?哀哉,士之不遇,已不在炎帝帝魁之世。独祗修以自勤,岂三省之或废;庶进德以及时,时既至而不惠。无爰生之晤言,念张季之终蔽;愍冯叟于郎署,赖魏守以纳计。虽仅然于必知,亦苦心而旷岁。审夫市之无虎,眩三夫之献说。悼贾傅之秀朗,纡远辔于促界。悲董相之渊致,屡乘危而幸济。感哲人之无偶,泪淋浪以洒袂。”[③]于是,诗人“逃禄而归耕”“甘贫贱以辞荣”,憧憬着“汩以长分”的“淳源”,由此我们可以约略理解,在陶渊明的心里,远古帝王时期的生活永远是值得怀恋的,“悠悠上古,厥初生民。傲然自足,抱朴含真”[④],《桃花源诗》和《桃花源记》中所描写的有着古朴民风的桃花源就是这种思想的再现。

---

① 陶潜《陶渊明集》卷六,第 4 页。

② [法]丹纳《艺术哲学》,傅雷译,人民文学出版社 1988 年版,第 32 页。

③ 陶潜《感士不遇赋》,《陶渊明集》卷五,第 111 页。

④ 陶潜《劝农》,《陶渊明集》卷一,第 21 页。

魏晋时期，隐逸之风盛行。“由于农业工商业之日益发达，政治机构之日益庞大，发生了人口集中都市的现象，隐士才感觉到江上风清与山间明月那种恬静的环境，是如何地值得留恋，于是情不自禁地在抒情的诗歌中加进了很多描写自然风物的成分。那时代的代表人物是陶潜。”[①]而魏晋时期的隐逸又呈现出鲜明的时代特色：超然物外，内在自足。这一时期著名的逸者嵇康《难自然好学论一首》中的一段话具有代表性：

> 洪荒之世，大朴未亏。君无文于上，民无竞于下。物全理顺，莫不自得。饱则安寝，饥则求食，怡然鼓腹，不知为至德之世也。[②]

嵇康在司马氏专权以前也是致力于自然与名教的调和。他以道家的观点和方法去追求像唐虞之世那样完美的理想社会，他所理解的自然与名教的关系问题其实就是社会秩序以及社会的根本原则问题。嵇康认为，只要帝王具有民胞物与的情怀和精神境界，以道家自然无为的思想来治理天下，就能达到君臣相安、百姓富足的社会状态。但是，在高平陵政变以后，现实的黑暗使嵇康的太平之世的构想变成了茫然缥缈的梦想。然而，他并未与现实妥协，按照道家的宇宙发生论的逻辑，嵇康虚构了一个自然状态的“洪荒之世”。这是与庄子的无为平易思想一脉相承的。《庄子·刻意》第十五云：

> 故曰：夫恬淡寂漠，虚无无为，此天地之平，而道德之质也。故曰：圣人休休焉，则平易矣。平易则恬淡矣，平易恬淡则

---

① 蒋星煜《中国隐士与中国文化》，生活·读书·新知三联书店 1988 年版，第 83 页。

② 严可均辑《全上古三代秦汉三国六朝文》全魏文卷五〇，中华书局 1999 年版，第 1336 页。

忧患不能入，邪气不能袭，故其德全而神不亏。[①]

“作为隐士的陶渊明，他不是巢父、伯夷的再生，他在精神上更多地秉承了庄子、嵇康的一脉，而又极鲜明地表现出了自己独立的隐逸人格。”[②]他在《桃花源记》中畅想着怡然自足的人间乐园：远离尘嚣、宁静富饶、古朴和睦，充满人间平实幸福的“桃花源”就这样产生了（见图34）。

图34　［明］文征明《桃源问津图》。图画上远山冈峦叠翠连绵，溪水横流，树木葱郁，屋舍隐约掩映其间。线条粗细旋转，富于变化，墨色浓淡适宜，层次丰富。现藏辽宁博物院。

① 庄周《庄子集解》卷四，王先谦集解，上海书店1980年版，第96页。

② 罗小东《古典文学与传统文化精神》，文化艺术出版社2001年版，第124页。

### （二）天台山桃花源：理想爱情的象征

南朝宋刘义庆《幽明录》中也记载着与陶渊明《桃花源记》中类似的情境故事。《太平广记》卷六十一引《神仙传》“天台二女”条云：

> 刘晨、阮肇入天台采药，远不得返。经十三日，饥，遥望山上有桃树，子熟。遂跻险援葛至其下，啖数枚，饥止体充，欲下山以杯取水，见芜菁叶流下，甚鲜妍。复有一杯流下，有胡麻饭焉。乃相谓曰：“此近人矣。”遂渡山。出，一大溪，溪边有二女子，色甚美……因邀还家……酒酣作乐。夜后，各就一帐宿，婉态殊绝。至十日，求还。苦留半年，气候草木常是春时，百鸟啼鸣，更怀乡，归思甚苦。女遂相送，指示还路。乡邑零落已十世矣[①]。

故事产生的时代为政权更替频繁、灾难不断的南朝，人们的生存受到了极大的威胁，而作为生命本能的情爱，无疑也是受到压抑的，这反过来可能更能激发起人们对爱的自由和美好境界的向往。而这种向往使创作主体对现实和自身有一种超越的内在要求，主体在这种超越中得到了虚幻的满足，“幸福的人决不会幻想，只有那些得不到满足的人才会幻想。得不到满足的愿望是幻想的驱动力，每一个幻想都是一个愿望的满足，一个对不予人满足的现实的矫正”[②]。因此，《幽明录》故事的理想性显而易见。刘、阮二人偶遇的女子是资质双绝的仙女。美丽的女性一直是中国男性作家情感和生活失意的慰藉，是他们创作的灵感。在中国古代文人的心目中，美丽多情的女子是纯真自然的代表，

---

① 李昉等《太平广记》卷六一，第 383 页。

② ［奥］弗洛伊德《创作家与白日梦》，《美学译文》3，林骧华译，中国社会科学出版社 1984 年版，第 331 页。

是与政治相悖的美好存在。故事中的两位仙女不仅婉态殊绝，而且温柔体贴，使身处异境的刘晨和阮肇体会到了无私的爱。而这种无私的爱无疑是作家自我的心理需求,是对他们遁世思想的包容和寄托。另外，还应注意的是，故事中的人、神相恋是以性爱的需求为基础的，仙女是虚幻的形象,但是,她们主动示爱的行为其实是作家心理欲望的反映。也正是基于以上的两点，我们可以说，无论是陶渊明的笔下的那个恬美舒适、无税无捐的桃源社会，还是刘晨、阮肇与仙女的爱情，都是理想中的极致。它们都太瑰丽完美，因而令人无限倾情地追寻，并借以寄托对自由和无碍世界的欣羡和希冀。因此，在后代的诗文创作中，刘晨和阮肇的这次天台艳遇也被当成“桃花源”，而且是爱情的“桃花源”。这种现象的出现无疑是陶渊明《桃花源记》的深刻影响的结果。

总之，在后代的文学创作中，这两种意义上的“桃花源”都因为具有着深厚的文化底蕴而吸引着历代文人反复吟咏，无限追索，从而形成了意蕴丰富、形式多样的“桃花源”文化。

## 二、桃花源题材作品的主题表现

“艺术是创造出来的表现情感概念的表现性形式。这样一种表现性形式本身是一个恒量，然而，对这种表现性形式的创造方式却是一种时时改变的变量……而其中最重要的变化性因素是艺术家意在表达的概念。”[①]历代慕陶、崇陶的文人和士大夫，无不以自己独特的方式诠释着“桃源”内涵，由此产生了大量关于“桃花源”的神话传说和

① ［美］苏珊·朗格《艺术问题》，滕守尧等译，中国社会科学出版社 1983 年版，第 108 页。

附会之古迹、咏叹诗文、绘画作品等，形成了丰富多彩的“桃源”文化，显示出对“桃花源”原型意义的衍生和丰富。从主题学角度看，这些作品分为三个方面：一是避世、隐逸主题，主要源自于陶渊明《桃花源记》，并集中体现在唐宋文学中；二是桃源题材的仙化主题，呈现出陶渊明笔下的“桃花源”与刘义庆《幽明录》中的天台“桃花源”分、合兼具的现象，主要表现在唐代文学中；三是情爱主题，取材于《幽明录》中的刘晨、阮肇天台山艳遇的故事，而集中体现在宋词和元曲及明清通俗文学中。

**（一）隐逸主题的表现**

陶渊明《桃花源记》产生之后，桃源的隐逸意蕴早在南北朝时期就被关注，南朝陈徐陵《山斋诗》即云：“桃源惊往客，鹤桥断来宾。复有风云处，萧条无俗人”[①]，以“桃源”比喻“山斋”，是因为山斋“无俗人”，这其实是对桃源隐逸意趣的体认。北齐尹义尚《与徐仆射书》亦有“自国祚中绝，行李不通，等避世于桃源，同留寓于仙岭”[②]的句子，其中“桃源”的避世意义更为明显。

根据《桃花源记》的隐逸主题并进行创作、表达思想感情的是李白的作品，其《桃源》“露暗烟浓草色新，一番流水满溪春。可怜渔父重来访，只见桃花不见人”，清新流丽的语言表达出淡淡的思古情怀。而桃源的隐逸意趣更集中体现在中唐文人的笔下，萧瑟落寞的社会使那个时期的文人更加怀恋如梦的开元、天宝盛世，然而，就如林庚先生所言：（中唐文人）“追摩盛唐，却终是有心无力。”[③]因而生发出世

---

① 逯钦立辑校《先秦汉魏晋南北朝诗》陈诗卷五，中华书局1983年版，第2530页。

② 严可均辑《全上古三代秦汉三国六朝文》全北齐文卷八，第3872页。

③ 林庚《中国文学简史》，北京大学出版社1988年版，第258页。

事苍茫如烟而又无可奈何的慨叹，这种心理在诗歌中的反映就是对隐逸文化的赞赏和追怀。陶渊明的崇尚自然、率性任真的人格，在追求个性价值的唐代被高标推举，“桃花源”的高尚隐逸情趣自然成为大历诗人的精神所向。施肩吾《桃源词二首》即云：“夭夭花里千家住，总为当时隐暴秦。归去不论无旧识，子孙今亦是他人。”“秦世老翁归汉世，还同白鹤返辽城。纵令记得山川路，莫问当时州县名。”[1]

元代辛文房《唐才子传》“隐逸”云：“施肩吾，字希圣，睦州人，元和十五年卢储榜进士。登第后，谢礼部陈侍郎云：‘九重城里无亲识，八百人中独姓施’。不待除授即东归……而少存箕颍之情，拍浮诗酒，搴擥烟霞。初读书，五行俱下，至是授真筌于仙长，遂知逆顺颠倒之法，与上中下精气神三田反复之义，以洪州西山十二真君羽化之地，慕其真风高蹈于此。”[2]《唐摭言》卷八“及第后隐居”条亦云：“(施肩吾)以洪州西山乃十二真君羽化之地，灵迹俱存，慕其真风，高蹈于此。”[3]将这两首《桃源词》和施肩吾的高蹈情怀联系，其中所流露出的对桃源隐逸意趣的肯定是极为明显的。而大历诗人卢纶的《同吉中孚梦桃源》更从形式上表露出中唐文人对陶渊明桃源境界的渴望，“春雨夜不散，梦中山亦阴。云中碧潭水，路暗红花林。花水自深浅，无人知古今”，“夜静春梦长，梦逐仙山客。园林满芝术，鸡犬傍篱栅。几处花下人，看予笑头白”[4]，碧水环绕、红花掩映的地方就是诗人梦想的桃源。

同样是以桃源为隐逸之题材，李白的诗歌基本继承了《桃花源记》的模式和情节，只是语言风格一改陶渊明的自然质朴为流丽优美，体

---

① 彭定求等编《全唐诗》卷四九四。

② 辛文房撰、傅璇琮主编《唐才子传校笺》卷六，中华书局1987年版，第141页。

③ 王定保《唐摭言》卷八，上海古籍出版社1978年版，第92页。

④ 彭定求等编《全唐诗》卷二七七。

现着盛唐文人的浪漫情怀以及以隐逸为雅趣的精神风貌。施肩吾诗歌是截取陶渊明《桃花源记》中渔人入住桃源的情节，但是将“渔人”换成了“秦世老翁”——桃源主人之一，以老翁回乡之真实感受强调世事变幻之沧桑，子孙的谢世、乡邑的零落，无不带着中唐社会现实的萧索和寂寞色彩。而卢纶诗歌则选取了《桃花源记》中武陵人初入桃源时的片段，将“夹岸数百步，中无杂树，芳草鲜美，落英缤纷”的现实描写，改换成绿潭碧水、花林幽深的虚幻憧憬，并且辅之以熠熠生辉的“芝术”与万年之花等神奇而新颖的道教意象，表现出唐代诗歌意境追求的唯美色彩。文学意象与道教意象的契合编织成了卢纶的桃源之梦，而梦幻的美丽与自由恰恰反证了中唐社会现实的局促与压抑。

陶渊明《桃花源记》和刘义庆《幽明录》中的“桃花源”是红堤绿岸、桃花流水的世界，欣慰无限、幸福无垠，是历代文人集体无意识的精神追求，而视桃源为仙境则是这一追求的极致反映，这一现象在唐代文人笔下体现得比较明显。唐代的社会和政治环境的变化以及道教的深刻影响，文人的隐逸意识日益强烈，他们对道教的生活极为关注，对道教、神仙故事也很熟悉。在这种时代条件下，不仅一些有文学素养的道士作道教诗词，就是一般的士人也无不对神仙世界进行描写和表现。在这种时代氛围中，“桃花源”也被唐代文人作为神仙世界的代称而尽情抒写，并且在不同文人笔下又呈现出不同的仙化风格。

包融《桃源行》:“武陵川径入幽遐，中有鸡犬秦人家，家傍流水多桃花。桃花两边种来久，流水一通何时有。垂条落蘂暗春风，夹岸芳菲至山口。岁岁年年能寂寥，林下青苔日为厚。时有仙鸟来衔花，曾无世人此携手。可怜不知若为名,君往从之多所更。古驿荒槁平路尽,崩湍怪石小溪行。相见维舟登览处，红堤绿岸宛然成。多君此去从仙隐，令人晚节悔营营。”[①]诗歌以描写桃源中景物为主，既有陶渊明《桃花源记》中的风物再现，如鸡犬人家、夹岸芳菲、垂条落蕊等，渲染出古朴寂绝的境界，然而，结尾处的“仙隐”又表明了该诗的“桃源”已不再是陶渊明笔下的“桃花源”的理想世界，而是变成了诗人理想中的仙隐之处，主题与意境都发生了变异。

王维则将“桃花源”的仙界氛围进行了极致的想象和表现。其《桃源行》云：“渔舟逐水爱山春，两岸桃花夹去津。坐看红树不知远，行尽青溪不见人。山口潜行始隈隩，山开旷望旋平陆。遥看一处攒云树，近入千家散花竹。樵客初传汉姓名，居人未改秦衣服。居人共住武陵源，还从物外起田园。月明松下房栊静，日出云中鸡犬喧。惊闻俗客争来集，竞引还家问都邑。平明闾巷扫花开，薄暮渔樵乘水入。初因避地去人间，及至成仙遂不还。峡里谁知有人事，世中遥望空云山。不疑灵境难闻见，尘心未尽思乡县。出洞无论隔山水，辞家终拟长游衍。自谓经过旧不迷，安知峰壑今来变。当时只记入山深，青溪几曲到云林。春来遍是桃花水，不辨仙源何处寻。”[②]这首诗歌写于王维十九岁时，有着佛学修养又受着道教影响的诗人以富艳的才华将“桃源”描写成为空灵优美、自由无碍的仙境。诗歌仍然沿用了《桃花源记》的写景模式，然而，诗中的意象带着浓浓的佛道色彩，飘渺的云烟，空灵的山水，这片天地已不再是陶渊明笔下的有着人间生活气息的恬淡的田园风光，而是远隔尘俗的仙境！从诗歌的设色方面而言，陶渊明淡泊宁谧的心境使“桃花源”的整体色调呈现出自然朴质的特点，一切都是自然风物的本

① 陈尚君辑校《全唐诗补编》，中华书局 1992 年版，第 787 页。

② 彭定求等编《全唐诗》卷一二五。

色,这也是其诗歌素朴风格的体现。而王维是生活在盛唐的诗人和画家,因此,对于诗歌的色彩技巧较为讲究,更有着独特的造诣,以青溪红树、桃花流水点染出灵境的优美,对此,清代张谦宜曾言:“比靖节作,此为设色山水,骨格少降,不得不爱其渲染之工。”[①]这同样是对自由之境的向往和想象,因为时代因素和个人性格和气质的不同,陶渊明的“桃花源”是一理想的古朴祥和的田园,洋溢着温馨的人间真情。而王维心中的“桃源”则是绮丽邈远的仙界风情,迷离如梦幻般幽美。无论是哪一种风格的桃源,都是存在于作者精神世界的天地,自得自适、无拘无束!

王维凭着深厚的文学造诣使其《桃源行》成为唐代歌咏桃源的杰作,清代翁方纲《石洲诗话》云:“古今咏桃源事者,至右丞而造极。”[②]唐代的《桃源行》还有刘禹锡同题之作,“渔舟何招招,浮在武陵水。拖纶掷饵信流去,误入桃源行数里。清源寻尽花绵绵,踏花觅径至洞前。洞门苍黑烟雾生,暗行数步逢虚明。俗人毛骨惊仙子,争来致词何至此。须臾皆破冰雪颜,笑言委曲问人间。因嗟隐身来种玉,不知人世如风烛。筵羞石髓劝客餐,灯爇松脂留客宿。鸡声犬声遥相闻,晓色葱笼开五云。渔人振衣起出户,满庭无路花纷纷。翻然恐失乡县处,一息不肯桃源住。桃花满溪水似镜,尘心如垢洗不去。仙家一出寻无踪,至今流水山重重”[③],更是将桃源的仙界意蕴渲染得淋漓尽致。以“俗人”的见闻写出“仙子”生活的不凡:种玉餐羞、灯爇松脂,这显然不是陶渊明“桃花源”中人的种桑树麻的农耕生活了。诗歌采用的叙述和描写的模式

① 张谦宜《䌹斋诗谈》卷五,郭绍虞《清诗话续编》,上海古籍出版社1999年版,第844页。

② 翁方纲《石洲诗话》卷一,人民文学出版社1981年版,第30页。

③ 彭定求等编《全唐诗》卷三五六。

与《桃花源记》是一致的，然而，诗歌的大部分篇幅是渲染仙界的文字，与王维《桃源行》相比较，稍显刻意雕琢。刘禹锡在《桃源行》中极力渲染仙界之景观显然是中唐的社会现实和自身坎坷经历共同作用的结果。

唐代还有另一种形式的桃源题材作品，即将陶渊明笔下的“桃源”与刘晨、阮肇故事的天台山遇仙故事相结合，体现出亦仙亦隐的思想追求，代表作品是权德舆《桃源篇》，诗云：“小年尝读桃源记，忽睹良工施绘事。岩径初欣缭绕通，溪风转觉芬芳异。一路鲜云杂彩霞，渔舟远远逐桃花。渐入空濛迷鸟道，宁知掩映有人家。庞眉秀骨争迎客，凿井耕田人世隔。不知汉代有衣冠，犹说秦家变阡陌。石髓云英甘且香，仙翁留饭出青囊。相逢自是松乔侣，良会应殊刘阮郎。内子闲吟倚瑶瑟，玩此沈沈销永日。忽闻丽曲金玉声，便使老夫思阁笔。”[①]诗歌选取的是《桃花源记》中的景物描写部分，又增加了一些细腻的感觉体验的成分。沿溪吹来的轻风，似乎带着淡淡的芳香，一路的桃花更像是美丽的云霞，崎岖的山间小路在雨汽空濛中蜿蜒明灭，人家也应在白云的深处吧？这些都渲染出桃源的古朴之美。而诗歌的后半部分以“良会应殊刘阮郎”等句子将刘晨、阮肇的仙境桃源自然融入，增加了诗歌的瑰丽色彩，体现着中唐文人既希望隐逸又憧憬着仙界的思想。由此看来，原本高尚深邃的桃源理想，在唐代社会特殊的崇道氛围中被加入了宗教式的体验与幻想，雅与俗的结合使“桃花源”成为中国文化中的仙隐世界的象征。

而在这些对陶渊明“桃源”题材仙化变异的“同声大合唱”中，韩愈《桃源图》堪称是异音突起，孤心独诣。诗曰：“神仙有无何渺茫，

① 彭定求等编《全唐诗》卷三二九。

桃源之说诚荒唐。流水盘回山百转,生绡数幅垂中堂。武陵太守好事者,题封远寄南宫下。南宫先生忻得之,波涛入笔驱文辞。文工画妙各臻极,异境恍惚移于斯。架岩凿谷开宫室,接屋连墙千万日。嬴颠刘蹶了不闻,地坼天分非所恤。种桃处处惟开花,川原近远蒸红霞。初来犹自念乡邑,岁久此地还成家。渔舟之子来何所,物色相猜更问语。大蛇中断丧前王,群马南渡开新主。听终辞绝共凄然,自说经今六百年。当时万事皆眼见,不知几许犹流传。争持酒食来相馈,礼数不同樽俎异。月明伴宿玉堂空,骨冷魂清无梦寐。夜半金鸡啁哳鸣,火轮飞出客心惊。人间有累不可住,依然离别难为情。船开棹进一回顾,万里苍苍烟水暮。世俗宁知伪与真,至今传者武陵人。"[1]诗歌的描写模式依然是沿用《桃花源记》,从"架岩凿谷开宫室"至"万里苍苍烟水暮",极尽描写仙界的景观、仙人的生活以及仙人离别人间时的矛盾和感慨。然而,诗歌内容、风格、主题都发生了很大的变化,诗的开头即旗帜鲜明地对将之视为仙境的观点和桃源理想社会模式予以坚决否认,洪迈《容斋随笔》云:"诗人多赋《桃源行》,不过称赞仙家之乐。唯韩公云'神仙有无何渺茫,桃源之说诚荒唐。世俗那知伪与真,至今传者武陵人',亦不及渊明所以作记之意。"[2]不仅如此,诗歌的语言也不是陶渊明的质朴清新,而是奇峭雄健、豪放刚直的"横空盘硬语"之风格。总之,韩愈的这首桃源题材作品是非常别致的,也体现了他"务去陈言"、反对因袭前人的文学主张。而韩愈《桃源图》对视桃源为仙境的传统认识的否定,又恰恰反映了唐代文人将桃源题材仙化处理现象的普遍。

桃源意象的仙化现象自南朝即初露端倪,题材的仙化却是从唐人

① 彭定求等编《全唐诗》卷三三八。

② 洪迈《容斋随笔》卷一〇,上海古籍出版社 1995 年版,第 536 ～ 537 页。

开始的，而且这些作品大都出现在中、晚唐。盛唐时代的以隐逸为高尚的氛围，使诗人憧憬桃源世界的逸趣。中唐文人因仕途的坎坷或者政治上的失意，以桃源作为解脱痛苦的精神慰藉。晚唐没落的社会现实使文人彻底失去了进取的信心，内敛的心境使他们自觉地皈依桃源，寻找那个避世逍遥的自由境界。相比而言，晚唐文人的桃源之思更具一份真诚。这些是唐代文人乐于走近桃源的心理因素和时代因素。

清代王先谦云："《桃花源》章，自陶靖节之记，至唐，乃仙之。"[①]那么，唐人将桃源仙化的原因是什么呢？我想原因大概如下：

一是桃花与宗教的深远的关系。史学家吕思勉曾这样说道："古人于植物多有迷信，其最显而易见者为桃。"[②]源远流长的桃与仙的文化，深刻影响着人们的心理和思维。

二是唐代浓厚的道教气氛。从社会学的角度而言，"道教的影响可能消弥了人的活力，窒息了人的进取热情，造成了人的灰色的人生情趣，使人们沉醉于一种虚假的心理满足中。但从文学的角度来说，它却带来了积极的批判精神，丰富的想象力，浪漫的审美理想以及色彩绚丽、神奇诡谲的意象"[③]。陶渊明笔下的"桃花源"完美近乎梦幻，本来就为后世的神仙境界的表现提供了蓝本；烂漫的桃花林更是唤起了留在唐人记忆中的仙境的想象，因而，不论陶渊明《桃花源记》中的桃花是否有道教的影响痕迹，都无妨兼容并纳的唐人取之为遐想的仙景而形诸诗文。

当然，后世如宋、元、明、清等时代也有仙化桃源题材的作品，

---

① 北京大学中文系《陶渊明诗文汇评》，中华书局1961年版，第359页。

② 吕思勉《吕思勉读史札记》，上海古籍出版社1982年版，第1307页。

③ 葛兆光《人生情趣·意象·想象力》，《文史知识》编辑部《道教与中国传统文化》，中华书局1992年版，第125页。

然总体构思大概不出唐人的藩篱。在唐代文人笔下，桃花源披上了道教想象的美丽外衣，具有深刻隽永的心灵体验和人生情趣。唐代文人创造性地接受桃源，使陶渊明笔下的桃源不仅是理想社会的代称，更是脱俗、美丽如童话般的仙境的象征。

理学发达的宋代，外患如阴霾般浓而不散，艰危的时局使文人借古抒怀的思想日益强烈，于是，文人以古刺今、议论时事的现象极为普遍，如北宋诗文革新运动的领导欧阳修《与张秀才第二书》即强调:“君子之于学也务为道，为道必求知古，知古明道，而后履之以身，施之于事，而又见于文章而发之，以信后世。”[①]“江西诗派”则主张涵咏古人之作并抒发心机等。总之，无论是强调文学的社会功用还是追求文学艺术之美的创造，都表现出文学主体对古事的无限倾情。

在这样的时代因素和文学背景下，宋人对桃源的避世、隐逸主题表现出异于唐代文人的理性思考和认识。如果说唐代文人对桃源隐逸意蕴表现出的是追怀和崇尚之情且带着几分浪漫幻想的话，那么，宋代文人则表现出从政治角度出发将桃源视为与黑暗现实对立面的时代特色。

宋代以桃源题材进行创作、表达对桃源隐逸主题的认识和见解的首先是梅尧臣，其《桃花源诗》曰:“鹿为马，龙为蛇，凤皇避罗麟避罝。天下逃难不知数，入海居岩皆是家。武陵源中深隐人，共将鸡犬栽桃花。花开记春不记岁，金椎自劫博浪沙。亦殊商颜采芝草，唯与少长亲胡麻。岂意异时渔者入，各各因问人间赊。秦已非秦孰为汉，奚论魏晋如割瓜。英雄灭尽有石阙，智惠屏去无年华。俗骨思归一相送，慎勿与世言云霞。出洞沿溪梦寐觉，物景都失同回槎。心寄草树欲复往，山幽水乱寻无

① 欧阳修《欧阳修选集》，陈新等选注，上海古籍出版社1986年版，第269页。

涯。”[1]

“鹿为马，龙为蛇，凤皇避罗麟避置。天下逃难不知数，入海居岩皆是家。武陵源中深隐人，共将鸡犬栽桃花。”将武陵之人来桃源隐居与现实政治的混乱联系起来，表明了桃源的本意即是与黑暗社会对立的地方，渲染了桃源的避世色彩。然而，与陶渊明《桃花源诗》相比较，梅尧臣《桃花源诗》已经不再有陶渊明笔下桃源恬淡、平静的惬意，正如朱自清《宋五家诗钞》中所说："平淡有二。韩诗云：'艰穷怪变得，往往造平淡。'梅平淡是此种。朱子谓：'陶渊明诗平淡出于自然。'此又是一种。”[2]由此可知，梅尧臣诗歌的平淡是从韩愈奇峭风格而变化得来的。如开头的“鹿为马，龙为蛇，凤皇避罗麟避置”的起兴就带有横空之势，目的是引出下文的武陵源人是隐居之人的议论。陶渊明《桃花源记》中武陵渔人进入桃源之前的夹岸桃林景色描写、桃源中人生活和劳动的自得自适、桃源人对渔人的热情等充满祥和愉悦情调的场景都被略去，因为它与清切之风格不太吻合。相应地，增加了对时局的议论内容，体现了北宋诗文革新运动的经世致用、关注社会和政治的时代特色。

结合现实政治来议论桃源之事在王安石《桃源行》中表现得更为直切。诗云："望夷宫中鹿为马，秦人半死长城下。避时不独商山翁，亦有桃源种桃者。此来种桃经几春，采花食实枝为薪。儿孙生长与世隔，虽有父子无君臣。渔郎漾舟迷远近，花间相见因相问。世上那知古有秦，山中岂料今为晋。闻道长安吹战尘，春风回首一沾巾。重华一去宁复得，

---

① 傅璇琮等主编、北京大学古文献研究所编《全宋诗》卷二六一，第5册，第3200页。

② 朱自清《宋五家诗钞》，上海古籍出版社1981年版，第1页。

天下纷纷经几秦。”[1]该诗立足于北宋的现实，以桃源中“种桃者”“儿孙生长与世隔，虽有父子无君臣”的生活环境描写，表达了对社会太平、君主贤明的期望，这其实已经超出了对桃源为避世和隐居之地的向往意义而带有强烈的现实色彩。北宋后期，内乱外患迭起，王安石极力上书革新，但终致失败，且遭到反对派的打击和排挤。此诗体现了王安石善于“以故事记实事”[2]的风格，政治上的失意借桃源古题委婉地表现出来,暗示着北宋即将重蹈亡秦之覆辙。宋代李壁《王荆公诗注》卷六亦云:“据公诗意，既言秦事，实探祸乱之始末而互着之。”[3]所以，诗歌虽是沿用陶渊明桃源题材的隐逸主题却能独出心裁，正如程千帆先生所言 :“王安石的这些见解，显然不仅和他自己的政治思想有关，也同时受到了陶渊明原作的影响,但比陶渊明更为彻底。”[4]如开头“望夷宫中鹿为马，秦人半死长城下”点明桃源人避世背景，就比陶渊明“嬴氏乱天纪，贤者避其世”的表述显得更为直接。“避时不独商山翁，亦有桃源种桃者”，较陶渊明“黄绮之商山，伊人亦云逝。往迹浸复湮，来径遂芜废”更表达出隐逸之现象的普遍，也表明桃源是存在于现实中的避世之地。“此来种桃经几春,采花食实枝为薪。儿孙生长与世隔，虽有父子无君臣”，将《桃花源记》中对桃源人古朴生活场景的描写进行了凝练的概括。“儿孙生长与世隔，虽有父子无君臣”，则比陶渊明的“春蚕收长丝，秋熟靡王税”更痛快鲜明地道出了桃源社会的性质。清代金德瑛曾对王安石这篇作品这样评价 :“单刀直入，不复层次叙述。

---

① 傅璇琮等主编、北京大学古文献研究所编《全宋诗》卷五七七，第 10 册，第 6503 页。

② 胡仔《苕溪渔隐丛话》前集卷三五，人民文学出版社 1984 年版，第 237 页。

③ 王安石《王荆公诗注补笺》卷六，李壁注，巴蜀书社 2002 年版，第 114 页。

④ 程千帆《古诗考索》，上海古籍出版社 1984 年版，第 35 页。

此承前人之后，故以变化争胜。”[1]王安石《桃源行》对《桃花源记》隐逸主题的处理方式除了时代因素的影响之外，还与他的文学主张有关，《蔡宽夫诗话》云：“荆公尝云：‘诗家病使事太多。概皆取其与题合者，类之如此，乃是编事，虽工何益。若能自出已意，借事以相发明，情态毕出，则用事虽多，亦何所妨。”[2]“自出己意”“借事以相发明”是这首诗歌新颖别致的艺术原因。

《苕溪渔隐丛话》曰：“王介甫作《桃源行》，与东坡之论暗合。”[3]苏轼在处理桃源题材避世主题时除了“暗合”王安石的命意外，更表达了对桃源境界的独特理解。其《和桃花源诗》“并序”云：“世传桃源事多过其实。考渊明所记，止言先世避秦乱来此，则渔人所见似是其子孙，非秦人不死者也……蜀青城山老人村有见五世孙者，道极险远，生不识盐酰，而溪中多枸杞，根如龙蛇，饮其水故寿。近岁道稍通，渐能致五味，而寿亦益衰。桃源盖此比也欤？使武陵太守得而至焉，则已化为争夺之场久矣！尝思天壤之间，若此者甚众，不独桃源。余在颍州，梦至一官府，人物与俗间无异，而山川清远，有足乐者，顾视堂上榜曰‘仇池’……他日，工部侍郎王钦臣仲至谓余曰：‘吾尝奉使过仇池，有九十九泉，万山环之，可以避世如桃源也。’”可见，苏轼更倾向于认为桃源中人是避世之人。“尝思天壤之间，若此者甚众，不独桃源”，在现实生活中，如陶渊明笔下桃源之境的地方很多，如蜀青城山老人村，这些地方“道极险远”“山川清远”，无俗人如武陵太

---

① 陆以湉《冷炉杂识》卷七，中华书局 1984 年版，第 399 页。

② 胡仔《苕溪渔隐丛话》后集卷二五，廖德明校点，人民文学出版社 1984 年版，第 179 页。

③ 胡仔《苕溪渔隐丛话》前集卷三，廖德明校点，人民文学出版社 1984 年版，第 13 页。

守的介入，因而得以远离争夺之场。不仅如此，苏轼更认为桃源其实是一种精神境界，即如其《和桃花源诗》云："凡圣无异居，清浊共此世。心闲偶自见，念起忽已逝。欲知真一处，要使六用废。桃源信不远，藜杖可小憩。"[①]随遇而安、淡泊宁静的心态与陶渊明的桃源初衷极为接近，这种思想的产生与苏轼的人生经历有关。苏轼晚年谪居岭南、海外，他以达观的态度迎接着接二连三的政治迫害，心理上更走近了"不为五斗米折腰"的陶渊明，别出心裁地创作了大量的"和陶诗"。这些诗歌格调清雅，形式新颖，《和桃花源诗》"并序"即其一。而关于这些诗歌的用意，苏辙《追和陶渊明诗引》引苏轼之语云："吾前后和其诗凡一百有九篇，至其得意，自谓不甚愧渊明。今将集而并录之，以遗后之君子，其为我志之。然吾于渊明，岂独好其诗也。如其为人，实有感焉……平生出世，以犯世患。此所以深愧渊明，欲以晚节师范其万一也。"[②]苏辙《亡兄子瞻端明墓志铭》云："公诗本似李、杜，晚喜陶渊明，追和之者几遍。凡四卷。"[③]苏轼《江神子》上阕亦云："梦中了了醉中醒，只渊明，是前生。走遍人间，依旧却躬耕。"[④]对于陶渊明人格的认同和激赏，使苏轼笔下的桃源意蕴与《桃花源记》中的桃源思想极为接近。陈寅恪先生曾言："古今论桃花源者，以苏氏之言最有通识。"[⑤]苏轼的《和桃花源诗》"并序"是对陶渊明桃源题材的具

① 傅璇琮等主编、北京大学古文献研究所编《全宋诗》卷八三一，第14册，第9531页。

② 苏轼《苏东坡全集·续集》卷三，中国书店1986年版，第70页。

③ 苏辙《栾城集》（下）卷三七，曾枣庄、马德富校点，上海古籍出版社1987年版，第1410页。

④ 唐圭璋主编《全宋词》，第1册，第298页。

⑤ 陈寅恪《陈寅恪集·金明馆丛稿初编》，生活·读书·新知三联书店2001年版，第198页。

体化解读，而其将桃源视为摈弃一切世俗欲望之后的境界的认识，无疑深得桃源隐逸意蕴之本真。

苏轼《和桃花源诗》“并序”中对桃源题材和主题的独特感悟得到了后世文人的广泛认同。如南宋时期李纲《桃源行》“并序”云：

桃源之事，世传以为神仙，非也。以渊明之记考之，特秦人避世者，子孙相传，自成一区，遂与世绝耳。今闽中深山穷谷，人迹所不到，往往有民居，田园水竹鸡犬之音相闻，礼俗淳古，虽斑白未尝识官府者，此与桃源何以异。感其事，作诗以见其意。

此序无论内容还是形式与苏轼《和桃花源诗》“并序”基本相同，“养生送死良自得，终岁饱食仍安眠。何须更论神仙事，只此便是桃花源”[1]，现实生活中水草丰茂、田园富饶、养生终岁、没有官府的地方就是桃源！这与苏轼对桃源的理解何其相似！王十朋《和韩桃源图》则沿袭韩愈创作《桃源图》的意旨表达对苏轼观点的认同：“世有图画桃源者，皆以为仙也。故退之《桃源图诗》诋其说为妄。及观陶渊明所作桃花源志，乃谓先世避秦至此，则知渔人所遇，乃其子孙，非始入山者能长生不死，与刘阮天台之事异焉。东坡和陶诗尝序而辨之矣，故予按陶志以和韩诗，聊证世俗之谬云。”[2]这样，以综合韩愈和苏轼两位前贤观点的方法表达了自己对桃源题材的避世主题意义的理解。吴芾《和陶桃花源》则从内容和形式上都极为接近苏轼之作，“贻我万株桃，漫山迷眼界。却胜武陵溪，草树相蒙蔽。相去复不远，只在吾庐外。人号小桃源，景

① 傅璇琮等主编、北京大学古文献研究所编《全宋诗》卷二五六九，第23册，第17061页。

② 傅璇琮等主编、北京大学古文献研究所编《全宋诗》卷二〇四二，第36册，第22672页。

物适相契”[1]，这种在现实中体认桃源的思想与苏轼出处淡泊、心志高远的境界一脉相承。

南宋时期对桃源题材的避世主题阐释最为浑然无迹的是汪藻《桃源行》。汪藻（1079—1154），生活在靖康、建炎年间，时值金兵攻陷汴京，宋高宗渡江南下，民族矛盾加剧，因此，他直谏现实，痛哀国难，以汪洋恣肆的行文讽喻现实，《桃源行》也体现了他的文学思想。诗云：“祖龙门外神传璧，方士犹言仙可得。东行欲与羡门亲，咫尺蓬莱沧海隔。那知平地有青云，只属寻常避世人。关中日月空万古，花下山川长一身。中原别后无消息，闻说边尘因感昔。谁教晋鼎判东西，却愧秦城限南北。人闲万事愈堪怜，此地当时亦偶然。何事区区汉天子，种桃辛苦求长年。”[2]

与汪藻同时代的孙觌《浮溪集序》言：“贯穿百氏，网罗旧闻，推原天地道德之旨，古今理乱兴坏得失之迹，而意有所适者，必寓于此。”这篇《桃源行》将土宇日蹙、生灵涂炭的现实以人们所熟知的桃源题材表现出来。释惠洪《南昌重会汪彦章》云：“看君落笔携风雷，涣然成文风行水。坐令前辈作九原，子固精神老坡气。”[3]

钱锺书《宋诗选注》说：“北宋末南宋初的诗坛差不多是黄庭坚的世界，苏轼的儿子苏过以外，像孙觌、叶梦得等不卷入江西诗派的风气里而倾向于苏轼的名家，寥寥可数，汪藻是其中最出色的。”[4]因而，

① 傅璇琮等主编、北京大学古文献研究所编《全宋诗》卷一九六五，第35册，第21841页。

② 傅璇琮等主编、北京大学古文献研究所编《全宋诗》卷一四三七，第25册，第16561页。

③ 傅璇琮等主编、北京大学古文献研究所编《全宋诗》卷一三四四，第23册，第15082页。

④ 钱锺书《宋诗选注》，第120页。

汪藻不仅文章风格与苏轼极为接近，文学思想也受苏轼的影响很深，“那知平地有青云，只属寻常避世人”，这既寄寓着对崎岖兵乱的社会现实的慷慨，又表达了自己对桃源避世主题的体悟，而这种体悟显然与苏轼《和桃花源诗》“并序”的认识是一致的。因此，《庚溪诗话》对汪藻的这首诗这样评价：“语意新妙，王摩诘、韩退之、刘禹锡、王介甫诸人所未道。”[①]

唐、宋时期的文人，由于不同的时代因素和个人性格、人生经历，各自选取了表达自己对桃源的避世和隐逸这一传统文学主题的独特理解的最合适的形式和手法，他们之间既有继承又有发展，虽然其具体用意不同，但都对桃源景色和桃源中人的生活进行了形象性的描绘。

**（二）爱情主题的表现**

《幽明录》中记载的刘晨、阮肇天台山艳遇，是美丽仙媛与凡人的恋爱故事，那美妙的仙境是情爱之处的象征，是男女相爱的“桃花源”！无拘无束的男欢女爱是这个故事最动人之处，因此，它也成为后世诗、文、剧作者乐于援用的题材，中、晚唐的游仙诗、宋词以及元代戏曲等文学形式中，刘、阮天台山桃源演绎着一幕幕令人神往的爱情故事。主要体现在以下几点：

《太平广记》卷六十一“天台二女”条对刘晨、阮肇仙缘经历这样描写：“刘晨、阮肇入天台采药……遂渡山，出，一大溪，溪边有二女子，色甚美，见二人持杯，便笑曰：‘刘、阮二郎捉向杯来。’刘、阮惊，二女遂忻然，如旧相识，曰：‘来何晚耶？’因邀还家，西壁、东壁各有绛罗帐……俄有群女持桃子，笑曰：‘贺汝婿来。’酒酣作乐，夜后

① 陈岩肖《庚溪诗话》卷下，丁福保《历代诗话续编》（上），中华书局1983年版，第177页。

各就一帐宿，婉态殊绝。”整个过程描写其实很简单，这是由于南朝时期的小说篇幅都较短小，且以叙述事件为主，而对于情感的抒发和表现则着笔不多。

然而，这种仙女与凡夫的邂逅本身即具有理想性，它以时空的无限延伸性发展满足了写作者主体与后世文人的强烈的情感需求，瑰丽的仙界景物，资质曼妙且情深绵绵的仙子，满足了欣赏者无限膨胀的情欲;从文学主题思想角度而言，它不仅能够表达男女爱恋的理想之境，而且能够表达超越现实的幻想。这种高蹈飘逸的艺术表现成为人们表达理想爱情主题时的心理定势，在后世的文学作品中，这一主题得到了淋漓尽致的表现和发挥。

晚唐诗人曹唐是较早对桃源情爱主题进行发挥的诗人。“曹唐，字尧宾，桂州人。初为道士，工文赋诗……唐始起清流，志趣澹然，有凌云之骨，追慕古仙子高情，往往奇遇，而己才思不减前人，遂作《大游仙诗》五十篇，又《小游仙诗》等，记其悲欢离合之要，大播于时。”[①]晚唐社会的衰乱现实使文人有着普遍的避世隐居的经历，曹唐固然也不例外，“唐末文人的避世祈向则主要表现为避祸全身的特点……于淡漠政治的同时又颇注重个人生活，因而更多地体现出市井俗趣”[②]。“市井俗趣”的文学表现就是轻艳风调盛行，而这一点在曹唐作品中体现为对刘、阮天台桃源恋情的瑰丽想象和细致描写，其《大游仙诗》中以一组五首的组诗形式渲染了这一古老的人、仙恋爱故事。第三首《仙子送刘阮出洞》和第四首《仙子洞中有怀刘阮》是代表作。《仙子送刘阮出洞》:“殷勤相送出天台，仙境哪能却再来。云液既归须强饮，玉

---

① 辛文房撰，傅璇琮主编《唐才子传校笺》卷八，中华书局1987年版，第489页。

② 许总《论唐末社会心理与诗风走向》，《社会科学战线》1997年第1期。

书无事莫频开。花当洞口应长在，水到人间定不回。惆怅溪头从此别，碧山明月闭苍苔。”[①]仙子的临别叮嘱，无限留恋、无限缠绵，在《仙子洞中有怀刘阮》中，桃源的情爱意蕴更显深切：“不将清瑟理霓裳，尘梦哪知鹤梦长。洞里有天春寂寂，人间无路月茫茫。玉沙瑶草连溪碧，流水桃花满涧香。晓露风灯零落尽，此生无处访刘郎。”[②]，玉沙瑶草、流水桃花的仙界春天，勾起仙子对刘郎深深的思念和期待，“洞里有天春寂寂，人间无路月茫茫”二句将鹤梦之缱绻哀怨表达了出来。黄子云《野鸿诗的》云：“曹唐《游仙诗》有‘洞里有天春寂寂，人间无路月茫茫’，玉溪《无题》诗，千娇百媚，不如此二语缥缈销魂。”[③]在这两首诗歌中，曹唐对刘、阮天台桃源故事情感因素进行了深入挖掘，以仙、凡恋情为表达重点，艺术地强调了这一故事的情感内涵。

尚理趣的宋诗绝少仙篇，而以咏叹个人情感为主的倚声合乐的词里则不乏其类。刘晨、阮肇天台山艳遇的传说成为宋词专门词调《阮郎归》，又名《醉桃源》，“《阮郎归》以刘晨、阮肇入天台山采药，遇二仙女，留住半年，思归甚苦。既归则乡邑零落，经已十世的传说为调名的”[④]。由此可见，《阮郎归》词调大概包含三个方面的内容：一是表达男女相思之苦，二是表达思乡之浓，三是表达时光流逝、物是人非的沧桑之感。因其本身具有的情爱成分给宋代文人抒写个人情感留下了广阔的空间，所以，文人以词调《阮郎归》为体式，对桃源题材情爱主题进行了淋漓尽致的表现。宋词《阮郎归》情爱主题的作品大

① 彭定求等编《全唐诗》卷六四〇。

② 彭定求等编《全唐诗》卷六四〇。

③ 黄子云《野鸿诗的》，王夫之等《清诗话》，上海古籍出版社 1999 年版，第 865 页。

④ 马兴荣《词学综论》，齐鲁书社 1989 年版，第 23 页。

都是以仙子的口吻，表达对“阮郎”的相思之情。如张先《阮郎归》：“仙郎何日是来期，无心云胜伊。行云犹解傍山飞，郎行去不归。强匀画，又芳菲。春深轻薄衣。桃花无语伴相思，阴阴月上时。”[①]，词以仙子对情人阮郎因爱生恨的心理活动为表达重点，将“仙郎”与“行云”对比，表达出欲爱不得的百般无奈，春日芳菲，又惹春恨，无语桃花，伴着仙子度过孤独凄凉的山居生活。秦观《阮郎归》:“碧天如水月如眉，城头银漏迟。绿波风动画船移，娇羞初见时。银烛暗，翠帘垂。芳心两自知。楚台魂断晓云飞。幽欢难再期。”[②]碧天如水，银漏迟迟，相思之感渐渐袭来，那曾经的幽会欢爱何日重现？词以环境描写烘托出相思主人公孤独无聊的内心世界。吴文英《阮郎归》:“青春花姊不同时，凄凉生较迟。艳妆临水最相宜，风来吹秀漪。惊旧事，问长眉。月明仙梦回。凭阑人但觉秋肥，花愁人不知。”[③]该词以心理描写见长，临水自怜，回味往事，不禁愁绪满怀，柔肠寸断。谢逸《阮郎归》中亦有“坐间谁识许飞琼,对郎仙骨清”“多情多病懒追随,玉人应恨伊”“一尊浊酒为谁倾，梅花相对清”[④]的句子，贯穿其中的仍旧是男女离别相思之情。“新岁梦，去年情，残宵半酒醒。春风无定落梅轻，断鸿长短亭。”[⑤]吴文英《阮郎归》中的这句话可以作为宋词中桃源题材作品情爱内容的概括。

由以上论述不难看出，在唐诗和宋词中，桃花源题材的情爱主题作品的情感表达凝练含蓄，风格偏于雅致和婉约。而在元代杂剧中，

---

① 唐圭璋主编《全宋词》第1册，第81页。
② 唐圭璋主编《全宋词》第1册，第461页。
③ 唐圭璋主编《全宋词》第4册，第2896页。
④ 唐圭璋主编《全宋词》第2册，第651页。
⑤ 唐圭璋主编《全宋词》第4册，第2938页。

由于文学体裁的变化而引起表达方式和风格的变化，元杂剧以篇幅较长的优势和强烈的抒情性而使这一题材和主题得到了充分彰显。

在中国古代文学发展史上，从元代初年至明代中叶，是中国文学中古期的第三段。这一段文学历史最为明显的特点是叙事性文学第一次居于文坛的主导地位。元代的商业经济在宋代的基础上有了新的发展，城市人口集中，而一般侧重于表现作者个人意趣胸襟的诗词，不易符合市民的需要，因此，能够满足勾栏、瓦肆中群众的文化需求的话本、说唱等艺术得以进一步繁荣，特别是戏剧艺术，它以急管繁弦的节奏和曲折跌宕的故事情节再现社会各阶层人物和社会各方面的生活，赢得了广大市民群众的青睐，无论是历史公案，还是爱情婚姻、神仙道化，都被剧作家以各具个性的艺术格调和饱蘸的笔墨创作出来。对于元代杂剧审美情趣，王国维先生这样说："元曲之佳处何在？一言以蔽之，曰：自然而已矣。"[①]此处的"自然"是指不事藻绘，自然地抒写社会和人生百态。但是从当时文坛的创作倾向看，许多剧作家还表现出淋漓尽致、酣畅彰显的风格。在剧本的情节安排方面，元代剧作家喜爱把简单的故事写得波澜起伏，极尽地表现悲欢之情；在人物刻画方面，曲尽形容出主人公的内心世界和个性特征。

罗锦堂《现存元人杂剧本事考》说："元人杂剧取材于宗教者，道教多于佛教。盖自太祖成吉思汗礼遇邱处机而受其教后，有元一代，历朝君主，皆尊崇之；至元中叶以后，佛教势力始渐兴盛。当时文士，志不得伸，内心空虚，厌恶现实，而又不能潜修佛理，安于寂灭，故

① 王国维《宋元戏曲史》，百花文艺出版社 2001 年版，第 98 页。

所受道教影响尤甚。”[①]在这样的文学和社会背景下，刘晨、阮肇天台山桃花源故事因本身蕴含着道教的求仙成分而成为元代剧作家喜爱的题材，如马致远《晋刘阮误入桃源》、王子一《刘晨阮肇误入桃源》。马致远《晋刘阮误入桃源》现仅存残剧第四折[②]，剧云：“筵前一派仙音动，摆列着玉女金童。脱离了尘缘凡想赴瑶宫，谁想采药天台遇仙种。”元杂剧研究家罗锦堂认为，《误入桃源》属于道释剧，剧情“出自《列仙传》及《太平广记》等，并杂取唐人曹唐诗以为点缀”。[③]由《晋刘阮误入桃源》残剧的这几句描写我们可知，这篇作品的风格确实是充满着仙界瑰丽色彩和浪漫想象的神仙道化剧。

更能体现元代特色的天台桃源题材的剧作是王子一《刘晨阮肇误入桃源》。该剧大概是写天台山桃源洞二仙子因为凡心萌动，上帝将她们降至尘世。而刘晨、阮肇则原本就有仙风和道骨，太白金星引见他们于二位仙女。刘、阮二人由洞天返回尘世之后渐感尘世之龌龊、局促，于是重回洞天。文学体裁的发展变化而引起了主题表达范式的变化。“元杂剧中，无论是偏于抒情性还是偏于戏剧性的作品，都具有强烈的抒情效果……杂剧毕竟是一种戏剧形式，作为剧曲的抒情套曲和抒情诗歌毕竟又有所不同……而为了充分展示剧中人的心事情境，杂剧中的

① 罗锦堂《现存元人杂剧本事考》，（台北）中国文化事业股份有限公司1960年版。

② 傅丽英、马恒君校注《马致远全集校注》云：“此剧残本仅《太和正音谱》和《北词广正谱》收录，《太和正音谱》题，简名《误入桃源》。天一阁本《录鬼簿》著录剧正名为《晋刘阮误入桃源》，简名为《误入桃源》。孟本《录鬼簿》著录简名《桃源洞》；曹本《录鬼簿》著录正名《刘阮误入桃源洞》。”见傅丽英 、马恒君校注《马致远全集校注》，语文出版社2002年版，第196页。

③ 罗锦堂《现存元人杂剧的题材》，吴国钦等编《元杂剧研究》，湖北教育出版社2003年版，第179页。

意境，常常不像诗境那样崇尚蕴藉凝练，而是反复渲染，务尽务透。”[①]相比于唐诗、宋词中的刘、阮天台桃源故事题材的作品，王子一《刘晨阮肇误入桃源》能够利用篇幅的优势，通过语言描写、动作描写、心理描写等充分展开情节等，因此，桃源题材的情爱内容在元杂剧中较为充分地展开了，如第二折对刘、阮二人见仙女的描写引曹唐《刘阮洞中遇仙人》诗曰：“天和树色霭苍苍，霞重岚深路渺茫……桃花洞里乾坤别，红树枝边日月长。愿得花间有人出，免令仙犬吠刘郎。”这是典型的抒情戏，文情并茂，情景交融。在那水天相接的地方是别有洞天的桃源，雾霭苍苍，霞重岚深，渺绝人世，这一切与仙女殷殷期待、孤独寂寞和刘郎焦急期盼的心情结合起来，令人想象出他们相会时的情意绵绵和风韵无限。再如《楔子》部分描写刘阮离别天台、仙子相送的情景，引用曹唐《仙子送刘阮出洞》诗，“殷勤相送出天台，仙境哪能却再来”“惆怅溪头从此别，碧山明月闭苍苔”，这是诗歌的语言，含蓄凝练，而剧本接着以仙女的内心独白显化了这一情感：“他二人去了也，我等本待与他琴瑟相谐，松萝共倚，争耐法缘未了，蓦地思归。虽然系是夙因，却也不无伤感。倘若天与之幸，再与他相见，亦未可知。”在其下附曹唐《仙子洞中有怀刘阮》诗：“不将清瑟理霓裳，尘梦哪知鹤梦长。洞里有天春寂寂，人间无路月茫茫。玉沙瑶草连溪碧，流水桃花满涧香。晓露风灯零落尽，此生无处访刘郎。”仙家离别的孤寂落寞丝毫不减人间！“然元剧最佳之处，不在其思想结构，而在其文章。其文章之妙，亦一言以蔽之，曰:有意境而已矣。何以谓之有意境？曰:写情则沁人心脾，写景则在人耳目，述事则如其口出是也。”[②]这本剧

① 钟涛《元杂剧艺术生产论》，北京广播学院出版社 2002 年版，第 24 ～ 25 页。
② 王国维《宋元戏曲史》，第 99 页。

作通过反复引用曹唐同类题材诗歌，淋漓尽致地刻画出桃源仙女的内心世界，丰富了曹唐诗歌的抒情意趣和审美境界；同时，充分渲染和演绎了刘义庆《幽明录》中刘、阮天台艳遇故事的情爱故事。

“元代神仙道化剧的产生是当时知识分子苦闷绝望情绪的曲折反映”[①]，是元代社会背景下的汉族文人力求摆脱红尘纷争和功名利禄的困扰而高蹈世外的人生追求的反映。通过令人神往的仙、凡之爱，元代文人在备受压抑的现实社会中找到了精神的宣泄方式。

《幽明录》中桃源题材的情爱主题原型为后人的创作留下了充分的想象空间。从创作方式方面而言，唐人如曹唐等主要以游仙诗的形式表达对这一主题的接受和再创作，主要截取刘晨、阮肇和天台仙女之间的邂逅、相爱、相思、重逢、离别几个片段为主题，以七律的格式表达了桃源境界之美和仙、凡恋人的跌宕起伏的心绪，增加了原作中的意境之美和情感之美。“游仙主题文化意义上的延伸深化，心理线索上的递进迁移，从一个非礼教、非正统的角度，增强与补充了文学的讽喻传统，干预生活意识。因为游仙主题毕竟吸收并发展了道教对天命、自然的抗争精神……成为世俗文化理想愿望的艺术载体。虽离不开道家与道教的神秘色彩，在文学史的长河奔流中又裹挟着愈来愈多的仙话传说材料，却愈来愈逼近人间。”[②]曹唐的游仙诗形式的桃源情爱主题的表达为宋代文人提供了可资借鉴的情感宣泄的先例。宋人以《阮郎归》词牌为形式，借这一传统题材的情感内涵表达个人缠绵缱绻的离别之思和相爱之欢。元代文人则利用元杂剧的文体优势，尽情渲

①吴新雷《也谈马致远的神仙道化剧》，《中华戏曲》1986年第1辑。

② 王立《中国古代文学十大主题——原型与流变》，辽宁教育出版社1990年版，第197页。

染在唐诗和宋词中尚未得以充分展现的情爱内容，在具体表达方式上，情节更加复杂，描写更加具体、细致，成为对刘、阮天台桃源这一传统题材和主题演绎的最高成就的代表。

## 三、结　论

中国文学古代中的“桃花源”思想源于陶渊明《桃花源记》对理想生活和社会模式的描绘。受其影响，发生刘晨、阮肇艳遇故事的天台山被称为理想的爱情世界。在后世文学发展的过程中，文人结合不同的时代条件和自身经历，分别择取“桃花源”的超脱生活和美好爱情主题表达不同的向往与追求。“桃花源”作为一种传统题材、文学意象成为隐居避世、求仙艳遇的文学象征或文化符号，再现着绵绵不绝的生命力。

（原载《闽江学刊》2010年第2期，有改动）

# 论中国古代文学中的桃源意象

中国古代文学作品中的桃源意象有两个来源：一个是陶渊明《桃花源记》中的“桃花源”；另一个是南朝宋刘义庆《幽明录》中的刘晨、阮肇去天台山采药而偶遇的天台“桃花源”。前者常被人们视为隐逸世界的象征；而后者由于故事的道教性质及其所蕴含的男女之情愫，常被后世作品引以为仙界和情色的象征。如果说陶渊明笔下的“桃花源”是一种艺术符号，那么，历代文人作品中的“桃花源”就是一种“艺术中使用的符号”。这些作品中的感知、想象、理解、情感等既近似又有差异，从而充实、发展了桃花源意象的原型意蕴。综观学术界对这一问题的研究，大多是就某一个时代的文学作品中的桃源意象加以讨论，尚未见有专门就桃源意象进行研究的，因此，本文拟作抛砖引玉之谈，期待方家指教。

## 一、南朝文学中的桃源意象

陶渊明《桃花源记》产生之后，桃源意象便以特有的魅力进入了南朝文学领域，其远离世俗、宁静超逸的自由境界为南朝文人所向往。梁沈君攸《赋得临水》诗云：“开筵临桂水，携手望桃源。花落圆文出，风急细流翻。光浮动岸影,浪息累沙痕。沧波自可悦,濯缨何用论。”[1]“桃源”即是诗人翘首遥望的乐园,凌波泛舟、沧浪濯缨,无所不适。徐陵《山斋诗》则将桃源意象的脱俗意蕴直接道出:“桃源惊往客,鹤桥断来宾。复有风云处,萧条无俗人。”北周庾信由于自己深切的乡关之思对桃源有着独特的理解,如其《徐报使来止得一相见》写道:“一面还千里,相思哪得论。更寻终不见,无异桃花源。”身在异国、心念故园的诗人只能寄希望于报使与亲人传递音讯,而路途的遥远令对报使的期盼成为美好却又渺茫的“桃花源”。

南朝文学的桃源意象已经表现出仙化意蕴。陈张正见《神仙篇》这样描写:“玄都府内驾青牛,紫盖山中乘白鹤。浔阳杏花终难朽,武陵桃花未曾落。已见玉女笑投壶,复睹仙童欣六博。同甘玉文枣,俱饮流霞药。”[2]“武陵桃花”与“浔阳杏花”“青牛”“白鹤”“玉文枣”“流霞药”都是古代文学中常见的仙界意象。“武陵”一词最早见于《汉书》,卷二十八“地理志”第八“武陵郡”[3]所记,陶渊明《桃花源记》中的“武陵”即指武陵郡。张正见这首诗中的“武陵桃花”显然是化用陶渊明《桃花源记》中武陵渔人发现桃花林而入桃源之事。其实,后代文献或文学作品也是将“武陵”与陶渊明的《桃花源记》联系起来的,如明代章潢《图书编》卷六十三“大酉山”条云:“楚之西洞庭之北,有武陵桃花源,即昔人避秦处也。”[4]李贤《古穰集》《桃花源》诗中亦有“武

① 逯钦立辑校《先秦汉魏晋南北朝诗》梁诗卷二八,中华书局1983年版,第2111页。

② 逯钦立辑校《先秦汉魏晋南北朝诗》陈诗卷二,第2482页。

③ 班固《汉书》卷二八“地理”八,颜师古注,中州古籍出版社1991年版,第268页。

④ 章潢《图书编》卷六三,《影印文渊阁四库全书》本。

陵桃花源，邈矣隔人世”[1]的描写。

在中国古代文学和文化史上，道教神仙说曾经给予中国文学和艺术以相当深远的影响。被收入道藏的神仙传说作品如《列仙传》《神仙传》等，都以活泼的散文笔法，描写了光怪迷离的神仙世界。可见，神仙传说在魏晋六朝时期曾经激发了许多诗人的幻想，如曹植、郭璞等人的“游仙诗”就是在这样的宗教背景中产生的。张正见《神仙篇》显然是在这种文学风气影响之下的产物。

## 二、唐代文学中的桃源意象

南朝文学中桃源的仙化意蕴在唐代特殊的时代背景下得到了文人的较为普遍的认同，但是，初唐时期这一认识还不太普遍，仅在文德皇后、王绩诗中偶见，王绩《游仙四首》云:“结衣寻野路，负杖入山门。道士言无宅，仙人更有村。斜溪横桂渚，小径入桃源。玉床尘稍冷，金炉火尚温。心疑游北极，望似陟西昆。逆愁归旧里，萧条访子孙。”[2]将道士所居之地美誉为犹如仙人之村的“桃源”（见图35），表达了诗人对方外之情的崇尚。

① 李贤《古穰集》卷二四，上海古籍出版社1991年版，第744页。

② 彭定求等编《全唐诗》卷三七。

图 35　［明］仇英《桃源仙境图》。绢本，设色。此画远处峰峦起伏，幽深高远，山间云蒸雾漫；远山深处，庙台亭阁时隐时现，若仙若幻。流水木桥，奇松虬曲，景致幽雅，描绘细致严谨。通幅青绿着色，色彩妍丽雅美，显示了仇英精深的人物和山水表现能力。现藏天津市艺术博物馆。

在初唐文学作品中，仙境并非桃源意象的主流内涵，多数文人将桃源视为出尘超脱之境，表现出对陶渊明“桃花源”思想追求的认同和接受，如陈子良《夏晚寻于政世置酒赋韵》诗即云：“聊从嘉遁所，酌醴共抽簪。以兹山水地，留连风月心。长榆落照尽，高柳暮蝉吟。一返桃源路，别后难追寻。”[①]“桃源”是诗人理想的嘉遁之所。卢照邻《酬杨比部员外暮宿琴堂朝跻书阁率尔见赠之作》：“闲拂檐尘看，鸣琴候月弹。桃源迷汉姓，松径有秦官。空谷归人少，青山背日寒。羡君栖隐处，遥望在云端。”[②]以“桃源”比喻“琴堂”和“书阁”环境的幽静和超逸。崔湜《奉和幸韦嗣立山庄应制》中的“竹径桃源本出尘，松轩茅栋别惊新”[③]则直接道出了桃源意象的超凡脱俗意义。此外，李峤《送司马先生》“蓬阁桃源两处分，人间海上不相闻”[④]，骆宾王《畴昔篇》“时有桃源客，来访竹林人”[⑤]等，都表现出对陶渊明《桃花源记》中“桃源”意义的认同。

盛唐时代，文人的个性得到了充分的彰显，因而，桃源意象的文学和文化意蕴在不同文人笔下也呈现出不同的个性特征和独特的精神内涵。

孟浩然较早表现出对仕途的厌倦而追寻桃源的思想倾向，其《南还舟中寄袁太祝》诗云：“沿溯非便习，风波厌苦辛。忽闻迁谷鸟，来报五陵春。岭北回征帆，巴东问故人。桃源何处是，游子正迷津。”[⑥]

---

① 彭定求等编《全唐诗》卷三九。
② 彭定求等编《全唐诗》卷四二。
③ 彭定求等编《全唐诗》卷五四。
④ 彭定求等编《全唐诗》卷六一。
⑤ 彭定求等编《全唐诗》卷七七。
⑥ 彭定求等编《全唐诗》卷一六〇。

显然，此处的桃源意象与陶渊明笔下的桃花源有着相同的精神内涵，即对现实的否定和超越，其《游精思，题观主山房》云:“误入桃源里，初怜竹径深。方知仙子宅，未有世人寻。舞鹤过闲砌，飞猿啸密林。渐通玄妙理，深得坐忘心。”[1]表现出对桃源理想的追求由道教式的外在寻求转向道家思想的内在超越。

王维《桃源行》向我们诠释着他心目中的桃源世界，“春来遍是桃花水，不辨仙源何处寻”，直视桃源为“仙源”。有学者认为，“王维的《桃源行》是一个神仙世界，他避开写实的细节，通过静谧、虚幻、奇妙的境界，表现一个属于宗教的、哲学的乌托邦，一个仙人的乐土”[2]。然而，王维笔下的桃源又带着佛教的空灵飘渺色彩，表现出由道教向佛教皈依的思想倾向,这也是其《桃源行》被诗家盛誉为“古今咏桃源事者，至右丞而造极”的原因之一。

陶渊明《桃花源记》中的洞中天地为盛唐人提供了丰富的素材，道教的盛行更刺激了文人的想象，使得桃源成为仙界的洞天景观，如《司马承祯集》中就有“十大洞天”和“三十六小洞天”之说，“周回七十里，名曰白马玄光天，在朗洲武陵县，属谢真人治之”[3]。桃源意象的仙化现象在文学作品中也多有反映,李白的作品中有明显体现。其《拟古十二首》其十一云：“仙人骑彩凤，昨下阆风岑。海水三清浅，桃源一见寻。遗我绿玉杯，兼之紫琼琴。杯以倾美酒，琴以闲素心。二物非世有，何论珠与金。琴弹松里风，杯劝天上月。风月长相知，世

---

① 彭定求等编《全唐诗》卷一六〇。

② ［新加坡］王润华《桃源勿遽返，再访恐君迷》，《唐代文学研究》第五辑，广西师范大学出版社 1994 年版，第 144 页。

③ 张君房《云笈七签》卷二〇，蒋力生校注，华夏出版社 1996 年版，第 153-155 页。

人何倏忽。”[1]仙人彩凤、玉杯琼琴，松风伴奏、明月劝酒，这就是李白盛赞的仙境桃源！他对桃源的追求有着不同于王维的方式，他总是将追寻的名山赞赏为仙境意蕴的桃源，尽情享受山景带来的超脱闲逸，带着诗人飘逸浪漫的个性特征。

杜甫诗歌中的桃源意象则是其民胞物与情怀的折射，结合《诗经》篇章中传统的“乐土”理想，表达出对万物各顺其性的美好愿望，如《春日江村五首》云：“农务村村急，春流岸岸深。乾坤万里眼，时序百年心。茅屋还堪赋，桃源自可寻。艰难贱生理，飘泊到如今。”[2]清仇兆鳌《杜诗详注》卷十四云：“鹤注：此当是永泰元年春归溪后作，公自干元二年冬入蜀，至此已经六年矣。江郫，即浣花溪，前有‘长夏江郫事事幽’之句。”“首章叙春日江村，有躬耕自给之意……‘万里眼’，蜀江所见，‘百年心’，春事又逢，赋茅屋、草堂托居，寻桃源、花溪览胜，漂泊到今，故愿为老农，以资生计也。”[3]诗人将春日江村看作“桃源”，仿佛陶渊明笔下的躬耕稼穑的桃花源。杜甫还将桃源描写为和平之地，如《北征》这样写道：“乾坤含疮痍，忧虞何时毕。靡靡逾阡陌，人烟眇萧瑟。所遇多被伤，呻吟更流血……缅思桃源内，益叹身世拙。”[4]宋代黄鹤《补注杜诗》卷三云：“鲍曰：‘至德二载，公自贼窜，归凤翔，谒肃宗，授左拾遗。时公家在鄜州，所在寇多……视八月之吉，公始北征，徒步至三川迎妻子，故有是诗。’”“洙曰：‘桃源，秦俗避乱之所。’”（宋代黄希）“补注曰：‘桃源山在鼎州。渊明记，晋太元中，武陵人捕鱼，

① 彭定求等编《全唐诗》卷一八三。
② 彭定求等编《全唐诗》卷二二八。
③ 杜甫《杜诗详注》卷一四，仇兆鳌详注，上海古籍出版社1992年版，第475页。
④ 彭定求等编《全唐诗》卷二一七。

忘路，忽逢桃林，夹岸数百步，无复杂果，人云秦时避世至此。'"[1]北征途经桃源山的诗人触景生情，不禁追怀陶渊明笔下的可以避秦之乱的桃花源，表达了对和平生活的真诚向往。

中、晚唐文人渐趋内敛的心态使他们对桃源的认定呈现出两极状态：一是桃源的现实生活化，即文人大多将园林或山居视为栖息身心的桃源，悠游而自适；一是桃源的情色化，即在刘、阮天台桃源里任情恣性，顽艳而哀感。

唐代社会经济的发展使园林和别业的兴建盛极一时，皇家园林、寺院园林、郊野园林、地宅园林、士人园林和别业大量涌现，"在功用上，不论出处穷达，也不论天南地北，园林都已是士大夫生活不可缺少的组成部分。没有它，就谈不上他们对人生和宇宙的认识"[2]。不仅如此，唐代园林的建筑艺术趋于成熟，利用山光水色的冲融营造出和谐的自然山野气息，悠游其间，便可体会如陈子昂《晦日高文学置酒外事并序》所言的"淹留自乐，玩花鸟以忘归；欢赏不疲，对林泉而独得"的生活情调，"表现出一种以前和以后都难见到的超旷豪迈之气"[3]。在这些园林胜景中，寺观或山居之所的冲淡幽静甚至孤寂的氛围与尘世的喧嚣纷扰形成了鲜明的对比，"山人对兴，即是桃花之源；隐士相逢，不异菖蒲之涧"[4]，极为契合中、晚唐文人希求隐逸的心理，因而寺观或隐士的山居之所是唐代文人频频造访之处，并且常被视为现实中的"桃源"，这一点突出体现在钱起、刘长卿等诗人的作品中。这是因为，"大

① 黄鹤《补注杜诗》卷三，《影印文渊阁四库全书》本。
② 王毅《园林与中国文化》，上海人民出版社 1990 年版，第 117 页。
③ 王毅《园林与中国文化》，上海人民出版社 1990 年版，第 123 页。
④ 王勃《山亭兴序》，董诰编《全唐文》卷一八〇，中华书局 1983 年版，第 1836 页。

历之初，绿林狂寇，作祸斯邑，居人万户，冰裂瓦解，暴骸骨于郊野，注膏血于丘壑。桃源化为战地，羽客倏以蓬转”[1]。如钱起《中书王舍人辋川旧居》以“几年家绝壑，满径种芳兰。带石买松贵，通溪涨水宽。诵经连谷响，吹律减云寒。谁谓桃源里，天书问考盘……片云隔苍翠，春雨半林湍。藤长穿松盖，花繁压药栏”[2]描写王舍人之旧居，芳兰苍翠，梵呗穿云，真是一派幽寂的桃源！笔调古朴深微，抒发了诗人寄情山水的隐逸情怀，其《寻华山云台观道士》亦云：“秋日西山明，胜趣引孤策。桃源数曲尽，洞口两岸坼……残阳在翠微，携手更登历。林行拂烟雨，溪望乱金碧。飞鸟下天窗，袅松际云壁……”残阳暮霭，飞鸟长松，渲染出云台观的世外桃源般的胜趣。再如，刘长卿《过郑山人所居》：“寂寂孤莺啼杏园，寥寥一犬吠桃源。落花芳草无寻处，万壑千峰独闭门。”[3]郑山人所居的寂寂寥寥的杏园，莺啼犬吠，花草自开自落，宁谧而闲适，令诗人欣羡不已，于是誉之为“桃源”。

中、晚唐文人笔下的桃源有时是友人的私家亭园，如吕温《道州春游欧阳家林亭》“主人虽朴甚有思，解留满地红桃花。桃花成泥不须扫，明朝更访桃源老”[4]，苗发《寻许山人亭子》也有“桃源若远近，渔子棹轻舟。川路行难尽，人家到渐幽。山禽拂席起，溪水入庭流”[5]的描写；有时是私人书院，如杨发《南溪书院》“茅屋住来久，山深不置门。草生垂井口，花发接篱根。入院将雏鸟，攀萝抱子猿。曾逢异人说，

① 李观《道士刘宏山院壁记》，董诰编《全唐文》卷五三四，第5423页。
② 彭定求等编《全唐诗》卷二三八。
③ 彭定求等编《全唐诗》卷一五〇。
④ 彭定求等编《全唐诗》卷三七一。
⑤ 彭定求等编《全唐诗》卷二九五。

风景似桃源”[1]；有时甚至是自家庭院，如韦庄《庭前桃》“曾向桃源烂漫游，也同渔父泛仙舟。皆言洞里千株好，未胜庭前一树幽”[2]，吴融《山居即事四首》“无邻无里不成村，水曲云重掩石门。何用深求避秦客，吾家便是武陵源”[3]，这些描写都是以身边现实生活的环境作为具有闲逸、真纯的桃源天地，体现了中、晚唐文人追求超脱境界的思想倾向。

中、晚唐朝政腐败及社会动乱的现实引发了人们纵情享乐的心理，寓涵情色内容的刘晨、阮肇天台遇仙被文人想象为温香软玉的世界，成为这一时期文人无限向往的宣泄情感的“桃花源”，这方面的代表诗人是曹唐，其《游仙诗》中即以组诗的形式将刘、阮天台艳遇写入作品，绮艳缠绵中略带惆怅，如《小游仙诗九十八首》云：“玉皇赐妾紫衣裳，教向桃源嫁阮郎。烂煮琼花劝君吃，恐君毛鬓暗成霜。”[4]温柔乡的抚慰使诗人不禁渴望着柔情的永恒。而《刘阮再到天台不复见仙子》诗曰：“再到天台访玉真，青苔白石已成尘。笙歌冥寞闲深洞，云鹤萧条绝旧邻。草树总非前度色，烟霞不似昔年春。桃花流水依然，在不见当时劝酒人。”[5]萧条冥寂的桃花洞，笙歌散尽，苔石成尘，让人想起昔日的欢爱和缠绵。

桃源还成为专门的词牌《宴桃源》《忆仙姿》，用以抒写对男欢女爱的追寻和回味，如白居易《宴桃源》云：“前度小花静院，不比寻常

① 彭定求等编《全唐诗》卷五一七。
② 彭定求等编《全唐诗》卷六九九。
③ 彭定求等编《全唐诗》卷六八四
④ 彭定求等编《全唐诗》卷六四一。
⑤ 彭定求等编《全唐诗》卷六四〇。

时见。见了又还休，愁却等闲分散。肠断，肠断，记取钗横鬓乱。”[1]

## 三、宋代文学中的桃源意象

宋词是宋代文学的精华，最能反映宋代文人和士大夫的幽深细美的内心情感。花卉是宋代词作中较为重要的题材和意象，而桃花意象就是常见的花卉意象。由桃花意象入手，可以深刻了解宋代文人对生命本体朦胧追求的个性意识和他们特有的生命情调与精神风貌。

陆游《钗头凤》：“红酥手，黄滕酒，满城春色宫墙柳。东风恶，欢情薄，一怀愁绪，几年离索，错！错！错！春如旧，人空瘦，泪痕红浥鲛绡透。桃花落，闲池阁，山盟虽在，锦书难托，莫！莫！莫！”[2]清代徐釚《词苑丛谈》曰：“陆放翁娶唐氏女，伉俪相得，弗获于姑，陆出之，未忍绝，为别馆往焉。姑知而掩之，遂绝。后改适同郡宗室赵士程。春日出游，相遇于禹迹寺南之沈园。唐语其夫为致酒肴，陆怅然赋《钗头凤》一词，云……唐见而和之，未几怏怏卒。”[3]此词是在陆游与唐婉无奈分手后的邂逅之作，笔势飘逸，令读者为之怆然！词中的“桃花”意象与陆游的心情极为吻合，具有时间和感情上的双关含义：一方面，词为春日出游之作，桃花为春日的代表花卉；另一方面，陆游是以桃花比喻唐婉的美，在他心里，唐婉如春日粉嫩亮丽

① 曾昭岷等编《全唐五代词》卷一，中华书局 1999 年版，第 73 页。

② 唐圭璋主编《全宋词》，第 3 册，第 1585 页。

③ 徐釚《词苑丛谈》卷七，唐圭璋校注，上海古籍出版社 1981 年版，第 134 ～ 135 页。

的桃花，惹人怜爱。而现在，桃花已落，空余池阁，那些美丽的情事而今却成了追忆和惆怅，怎不令词人见桃花而叹惋呢！因此，这首词的妙处在于“花人合一”地表达了词人对前妻唐婉的缱绻之情。

再看欧阳修《阮郎归》:“刘郎何日是来时，无心云胜伊，行云尤解傍山飞,郎行去不归。强允画,又芳菲,春深轻薄衣。桃花无语伴相思，阴阴月上时。”[①]作品仍是把桃花作为主要的意象，感情基调哀伤低沉，以闺中思妇的口吻写出了对出行丈夫的深切的期盼和怨恨，心上人如无心的浮云，一去而不愿回归。春深了，而闺中之人仍在殷殷等待，那遽然飘落的桃花是她爱情失落的绝好象征。同样，在这首词中，“桃花”不仅具有了“景色”的意义,更被赋予了“情感”的内涵。陈允平《渡江云》下阕也有这样的描写“离情暗逐春潮去，南浦恨、风苇烟葭。断肠处、门前一树桃花”[②]，“桃花”意象表达了词人直欲断肠的离情别恨，往日的爱情如门前的那树桃花，芳菲烂漫，然而，东风吹过，满地飘零，怎不令人悲叹！

宋词中以“桃花”与“人”联系在一起的写作方式较为常见，这一方面因为桃花是春日艳丽的花卉，是美丽春景的代表，文人写春景，会特别自然地把桃花拈来；另一方面，由桃花娇媚芳菲的物象特征及有关典故，如刘、阮的天台艳遇、人面桃花的美丽动人故事等，这些都极容易激发起词人写到桃花时作由物及人的联想。再加上古代文学作品中自古就有以花比喻美人和以美女喻花的传统，而这种写作方式在被视为“艳科”的词中找到了广阔的天地，词人自然乐于以此表达对心仪女子的千千心结。然而，基于桃花早开易落的物性，这种感情

① 唐圭璋主编《全宋词》第1册，第125页。
② 唐圭璋主编《全宋词》第5册，第3119页。

往往又是感伤的。

尽管宋代是一个重视以花卉比德的时代，桃花的审美地位下降，然而，世俗文学思潮的兴起，使官僚文人和江湖士人都有了舞台楼榭、花前月下的沉吟，对人性本能之爱的渴望，对世俗生活的玩味，成为宋代文人情感生活的重要组成部分，桃花因为是与女性关系密切且渊源有自的花卉，因而宋词中的桃源意象多用于男女之情。

晏殊《红窗听》："记得香闺临别语，彼此有、万重心诉。澹云轻霭知多少，隔桃源无处。梦觉相思天欲曙，依前是、银屏画烛，宵长岁暮。此时何计，托鸳鸯飞去。"[①]香闺一别，昔日的缱绻缠绵令词人彻夜无眠，只有那隔着渺渺云霭的"桃源"是情感的归宿，显然，词人赋予了"桃源"意象以温馨的爱情世界的意蕴。晏几道《风入松》"心心念念忆相逢，别恨谁浓。就中懊恼难拚处，是擘钗、分钿匆匆。却是桃源路失，落花空记前踪"[②]，也是将朝夕期盼的相逢想象为找寻"桃源"的历程。秦观《鼓笛慢》："……好梦随春远，从前事，不堪思想。念香闺正杳，佳欢未偶，难留恋、空惆怅……苦恨东流水，桃源路、欲回双桨。"[③]昔日曾经携手并肩的爱恋，如今已如眼前的春色，渐渐消逝，而那份感情却愈久愈浓，以致词人不辞辛苦，逆流而上，找寻美好的"桃源"。陈师道《菩萨蛮》："晓来误入桃源洞，恰见佳人春睡重。玉腕枕香腮，荷花藕上开。一扇俄惊起，敛黛凝秋水。笑倩整金衣，问郎来几时。"[④]词中的"桃源"为"佳人"所居之处，而"笑倩整金衣，问郎来几时"以明白如口语的句子告诉我们，"桃源"便是词人所要找寻的与心爱的

① 唐圭璋主编《全宋词》第1册，第92页。
② 唐圭璋主编《全宋词》第1册，第254页。
③ 唐圭璋主编《全宋词》第1册，第457页。
④ 唐圭璋主编《全宋词》第1册，第591页。

女子欢爱之处。

北宋文人寻寻觅觅的“桃源”是男女情爱的乐园，是情感的归宿之地，那么，在所谓“雅词”盛行的南宋，文人是否在作品中表达着对这种意义上的“桃源”境界的向往呢？向子䜣《水龙吟》：“华灯明月光中，绮罗弦管春风路。龙如骏马，车如流水，软红成雾。太一池边，葆真宫里，玉楼珠树。见飞琼伴侣，霓裳缥缈，星回眼、莲微步。笑入彩云深处。更冥冥、一帘花雨。金钿半落，宝钗斜坠，乘鸾归去。醉失桃源，梦回蓬岛，满身风露。到而今江上，愁山万叠，鬓丝千缕。”[①] 词在“桃源”意象的取意上具有明显的仙境色彩，“绮罗弦管”“霓裳缥缈”“玉楼珠树”，女仙如星之眼，如莲之步，使词人如痴如醉，这样的“桃源”越是美好，就越是觉得现实龌龊不堪，以致使人“愁山万迭，鬓丝千缕”。此外，周邦彦《芳草渡 · 别恨》“昨夜里，又再宿桃源，醉邀仙侣”[②]等作品中的“桃源”意象都是词人所向往的情感的“家园”。

于“桃源”处挥洒风情，这不是宋代文人的颓废，而是当时社会生活丰富、市井文化繁荣的产物。北宋时杭州虽非都城，然而也引起了世人的关注，柳永的《望海潮》中称杭州为“参差十万人家”的“东南行胜”[③]之地，然而，南宋时的杭州较北宋时期更加繁华，据《梦粱录》卷十九记载：“柳永咏钱塘词曰：‘参差十万家’，此元丰前语也。自高宗车驾自建康幸杭，驻跸几近二百余年，户口蕃息，近百万余家。杭城之外城，东西南北各楼十里，人烟生聚，民物阜蕃，市井坊陌，

① 唐圭璋主编《全宋词》第 2 册，第 953 页。
② 唐圭璋主编《全宋词》第 2 册，第 618 页。
③ 唐圭璋主编《全宋词》第 1 册，第 39 页。

铺席骈盛，数日经行不尽，各可比外路一州郡，足见杭城繁盛耳。”[①]

又据《都城纪胜》“井市”条记载：“自大内和宁门外，新路南北，早间珠玉珍异及花果时新海鲜野味奇器，天下所无者，悉集于此；以至朝天门、清河坊、中瓦前、灞头、官巷口、棚心、众安桥，食物店铺，人烟浩穰。其夜市除大内前外，诸处亦然，惟中瓦前最胜。扑卖奇巧器皿百色物件，与日间无异……不可胜纪。”[②]这段文字从一个侧面反映了当时都城杭州市井的热闹和繁华。士大夫就是在这样的社会条件下，流连于青楼酒肆、柳巷花街，化解精神生活的压力。当文人把这种生活感受写入词中的时候，“桃源”就成了表达这一理想情感的最贴切的意象。然而，也正是因为这种“家园”是理想的情感乐园，所以，使“桃源”如同隔着缥缈的云雾，美丽却难以企及，就像向子諲《相见欢》所言：“桃源深闭春风，信难通。流水落花余恨，几时穷。水无定，花有尽，会相逢，可是人生常在别离中。”[③]这也许就是“桃源”的魅力。

时代因素使宋代士大夫和文人对功业进取产生了厌倦之情，于是，转向了对个体生命的珍视，对情感性灵的醒悟和品味。这种思想倾向在行动上体现为向往隐逸和憧憬仙界，在文学作品的意象选择上，脱胎于陶渊明的《桃花源记》并在南朝时代变异的隐逸和仙化的“桃源”成为这一思想的最佳承载者。

首先看范仲淹《定风波》：“罗绮满城春欲暮，百花洲上寻芳去……恍然身入桃源路。莫怪山翁聊逸豫。功名得丧归时数。莺解新声蝶解舞，天赋与，争教我辈无欢绪。”[④]一向以果敢、刚毅风节而著称的范仲淹，

① 吴自牧《梦粱录》卷一九，第180页。

② 灌园耐得翁《都城纪胜》，《影印文渊阁四库全书》本。

③ 唐圭璋主编《全宋词》第2册，第977页。

④ 唐圭璋主编《全宋词》第1册，第11页。

在面对衰弱的国势时，对功名得失淡然处之，渴望抛开这些烦恼心事，踏青寻芳。眼前盛开的百花、耳边的莺声燕语，这无异于是天赐美景，一时间，词人感觉仿佛置身仙境“桃源”，一片自在自得的天地！连这位叱咤风云的战将也忍不住“逸豫”一番了。

值得注意的是，“桃源”意象的隐逸意蕴在南宋时期的文学作品表现较为集中，代表作家为张炎，其《摸鱼子·高爱山隐居》写道：“爱吾庐、傍湖千顷，苍茫一片清润。晴岚暖翠融融处，花影倒窥天镜。沙浦迴。看野水涵波，隔柳横孤艇。眠鸥未醒，甚占得莼乡，都无人见，斜照起春暝。还重省。岂料山中秦晋,桃源今度难认。林间即是长生路，一笑元非捷径。深更静，待散发吹箫，跨鹤天风冷。凭高露饮。正碧落尘空，光摇半壁，月在万松顶。”[1]从题目即可明显看出“桃源”意象的隐逸意蕴，然而，“岂料山中秦晋，桃源今度难认”，“深更静，待散发吹箫，跨鹤天风冷。凭高露饮。正碧落尘空，光摇半壁，月在万松顶”又未免使人觉得张炎笔下的“桃源”意象带着几分渺茫、衰飒和凄凉感。张炎其他作品如《木兰花慢》中的“桃源去尘更远，问当年，何事识鱼郎”[2]，“闭门隐几，好林泉。都在卧游边。记得当时旧事，误人却是桃源”[3]，“童放鹤、我知鱼。看静里闲中，醒来醉后，乐意偏殊。桃源带春去远，有园林、如此更何如”[4]，《西子妆》“斜阳外，隐约孤村，隔坞闲闭门。渔舟何似莫归来，想桃源、路通人世。危桥静倚。千年事、都消一醉。谩依依，愁落鹃声万里”[5]等，句中的“桃源”则含有孤寂、

① 张炎《山中白云词》，吴则虞校辑，中华书局 1983 年版，第 19 页。
② 张炎《山中白云词》，吴则虞校辑，中华书局 1983 年版，第 69 页。
③ 张炎《山中白云词》，吴则虞校辑，中华书局 1983 年版，第 32 页。
④ 张炎《山中白云词》，吴则虞校辑，中华书局 1983 年版，第 72 页。
⑤ 张炎《山中白云词》，吴则虞校辑，中华书局 1983 年版，第 36 页。

邈远的意味。

张炎的思想与陶渊明相近，因而，笔下的“桃源”的确是他渴望避世的精神家园，而实际上，他未能像陶渊明那样诗意地栖居在桃花遍布的乐土。这与他的人生经历有关。他的命运与大宋王朝同起伏。宋亡之前，张炎身为贵家子弟，悠游山林，而宋亡后，竟至无家可归，在古寺深林中被动地以山林为友。这就造成了张炎善写隐逸山林之词，而又不能称得上是真正的隐逸词的现象。元朝的入侵和统治使他感觉世间已经没有“桃源”[①]，因而造成了他向往“桃源”而又无法安静地栖居于“桃源”的矛盾，所以，作品中的“桃源”意象虽然美好，然而孤寂、邈远。南宋萧立之《送友人之常德》反映了这一现象，“忽逢桃花照溪源，请君停篙莫回船。编蓬便结溪上宅，采桃为薪食桃食。山林黄尘三百尺，不用归来说消息”[②]。正如钱锺书先生所说：“这首诗感慨在元人统治下的地方已经没有干净土了，希望真有个陶潜所描写的世外桃源。”[③]不仅如此，诗歌还寄托了一种“哀怨”[④]之情，而这“哀怨”也许多南宋词中“桃源”意象的共同的情感特征。

词是文人用以表达内心情感欲望微妙颤动的最佳形式，宋代文人通过对桃源意象的抒写，艺术性地表现了对隐逸、神仙、情爱境界的美妙幻想，精神上的追寻和生理上的需求都得到了婉约曲折、情致缠绵的充分展现。因而，宋词中的桃源意象是我们了解宋代文人庄重外表之下丰富生命底蕴的有效形式。

---

① 杨海明《张炎词研究》，齐鲁书社 1989 年版，第 158 ～ 162 页。

② 傅璇琮等主编、北京大学古文献研究所编《全宋诗》卷三二八七，第 62 册，第 39142 页。

③ 钱锺书《宋诗选注》，人民文学出版社 1994 年版，290 页。

④ 钱锺书《宋诗选注》，人民文学出版社 1994 年版，第 5 页。

## 四、元明清文学中的桃源意象

元代文学中的桃源意象表现出鲜明的情色追求，这在元曲中体现得较为普遍。在异族统治的元代社会中，汉族文人人生失衡，“更多的元代文人甚至缺乏可以遁世归隐的山林田园……不得不栖身于农舍、田间，浪迹于长街、陋巷，掩埋于书会、勾栏……流连于行院、妓馆、舞榭、青楼之间”[①]，在青楼、酒肆中的放浪形骸，使文人找到了心灵的慰藉，如马致远［四块玉］即云：“彩扇歌，青楼饮，自是知音惜知音。”这种依红偎翠的生活使元代杂剧有着浓重的情色成分，桃源意象即是这种情色追求思想的载体之一。

翻开元人杂剧和散曲，我们便极易看到，源于刘晨、阮肇天台山遇仙故事的“桃源”意象的情爱欲望在元代文人笔下赤裸裸地出现了，如吴昌龄《张天师断风花雪月》第一折［油葫芦］：“俺和您回首瑶台隔几重，早来到书院中，怕甚么人间天上路难通……（正旦唱）想当日那天孙和董永曾把琼梭弄，（桃花仙云）可再有何人？（正旦唱）想巫娥和宋玉曾做阳台梦……他若肯早近傍，我也肯紧过从。拼着个刘晨笑入桃源洞。”大胆真率的语言，写出了桃源洞即是男女相爱的风月场地。李好古《沙门岛张生煮海》第一折［青歌儿］亦唱道：“甜话儿将人、将人摩弄，笑脸儿把咱、把咱陪奉。你则看八月冰轮出海东，那其间、雾敛晴空，风透帘拢，云雨和同……对对双双，喜喜欢欢，

---

① 刘彦君《元杂剧作家心理现实中的二难情结》，《文学遗产》1993 年第 5 期。

我与你笑相从，再休提误入桃源洞。”贾仲明《铁拐李度金童玉女》第一折［寄生草］:“(铁拐云) 贫道昨日蕊珠宫醉倒，今日却在这里。(正末笑科) (唱) 你昨霄个夜沉沉醉卧蕊珠宫，今日暖融融误入桃源洞。”桃源意象的情色意蕴极为明显。元代散曲中的桃源意象亦不乏情色的热烈追求，如于伯渊套数［仙吕］点绛唇［幺］:“情尤重，意转浓，恰相逢似晋刘晨误入桃源洞，乍相逢似楚巫娥暂赴阳台梦，害相思似庾兰成愁赋香奁咏。你这般玉精神花模样赛过玉天仙，我待要锦缠头珠络索盖下一座花胡同。”

元曲中桃源意象的情色意蕴在明、清时期的传奇、小说等文学体裁中依然有所表现，如明代话本话本选集《今古奇观》第四十二卷《宿香亭张浩遇莺莺》这样描写:“莺笑倚浩怀，娇羞不语。浩遂与解带脱衣，入鸳帏共寝。但见:宝炬摇红，麝烟吐翠。金缕绣屏深掩，绀纱斗帐低垂。并连鸳枕，如双双比目同波;共展香衾，似对对春蚕作茧。向人尤殢春情事，一搦纤腰怯未禁。须臾，香汗流酥，相偎微喘，虽楚王梦神女，刘、阮入桃源，相得之欢，皆不能比。少顷。莺告浩曰:‘夜色已阑，妾且归去。’浩亦不敢相留，遂各整衣而起。”[①]“刘、阮入桃源，相得之欢，皆不能比”即点明了桃源意象的情色意义。明代罗懋登《三宝太监西洋记通俗演义》第九十一回《阎罗王寄书国师》云:“孟沂拿着玻璃盏在手里，口占一律，说道:‘路入桃源小洞天，知红飞去遇蝉娟。襄王误作高唐梦，不是阳台云雨仙。’”[②]语言虽较为雅致，然而，桃源的情爱意义也是明确的。

在清代文学中，桃源意象还呈现出两种意义“合流”的现象，如《聊

---

① 抱瓮老人《今古奇观》卷四二，人民文学出版社 1957 年版。

② 罗懋登《三宝太监西洋记通俗演义》第九十一回，上海古籍出版社 1985 年版。

斋志异》卷十："若毛大者，刁猾无籍，市井凶徒。被邻女之投梭，淫心不死；伺狂童之入巷，贼智忽生。开户迎风，喜得履张生之迹；求浆值酒，妄思偷韩掾之香。何意魄夺自天，魂摄于鬼。浪乘槎木，直入广寒之宫；径泛渔舟，错认桃源之路。遂使情火息焰，欲海生波。刀横直前，投鼠无他顾之意；寇穷安往，急兔起反噬之心。越壁入人家，止期张有冠而李借；夺兵遗绣履，遂教鱼脱网而鸿罹。风流道乃生此恶魔，温柔乡何有此鬼蜮哉！即断首领，以快人心。"[①]"径泛渔舟，错认桃源之路"即结合了桃源意象的两种内涵，突出了毛大的十恶不赦的品质。《玉梨魂》第二十四章有"情爱偏从恨里真，生生世世愿相亲。桃源好把春光闭，莫遣飞花出旧津"的句子，其中的"桃源"意象则融合了陶渊明《桃花源记》中的"桃源"和《幽明录》中的刘、阮"桃源"，表现出桃源爱情的美好却难以追寻的怅惘。

如果说元、明两代的文学中桃源意象偏于刘、阮天台山艳遇的情色想象和追求，清代文学中的桃源意象则体现出对陶渊明《桃花源记》所描写的桃源境界的认识。沈复《浮生六记》卷三："华名大成，居无锡之东高山，面山而居，躬耕为业，人极朴诚，其妻夏氏，即芸之盟姊也。是日午未之交，始抵其家。华夫人已倚门而侍，率两笑女至舟，相见甚欢，扶芸登岸，款待殷勤。四邻妇人孺子哄然入室，将芸环视，有相问讯者，有相怜惜者，交头接耳，满室啾啾。芸谓华夫人曰：'今日真如渔父入桃源矣。'华曰：'妹莫笑，乡人少所见多所怪耳。'自此相安度岁。"[②]"面山而居，躬耕为业，人极朴诚""款待殷勤"，这是沈复笔下的华大成，俨然陶渊明笔下的桃源中人，表现手法明显继承了陶渊明《桃花源记》。

① 蒲松龄《聊斋志异》卷一〇，上海古籍出版社 1998 年版。

② 沈复《浮生六记》卷三，傅仁波注，黄山书社 2003 年版，第 88 ～ 89 页。

《隋唐演义》第三十七回写道:“宇文弼、宇文恺得了旨意，遂行文天下，起人夫，吊钱粮，不管民疲力敝，只一味严刑重法的催督，弄得这些百姓，不但穷的驱逼为盗；就是有身家的，被这些贪官污吏，不是借题逼诈，定是赋税重征，也觉身家难保，要想寻一个避秦的桃源，却又无地可觅。”[①]“避秦的桃源”是作者对桃源意象的和平意义的认定，这也是陶渊明笔下的桃花源的原型意义。《桃花扇》第三十六出《逃难》[前腔]中亦有“桃源洞里无征战”的唱词，明确道出了桃源意象的和平意义。又如《儒林外史》第五十五回写道：“荆元道：‘古人动说桃源避世，我想起来，那里要甚么桃源！只如老爹这样清闲自在，住在这样城市山林的所在，就是现在的活神仙了。’”[②]表现出对桃源避世意义的理解，与苏轼的桃源思想极为相近。

清代文学还从对桃花源景观的接受方面体现出对陶渊明笔下桃源意境的理解。如《梦中缘》第二回，“但见夹堤两岸，俱是杨柳桃杏，红绿相间，如武陵桃源一般”[③]，两岸烂漫的桃花就是桃花源世界的景观特征。《隋唐演义》第三十四回也有描写：“原来这清修院，四围都是乱石，垒断出路，惟容小舟，委委曲曲，摇得入去。里面许多桃树，仿佛是武陵桃源的光景。二人正赏玩这些幽致，忽见细渠中，飘出几片桃花瓣来。”[④]也是把桃花盛开、曲径通幽的美景视为武陵桃源，体现出对陶渊明笔下的桃源景观特征的认识与继承。

---

① 褚人获《隋唐演义》第三十七回，山西人民出版社1994年版，第314页。

② 吴敬梓《儒林外史》(汇校汇评本)，李汉秋辑校，上海古籍出版社1984年版，第605页。

③ 李修行《梦中缘》，傅德林、李晶点校，北京师范大学出版社1993年版，第14页。

④ 褚人获《隋唐演义》第三十四回，第288页。

综合全文论述可知，陶渊明《桃花源记》中的“桃源”和刘义庆《幽明录》中的“桃源”是中国古代文学中的桃源意象的原型，它们具有隐逸和仙境两种共同的内涵，二者具有共同的精神指向，即远离世俗、超脱现实。由于后世的文人经历不同和所处的时代不同等原因，对桃源意象的感知、想象、理解、情感等既近似又有差异。因此，他们作品中桃源意象的内涵呈现出既有继承又有发展，既有共性又有个性的特征，从而丰富了桃源意象的文学意蕴，使桃源成为中国古代文人心中的精神家园的代称或象征。

（原载《贵州社会科学》2016年第6期，题目有改动）

# 古代的桃文献史料与当代的桃文化研究

文化与人类的生活是同步的。桃原产于我国，在物质生活匮乏、人们对大自然束手无策的时代，它在人们的日常生活中扮演着重要的角色，桃子和桃木的实用价值也在日常应用中逐步得到显现。在长期的生活和实践中，人们积累了丰富的关于桃的知识，这些知识就成了我们今天研究桃文化所不可缺少的史料和文献，而很多的文献和史料兼有研究的性质，因而具有重要的学术价值。如果我们对古代这些关于桃的文献和史料进行整理、分析，就会对桃文化在历史上的各个时期的表现形态和发展轨迹获得一个清晰的认识，这对于研究桃文化至关重要。本文将依照时代顺序将有关的桃文献史料进行梳理和阐释。

## 一、先秦至清代桃文化文献和史料

《夏小正》《易纬·通卦验》《礼记·月令》记载了桃的物候期，是较早的关于桃的文献。《礼记·内则》记录了古人食桃和储存桃的方法。《周礼·夏官·戎右》言："赞，牛耳、桃茢。"[①]这是较早对桃的宗教和民俗意义的记载。从这些古文献的记载我们可以看出，在早期，人类对桃的认识和利用主要在使用价值和食用价值方面。而在先秦，较

① 郑玄注、贾公彦疏、黄侃经文句读《周礼注疏》卷三二，上海古籍出版社1990年影印本，第487页。

早对桃进行初步审美认识的是《诗经》，在《周南·桃夭》篇中，有“桃之夭夭，灼灼其华”的描写。清代方玉润《诗经原始》云：“一章，艳绝，开千古词赋咏香奁之祖。”[①]奠定了中国文学中以桃花比喻女性的传统。“诗只是歌，只是乐，而不是思想史、社会史、风俗史，但这唱彻五百年的歌与乐中，却包含了思想史、社会史、风俗史中最切近人生的一面。”[②]因而，从这一意义上说，《周南·桃夭》篇也可以看成是关于桃的历史材料。经研究认为约成书于战国时代的《山海经》，其《北山经》《东山经》《中山经》等篇中，对桃的地理分布进行了记载，可以看出桃是当时分布较为广泛、适应性较强的植物。此外，《管子》《荀子》《庄子》等诸子著作和《左传》《战国策》等史书中，也有关于桃的资料。

《尔雅·释木》则是最早对桃进行释名的文献材料，此后东晋葛洪《西京杂记》对桃的解释更加细致，其中还记有“汉武帝上林苑有‘缃桃’‘紫纹桃’‘金城桃’‘霜桃’”[③]等，证明这一时期桃始应用于园林。汉代东方朔《神异经》中言：“食之（桃）令人益寿。”[④]这是中国古代民俗中桃与长寿联系在一起的文献学基础和依据。另外，刘熙《释名·释饮食》中，记载了桃的腌渍和储藏方法，与《礼记·内则》所记大致无异，表明人们对桃的利用越来越广泛。汉代值得一提的一部关于桃民俗的重要文献是应劭的《风俗通义》，书中记录了大量的神话异闻，并有作者的评议，从而成为研究古代风俗和鬼神崇拜的重要文献。汉

① 方玉润《诗经原始》，李先耕点校，中华书局2006年版，第82页。

② 扬之水《诗经名物新证》，北京古籍出版社2000年版，第27页。

③ 刘歆《西京杂记》，葛洪集，向新阳、刘克任校注，上海古籍出版社1991年版，第47页。

④ 东方朔《神异经》，李昉等《太平御览》卷九六七“果部”四“桃”条，中华书局1960年版，第4291页。

代是桃的民俗内涵逐步形成的时代,是桃被神异化和仙化的时代。因而,《风俗通义》是研究汉代桃民俗和文化意义的具有重要参考价值的资料。大约成书于东汉时期的《神农本草经》,是我们研究桃文化不可缺少的资料。它虽然是一部医学著作,但其中的"玉、桃久服,不饥渴,不老神仙,临死服五斤,死三年色不变"[1]的观念,深深影响着人们的思想,也是汉代人们追求长生的时代风气的反映。当然《吕氏春秋》《淮南子》《史记》《汉书》《后汉书》等书,也是研究者了解汉代桃文化的重要典籍。

魏晋南北朝时期,由于道教的逐步发展和成熟以及社会经济水平的提高,桃文化较汉代更为丰富。葛洪《抱朴子》《神仙传》是值得注意的宗教著述。《抱朴子·内篇·仙药》篇中的服食草木之药和仙丹可以使人长寿的观点,以及《神仙传》中的道教始祖张道陵及其弟子王长、赵升食桃而成仙的故事,是先秦时期的桃可以长寿观念的张扬,对后世的桃民俗文化产生了很大影响。张华《博物志》中通过汉武帝宴见西王母的记述,表明了无论从内容还是从形式上,汉武帝食仙桃的故事在这一时期都已经定型,也表明了民俗中的仙桃的文化地位的确立。干宝《搜神记》、王嘉《拾遗记》、戴祚《甄异记》、刘义庆《幽明录》、刘敬叔《异苑》等,则分别以志怪形式记载了一些桃文化信息。其中《幽明录》中的刘晨和阮肇去天台山采药、食桃而遇仙女的故事,成了桃文化中仙子与凡夫恋爱的故事原型,对后世的文学创作产生了深刻的影响。

魏晋南北朝时期重要的农学著述是北魏贾思勰的《齐民要术》,该书系统地总结了6世纪以前黄河中下游地区农牧业生产经验、食品的加工与贮藏、野生植物的利用等方面的知识。黄河中下游地区

---

① 黄奭辑《神农本草经》,中医古籍出版社1982年版,第11页。

历来就是桃的原产地，贾思勰根据自己对山东、河北、河南等地农业生产的考察和研究，对桃的种类、种植、栽培、生物习性等都作了详细的记述，也是对我国公元6六世纪之前的北方桃栽培生产实践经验的总结。

南朝梁宗懔《荆楚岁时记》则是继汉代应劭《风俗通义》之后的又一古代民俗文献，书中记录了中国古代江汉地区的岁时节令和风物故事，其中门神、木版年画、木雕等民俗和民间工艺美术部分有关桃的内容较丰富，是我们了解南朝桃民俗、研究桃民俗的时代变迁的重要依据。北魏杨衒之《洛阳伽蓝记》则是园林领域的桃文化的反映和记载，表明在这一时期桃主要是用于园林观赏。此外，郭义恭的《广志》、裴渊的《广州记》和陶弘景的《名医别录》等对桃的种类和分布的记述无不具有参考价值。

唐代社会经济繁荣，桃的栽培、嫁接等技术随之提高。郭橐驼《种树书》记载了桃的嫁接方法。唐代综合国力的强盛使文化交流日益频繁，一些域外桃的品种传入中土，段成式《酉阳杂俎》中就记载了“偏桃”，言：“偏桃，出波斯国。波斯呼为婆淡。树长五六丈，围四五尺，叶似桃而阔大。三月开花，白色。花落结实，状如桃子而形偏，其肉苦涩，不堪啖。核中仁甘甜，西域诸国并珍之。”[①]唐代赏花风气很盛，促使了花卉典籍的产生。尤其值得提及的是唐代大型的类书，如张说、徐坚等撰的《初学记》、欧阳询《艺文类聚》等都有对桃的详细记载。《初学记》以“叙事”“事对”“诗文”的体例对唐代及以前的桃文化进行叙述。《艺文类聚》以“天”“岁时”等部的形式列举有关的史实和诗文，其中卷八十六为“桃”和“桃花”的诗文和杂录。由于唐代的花卉书籍多已经佚失，所

① 段成式《酉阳杂俎》卷一八，中华书局1981年版，第178页。

以，当时流行的花卉多见于诗、赋等文学作品中。两书都征引了很多唐代的典籍，而这些典籍的原本大多散佚，这就为我们提供了较为正确可信的资料。

唐代的桃文化除了这些类书的记述，还散见于各种笔记小说，如孟棨《本事诗》中记述的“桃花人面”的故事，是《诗经》中以桃花比喻女性的传统表达方式的发展，是关于桃文化的重要的笔记资料。唐代末年杜光庭的道教小说《神仙感遇传》讲述食桃而成为仙人的故事，是桃的神仙意蕴的文学反映。旧题为柳宗元《龙城录》、李肇《唐国史补》、封演《封氏闻见录》、冯贽《云仙杂记》等也是研究唐代桃文化的重要的笔记资料。这些都是我们理解俗文学中的桃文化内涵的重要资料。

由于宋代桃树育种和嫁接技术的发展，对于桃文化的研究较为丰富。首先要提起的是陈景沂撰《全芳备祖》，该书以“事实祖”“杂著”“赋咏祖”“乐府祖”的体例列出了有关的诗文资料，是宋代花谱类著作集大成性质的著作，著名学者吴德铎先生首誉其为“世界最早的植物学辞典”。由于此书是专辑植物（特别是栽培植物）的资料，故称“芳”。据自序：“独于花、果、草、木，尤全且备。”“所集凡四百余门”，故称“全芳”；涉及有关每一植物的“事实、赋咏、乐赋，必稽其始”，故称“备祖”[①]。从中可知全书内容轮廓和命名大意。书分前后两集，著录植物 150 余种。前集 27 卷，为花部，分记各种花卉，其中卷八“花部”有关于桃花和桃木的资料，其中，“赋咏祖”和“乐府祖”汇集了历代关于桃和桃花的诗词。

《太平御览》《太平广记》是宋代两部大型类书，书中都记载和保存了许多关于桃的笔记文献资料，是我们研究桃文化重要的参考文献。

---

① 陈景沂《全芳备祖》，农业出版社 1982 年版，第 9 页。

周师厚《洛阳花木记》、姚宽《西溪丛语》、程棨《三柳轩杂识》、张翊《花经》等，对桃花的人格象征意义的认识和定位具有时代特色，这些对我们研究宋代桃文化具有重要作用。

陆佃《埤雅》和罗愿《尔雅翼》也是值得提及的，两书以精练的文字对宋代之前桃的文学和文化意义进行总结，异形而同质。

吴淑《桃赋》则是赋体的桃文化作品，是对桃文化发展变迁轨迹的文学描述。此外，宋代的桃文化资料还散见于一些笔记体作品中，如苏轼《东坡志林》、陆游《老学庵笔记》、周密《齐东野语》、张邦基《墨庄漫录》等。

明、清时期的桃文化在前代的基础上又有所发展。明代李时珍《本草纲目》成书于 1578 年，是我国古代较为重要的关于桃的药用价值的文献。主要记述桃实、桃仁、桃毛、桃枭、桃花、桃叶、桃皮、桃根的药用价值以及药物配方，是我们今天大力显现桃的经济价值的理论依据。《本草纲目》对桃的分类方法较前代更加细致，按照色泽、果形、成熟期几个方面对桃进行分类，并且对部分品种加以解释。王象晋《群芳谱》是明代一部重要的类书，全书 30 卷（另有 28 卷本，内容全同），约 40 万字，初刻于明天启元年(1621)，后有多种刻本流传。书中记载植物达 400 余种，每一植物分列种植、制用、疗治、典故、丽藻等项目，其中观赏植物约占一半，对一些重要花卉植物收集了很多品种名称，内容按照“桃花”“桃实”“直省志书”的形式编排，特别是“直省志书”部分对于桃在各地的分布及种类列举较为详细，这也是该书的最大特色，了解这些知识有助于我们结合各地的实际情况，利用嫁接等科技手段开发和推广当地的桃品种，宣传和弘扬当地的桃文化。清代汪灏在王象晋《群芳谱》基础上又有所增益，遂取名曰《广群芳谱》，“果谱”“花谱”两部分汇集了关于桃的资料，较之前者，它增加了更多的诗、词、文等内容。该书刊于1708年，现存三种清刻本及商务印局馆铅印本。

清代关于桃的最重要的参考文献，或者说对于桃文化研究者而言最重要的参考文献是1726年由陈梦雷、蒋廷锡编纂的《古今图书集成》，该书共10000卷，目录40卷，以汇编、典、部的体式编排，编辑历时28年，共分6编32典，是现存规模最大、资料最丰富的类书。《博物汇编·草木典》中的第二百十五卷至第二百十九卷汇集了关于“桃”的丰富的文献和史料，其中第二百十五卷为“桃部汇考”，汇集的是历代典籍中对桃的实用价值记述。第二百十六卷至第二百十八卷为“桃部艺文”，汇集了清代及以前的关于桃的诗、词、文、赋等，这是《古今图书集成》中“桃部”的核心部分。第二百十九卷是“桃部纪事”“桃部杂录”“桃部外编”几个专题的有关资料。《古今图书集成》“博物汇编·草木典·桃部”是我们研究源远流长的桃文化最重要的文献汇编，虽然有些文字细节方面的知识有错误或有待考证，但它确实为我们在汪洋般的典籍中搜寻桃文化的信息提供了最便捷的索引。

明代王路《花史左编》、清代潘荣陛《帝京岁时纪胜》和陈淏子《花镜》也是重要的花卉园艺类著作，对研究桃文化也具有参考作用。另外，由于明清时期的地方志编纂较多，这些地方志也是重要的桃文化信息来源。

## 二、桃文化研究综述

综观目前的桃文化研究，多是一些论文的形式，专著还很少。王焰安《桃文化研究》可以说填补了目前这一领域的空白，堪称是一部新颖的著作。著者恰当地阐释了“桃文化”的概念，较全面地探讨和追溯了桃文化产生、发展和传播的过程，对植物层面的、医治层面的、信仰层面的、文学层面的、艺术层面的桃文化有关资料进行了细致的分类、梳理，阐释了每一层面的桃文化的内涵，尤其是对文学层面和艺术层面的桃文化内涵的研究和探讨，细致而深刻，显示出著者的深厚的文学和艺术素养。总之，《桃文化研究》一书对桃文化的研究详细、全面，是我们研究桃文化重要的参考著作。

除了王焰安的《桃文化研究》之外，桃文化研究成果多是以综合论文或专题论文的形式出现的。这些论文，大概有以下的内容：

### （一）桃、桃花意象的研究

邓魁英《辛弃疾的咏花词》[①]分析了辛弃疾词中的梅花、牡丹、桂花和桃花意象，并且分析了词中每一种花卉的寓意，虽然并非关于桃花的专题论述，但是作者的理论视角值得我们借鉴。潘莉《古籍中的桃意象》[②]论述了从桃木到桃花的意象内涵和文化观念之间的关系，具有较多的文献含量。高林广《唐诗中的“桃”意象及其文化意义》[③]对

① 邓魁英《辛弃疾的咏花词》，《文学遗产》1996年第6期。

② 潘莉《古籍中的桃意象》，《文史杂志》2000年第4期。

③ 高林广《唐诗中的“桃”意象及其文化意义》，《汉字文化》2004年第3期。

唐诗中出现的桃树、桃花、桃实的意蕴进行了分析和解读，认为唐诗中的桃意象主要有以下的意义：比喻美丽的女子、春天的象征、故园之思、驱鬼避邪、骄横小人。文章研究较为全面，也较为深刻。张天健《杜甫与桃花杂议》[①]认为杜甫喜欢桃花、喜欢桃树是因为杜甫发自内心的爱，而“轻薄桃花逐水流”并非是对桃花的贬低，相反，写出了桃花的美感。赵海菱《论杜甫诗桃花意象的感伤色彩》[②]认为杜甫诗中的桃花因为诗人理想的破灭和羁旅天涯而带有悲愤与凄凉的色彩。洪涛《中国古典文学中的桃花意象》[③]对桃花的原型意义和演变进行了探讨，认为西王母仙桃宴的神话使桃花具有神奇品质，当这种神奇的品质和《诗经》中的世俗意象结合时，就产生了刘晨、阮肇的故事，陶渊明根据这一故事加以再创造，创作出《桃花源记》，宋、元之后桃花的传奇意象和世俗意象叠加，形成了空灵缥缈的意境，但是在世俗伦理意义上，桃花的比附意义倾向于否定。

### （二）“桃花源”原型意义的研究

陈寅恪《桃花源记旁证》[④]，孟二冬《中国文学中的“乌托邦”理想》[⑤]，都认为陶渊明笔下的“桃花源”是根据自身经历和现实社会构想出来的。程千帆《相同的题材与不同的主题、形象、风格——四篇桃源诗的比较研究》[⑥]，对唐宋时期具有代表性的“桃花源”题材进行了深入探讨，对于我们进一步研究桃花源意象具有重要的参考价

① 张天健《杜甫与桃花杂议》，《杜甫研究学刊》1998 年第 2 期。
② 赵海菱《论杜甫诗桃花意象的感伤色彩》，《东岳论丛》1995 年第 1 期。
③ 洪涛《中国古典文学中的桃花意象》，《古典文学知识》2001 年第 3 期。
④ 陈寅恪《陈寅恪集·金明馆丛稿初编》，生活·读书·新知三联书店 2001 年版，第 188 页。
⑤ 孟二冬《中国文学中的“乌托邦”理想》，《北京大学学报》2005 年第 1 期。
⑥ 程千帆《古诗考索》，上海古籍出版社 1984 年版，第 27 页。

值。其余的如赵山林《古代文人的桃源情结》[①]、刘中文《唐代“桃花源”题咏的承与变》[②]、何胜莉《桃源母题的异代阐释》[③]等。其中，《异化的乌托邦唐代“桃花源”题咏的承与变》较有参考价值，文章在程千帆先生之文的基础上，将唐诗中的所有桃源题材作品按照主题进行分类，文章认为，这些作品对桃花源原型意义既有继承又有发展，并且呈现出两种内涵的桃花源分道扬镳而又合流的特征。

### （三）桃木可以避邪的民俗现象的研究

陶思炎《中国镇物文化略论》[④]认为上古的神话关于“度朔山”的描述是桃符、春联进入风俗应用的基础，桃木避邪是原始巫术信仰的物化，是宗教的法物和风俗符号，蕴含着复杂的文化内容。文章建立在大量的资料和详密的论证基础上，令人信服。罗漫《桃、桃花与中国文化》[⑤]深入地论证了桃避邪的原因和表现，认为桃的药用价值是产生桃木崇拜的根本原因，而上述的神话传说中的桃木驱鬼则是桃木避邪的反映。论述清晰，有较强的说服力，是这方面有较强学术含量的论文。李雪《试论先秦两汉时期以桃制品避邪的风俗》[⑥]，以大量的文献资料论证了在这一历史时段桃文化中避邪的内涵的产生及在生活中的表现。陈发喜《桃符文化阐释》[⑦]从语义上解释桃符，并且探讨了桃

---

① 赵山林《古代文人的桃源情结》，《文艺理论研究》2000 年第 5 期。
② 刘中文《唐代“桃花源”题咏的承与变》，《学术交流》2006 年第 6 期。
③ 何胜莉《桃源母题的异代阐释》，《西南交通大学学报》（社会科学版）2003 年第 2 期。
④ 陶思炎《中国镇物文化略论》，《中国社会科学》1996 年第 2 期。
⑤ 罗漫《桃、桃花与中国文化》，《中国社会科学》1989 年第 4 期。
⑥ 李雪《试论先秦两汉时期以桃制品避邪的风俗》，项楚主编《中国俗文化研究》第 2 辑，巴蜀书社 2004 年版。
⑦ 陈发喜《桃符文化阐释》，《湖北民族学院学报》2006 年第 3 期。

符的来源和发展演变，考察了桃符的文化源流。孙毓祥《桃符探源》[①]从古人原始思维特点的角度出发，认为生活中对桃树的依赖和桃的多种医疗价值是古人产生桃能驱鬼的信仰的原因，而桃符是古人的灵物崇拜的表现，今天的对联是桃符的嫡传。这两篇是研究“桃符”的较有参考价值的论文。金宝忱《浅析中国桃文化》[②]对于桃避邪的民俗事项列举较为详细，但是缺少深入论证。

**（四）综合研究**

罗漫《桃、桃花与中国文化》从纵、横两方面论证了桃在中国文化和社会生活中广泛而重要的作用，对仙桃的文化意蕴、桃枝辟邪的民俗学意义以及神话学意义的论述很有价值。王焰安的系列论文《咏桃诗词初探》《桃文化衍生试论——以先秦、秦汉、魏晋南北朝为例》《桃文化衍生试论——以唐宋元明清为例》《试论桃花诗词具象之组合》《试论少数民族民间文化中的桃文化》，已被收录到其论著《桃文化研究》中，这些论文覆盖了桃文化的所有内涵，具有综合的借鉴价值。王卫东《桃文化新论》[③]和李明新《漫谈中国桃文化兼及〈红楼梦〉》[④]也是有一定参考意义的论文。

总之，有关桃的研究成果多是单篇的论文，专著方面，目前也仅有王焰安先生的《桃文化研究》，显然相对不足。桃文化的内涵很丰富，除了上述一些专题论文涉及到的主题之外，还有很多内容值得关注与探讨，比如：从花卉的文化角度，着力系统地研究桃意象、桃题材的

---

① 孙毓祥《桃符探源》，《社会科学辑刊》1986 年第 6 期。

② 金宝忱《浅析中国桃文化》，《黑龙江民族丛刊》1995 年第 1 期。

③ 王卫东《桃文化新论》，《云南民族学院学报》（哲学社会科学版）1997 年第 4 期。

④ 李明新《漫谈中国桃文化兼及〈红楼梦〉》，《红楼梦学刊》2006 年第 3 辑。

发生和发展的过程，对桃花的花卉特色和文学、文化意义的阐释，专题的桃意象研究，艺术、宗教、园林等领域的桃文化的专题或现象研究，而这些内容又是我们深入理解桃文化所不可或缺的。因此，系统地对文学、艺术、民俗、宗教、园林等领域的桃进行文化阐释，将会有着深刻的现实意义和学术价值。

（原载《韶关学院学报》2007 年第 8 期）

# 浙江奉化桃文化

奉化位于浙江省宁波市西南部，处处绿水青山，自然条件优越。西部是天台山脉与四明山脉交接地带，层峦绝壁，溪深谷广；东临象山港，平原广阔，河网纵横；西南、东南山区溪流众多。奉化气候温暖湿润，野生植物种类丰富，自古就是桃的生长地，种桃成为奉化传统农业的一大特色。桃分布、种植广泛，流传在当地的神话故事或传说也很多，为奉化提供了独特的地方文化资源。奉化区政府通过打造桃文化品牌，助推美丽新城区、新乡村建设，也为全国其他地方的地域文化研究与开发提供了成功的经验。

## 一、盛开在文学中的奉化桃花

奉化有悠久的种桃历史。考古发掘资料证明，在新石器时代，浙江四明山北麓的河姆渡遗址曾经是我国野生桃的种植地。河姆渡遗址位于今宁波余姚河姆渡镇，距离奉化市区约 70 公里。千株桃树、万顷桃花蕴育出旖旎的神话传说。据南朝刘义庆《幽明录》，东汉年间，剡县（今属嵊州，与奉化西部接壤）刘晨、阮肇二人去天台山（东北西南走向穿过奉化）采药，迷路不能归，摘桃充饥并艳遇仙女，乐而忘返……这一故事为奉化的桃文化增加了绵绵不绝的情韵。

奉化桃花与文人自古就有深切的缘分。剡溪，位于四明山和天台山的交界带，山间清流潺潺，景色令人沉醉。东晋书法家王羲之晚年曾隐居在剡溪一带的六诏（按：朝廷曾下六封诏书请王羲之赴朝，但都被拒绝。为了纪念这位书法大师，人们称此地为六诏），每逢春天桃花盛开，便与孙绰等名士赏花吟诵。元代诗人陈基《一曲六诏》写道："一曲溪头内史家，清泉白石映桃花。当时坚卧非邀宠，六诏不朝百世夸。"流连于花海间而不赴朝，书圣的趣闻轶事在奉化百姓间生动、传神地讲述着。今天，溪口镇博物馆还陈列着"右军遗迹"石砚。溪口镇的栖霞坑，古代又称桃花坑，因山得名，据《四明山志》记载，"（桃花坑山）在二十里云之南……其石红白相间，掩映如桃花初发，故名"。美丽的桃花坑山因这种特殊的地貌而被文人关注，宋代释鉴《桃花坑山》："地僻人居少，林深路转迷。桃花流水细，不异武陵溪。"南宋陈著，奉化溪口人，他写奉化雪窦山的《徐凫蛟瀑》诗这样说："满山药味增新色，夹岸桃花胜旧年。"明代李濂也有一首《桃花坑》，诗中写道："高僧飞锡地，锦石名桃花……定有逃秦者，人烟隔暮霞。"写古代奉化桃花坑处处栽桃，桃花盛开时仿佛武陵桃源。著名史学家全祖望《两湖》写奉化剡溪两湖一带桃花："茫茫一溪水，何以分两湖。桃花石壁眩，经界已模糊。"春天桃花盛开时，两岸山上的石头都被桃花映红了，简直令人目眩。这首诗极言山上桃树之多、桃花之盛。

近代佛学大师太虚《张汉卿邀自亭下乘竹排至沙堤》（宴桃花间用前韵）有这样的描写："万树桃花洒红雨，无边春色溢枝头。""西安事变"后，太虚与张学良同游雪窦山。1937 年 3 月 1 日，太虚回雪窦。清明前数日，张汉卿（学良）居雪窦寺附近，太虚偕游徐凫岩，自亭下乘竹筏至沙地。太虚留下两首诗，这是其中一首，写雪窦山一带桃花盛开时，无数名人前来欣赏吟咏的美好情景。另外，蒋介石、于右任等名人也常常造访奉化，欣赏桃花并题咏，使奉化桃文化声名远扬，为当地打造桃文化品牌创造了得天独厚的人文资源。

## 二、活跃在民间的奉化桃文化

奉化是桃乡，桃树的花、果、桃枝等都对人们的日常生活有多方面的贡献，民众普遍熟悉、喜爱，桃成为人们心中春天、吉祥、美好、福寿的象征。奉化人在日常饮食、民间工艺、故事传说等文化形式中用桃表达这些美好的意愿。

桃除了作为水果生食之外，奉化民间还有用桃果、桃花、桃叶、桃胶等制成各种色彩诱人、口味丰富充盈的美食。每年桃花盛开的季节，当地都要上演桃花的盛宴，让人们体验春色可餐、青春常驻的美好。如奉化美食桃花羹，做法是：水烧开后用适当的淀粉勾芡，然后加几片桃花再点缀几点芹菜（或其他嫩绿色青菜）丁。粉妆玉砌，玲珑剔透，像是早春润色的清景，又如新雨后的晓红。再如六诏的桃花醉白鹅、桃花羹象山港一带的雪菜桃花鱼仔等。近几年，随着乡村旅游业的兴旺，许多宾馆和酒店纷纷利用桃花的文学和文化意蕴推出系列美食，如桃花鲻鱼（创意或许来自苏轼“桃花流水鳜鱼肥”）等。另外还有弥香源（创意或许来自陶渊明笔下的桃花源）水蜜桃酒等。

民间艺术最能体现社会大众的生活需要和审美需求，多表达祈福纳祥、驱邪避害的意愿。奉化百姓表达福寿吉祥最常用的就是桃。在年画中，人们常用硕大的桃子祝福祖国繁荣昌盛；画寿星手捧仙桃表示祝寿祈福；画蝙蝠、桃、骑鹿的寿星等表达福寿齐来的意愿。在根雕艺术中，人们也喜欢雕刻一个寿星或弥勒佛等，手里捧着桃子。在茶具、餐具、花瓶等工艺品中，人们也常用寿桃作为图案，象征生活吉祥幸福。日常祝寿，人们还用米粉蒸成寿桃，顶上涂上红色，蒂处画两片绿色桃叶，就像新鲜成熟的桃子，非常可爱。另外，奉化百姓还用桃木等刻成寿桃印模，方便人们制作各式各样的寿桃。

奉化人民对桃有深厚的情感，以桃命名的地方也很多，如桃花潭、桃花溪、桃花渡、桃花岛、桃花坑等，这些地方都遍植桃花，是春天观赏桃花的好去处。

奉化关于桃的民间传说也很多，是桃文化中最生动有趣的内容。如东方朔上天取桃救母的故事，讲述奉化母子二人相依为命，儿子东方朔是一个孝子，为了给母亲治病，他历尽千辛万苦，在观音菩萨的帮助下，终于上天摘了蟠桃园的两颗桃子。但因玉帝追杀，匆忙中丢了一只。母亲吃了他偷来的那颗仙桃，很快病愈。他认为，这种桃有灵性，是神奇之果，就把桃核种在院子里。另外，还有弥勒赠桃的故事等。这些故事中的桃或具有治病功效，或有驱邪作用等，所以，奉化人普遍有在院子里种桃树的习惯。

## 三、节庆中的奉化桃文化

据当地资料，清光绪年间，从上海引种的水蜜桃品种在奉化培育成功。这种水蜜桃口味极佳，被誉为“玉露”，人们纷纷传种，栽植范围扩展很快。到上世纪 30 年代，水蜜桃桃园已遍布全县。这种水蜜桃经敏锐的商人推动，逐渐成为名品。1990年，奉化市政府把“玉露”水蜜桃作为市果，每年的8月2日为水蜜桃文化节。1996年，奉化市政府决定开发当地桃文化，大力支持举办奉化水蜜桃旅游文化节和桃花节，以此推动地方经济发展。

据当地提供的资料，奉化现在有近5万亩水蜜桃基地，萧王庙王家山桃园被称为称“天下第一桃园”，规模最大，也最为集中。每年春天，在这桃花盛开的地方，漫山遍野的桃花云蒸霞蔚，恍若仙境，奉化桃花节每年都在这里举行。四面八方的人们如潮涌来，如期盛开的灼灼桃花给奉化的经济发展带来了丰厚的旅游收入。在每年的桃花节上，奉化区政府以桃花为媒，举办“欢乐桃乡游”“相约桃花源”等民俗活动，活动主题是桃花，形式有文艺演出、书法、绘画、诗词创作或朗诵等。这其实是把单一的观赏桃花的活动变成了经济发展的切入口，通过传统文化中的花卉文化来推动当地旅游经济的发展，从浅层次的观赏桃花的活动提升到文化的高度。这不仅对当地经济发展有利，对普及桃文化也很有意义。

近年来，奉化水蜜桃旅游文化节还邀请“世界艺术家联合总会”的艺术家或海内外友人举办桃文化高峰论坛、桃花诗词笔会、书画、甜蜜桃乡自驾游、桃乡风情趣味运动会、桃乡奥运婚礼、“琼浆玉露、香飘奉化”图片展、“清凉剡溪”乡村露天电影展播等大型活动。欣赏着盛开的桃花，人们的热情也随之高涨，使奉化桃文化开展得如火如荼。

总之，随着人们生活水平的提高，人们的消费倾向由物质层面向精神层面转变。奉化区政府抓住时机，发挥当地桃文化资源优势，打造桃文化品牌，举办水蜜桃文化节。奉化水蜜桃文化节是一项花果并重的有益举措，进一步沟通和联络了海内外朋友，提升了奉化水蜜桃的名气，推动了当地旅游业和地方文化的发展。

（感谢浙江奉化区文学艺术界联合会周杨秘书长为本文提供资料）

[附编]

# 中国气象文化论丛

# 论我国春雨的自然、社会和文化意义

我国是典型的温带季风气候区，一年中四季分明，而在春季的气候因素中，春雨的意义极为重大，春雨促使万物复苏，百花盛开，标志着一年的开始，也是大自然新一轮生命循环的开始，这在我国农耕民族的生产、生活以及文化心理等方面都产生了广泛影响。在古代农耕社会，人们把全年丰收的希望都寄托于春雨。春雨给人们带来丰收的喜悦，给人们带来财富。在长期的生产生活中，人们对春雨产生了深厚的感情，把春雨比喻为最美好、最珍贵的物品，并且用春雨形容人世间令人感觉最温暖、普惠的情感。这种现象别有意味，包含着深远丰厚的中国农耕文化，也是很有研究价值的学术课题。但是，目前尚未见这方面的研究成果。鉴于此，本文拟从气候意义、农业意义、文学描写与表现、文化心理等方面着手，力求较为全面、深刻地展示春雨这一气候现象在我国社会和文化中的重要地位和意义，以期得到学界方家的指教。

## 一、春雨的气候意义

春雨是指从立春到立夏之间的自然降水，在我国气候中具有特殊的意义。我国位于全球最大的大陆即欧亚大陆的东部，面积广阔，东临全球最大的海洋即太平洋，这种地理形势使我国的季风气候异常明显。陆地面积越大，季风影响越明显。发达的季风气候不仅影响温度变化，还直接影响着降雨的季节分布。冬季时风强而且苦寒干燥，夏季风来自低纬度海洋，温暖潮湿。因此，降雨主要集中在夏季。东南季风是我国雨泽凝结、水分的主要来源，离海洋越远，含有湿润之气的风势就越弱。唐代诗人王之涣《凉州词》“羌笛何须怨杨柳，春风不度玉门关”所写就是这种气候现象。

古代人们通过对一年中晴雨寒暖的观察和感受逐渐掌握了天气、气候的变化规律，并用春、夏、秋、冬即“四时”这一说法加以概括。这是因为我国大部分领土分布在北半球中纬度温带区域，气温和降雨随着季节的变化而变化，除了海南、两广、黑龙江等地，全国大部分地方的四季界限是分明的。春在一年的气候中具有关键作用，《春秋公羊传》就说：“春者，岁之始也。”春是四季的开始，一方面表现为气温开始升高，另一方面表现为降雨量开始增多。

春季开始，西伯利亚高压开始衰退，北太平洋副热带高压、印度低压开始向北扩展，海洋暖湿气团开始进入大陆，这就是春风。由于暖湿气团来自于东南或西南海洋，古人称之为“东风”“南风”。春风是海洋暖湿气团的流动而形成的，迥然有别于大陆冷高压流动而形成的冬风，《管子·四时》篇称之为“柔风”[1]。

另外，古代所说“和风”“暖风”“惠风”等也都贴切地表达了人们对春风的感觉。宋志南《绝句》“沾衣欲湿杏花雨，吹面不寒杨柳风”，用“杏花雨”与“杨柳风”对仗，准确地描写出春风的节令特征，成为经典表述。对于北半球来说，春风更重要的气候意义是催发生机，

① 管仲《管子新注》，姜涛注，齐鲁书社 2006 年版，第 317 页。

开启新的生命形式，这在我国表现得尤其明显。

古代气象科技不发达，但是，人们的细致观察恰恰细腻而准确地反映了春风带给大自然的悄然变化。刘勰《文心雕龙·物色》就写道:“盖阳气萌而玄驹步，阴律凝而丹鸟羞；微虫犹或入感，四时之动物深矣。”另外,杜甫《远怀舍弟颖观等》“江汉春风起,冰霜昨夜除”,刘方平《夜月》“今夜偏知春气暖，虫声新透绿窗纱”，《五灯会元》“不得春风花不开”等，所描写的也正是春风送暖、万象复苏的气候特征。

春季开始，不仅风变得轻柔，降雨也开始普遍增多，即使在长江以北、内蒙古以南的夏季风很难达到的地区，如广大的黄河流域，降雨量也是冬季的数倍。我国很早就开始对这一气候现象进行观测，并形成了科学的认识,如传统的二十四节气在秦汉时就形成了,极为精确，至今沿用。二十四节气中春季的节气包括雨水、清明、谷雨，三者都与降雨有关。这说明，雨水在春季气候中意义重大，万物生长无不需要它的滋润。《管子 · 四时》“然则春、夏、秋、冬将何行？东方曰星，其时曰春，其气曰风……然则柔风，甘雨乃至，百姓乃寿，百虫乃蕃，此谓星德”[1]，《淮南子》“春风至则甘雨降，生育万物”，[2]所说都是这一科学道理。

风轻雨润，万物复苏，百花盛开……大自然的生命循环在春雨中悄然开始，《五灯会元》就这样说：“上堂春景温和，春雨普润，万物生芽，甚么处不沾恩。”[3]此外，明郭勋《四季》“春雨如膏，南枝花发，

---

① 管仲《管子新注》，姜涛注，第 317 页。

② 高诱注《淮南鸿列解》卷一，《影印文渊阁四库全书》本。

③ 传正有限公司乾隆版大藏经编辑部《乾隆大藏经》，传正有限公司乾隆版大藏经刊印处 1997 年版，第 146 册，第 169 页。

北岸冰消”，[1]清梁逸《醉吟》“时至春雨润，百谷俱萌芽”，[2]康熙《春雨赋》：“神钥细缊，化机和煦。元气上融，醲膏下聚。首五行者曰木，润万物者曰雨”[3]等等，都表现了春雨催发生机的作用。

然而，我国大部分地区属于温带大陆性季风气候，春季降雨相对较少，尤其是距离海洋较远的黄河流域，降雨更少。魏晋之前，人口、农业生产主要集中在黄河流域，春雨特别珍贵。这种气候特征对我们农耕民族的农业和社会生活以及文化心理产生了深远的影响。

## 二、春雨的农业意义

春天是生长的季节，万物的生长发育无不需要春雨的滋润，在我国，春雨的这一意义在农业方面的反映比较突出。我国是农业大国，幅员辽阔，农业区范围广大，农作物一般是一年两熟，春种、夏长、秋收是基本的生产节奏。由于受季风气候的影响，春雨成为影响全年收成的关键因素，耕田、播种等无不需要根据春雨的早晚、多少而定。因此，春天的风调雨顺成为全社会的期待，尤其在古代农耕社会条件下，人们甚至把春雨视为神灵，顶礼膜拜。

古代在春耕时，人们无不问天，预测或占卜春雨的早晚和多少。有研究者认为，甲骨文的卜辞中就有卜问春雨的记载。[4]在耕田占卜仪式上，巫师祈求天降甘露，滋润农田，以保丰年。

① 郭勋《雍熙乐府》卷之一七，《四部丛刊续编》景明嘉靖刻本。

② 梁逸《红叶村稿》卷一，清康熙刻本。

③ 《圣祖仁皇帝御制文集》卷三十，《影印文渊阁四库全书》本。

④ 中国社会科学院历史研究所《甲骨文合集》13417，中华书局 1982 年版。

春雨的早晚和多少影响着人们对农作物品种的选择，历代著名农书对此都有记载。早在汉代，《氾胜之书》就这样说："春气未通，则土历适不保泽，终岁不宜耕稼……须草生，至可耕时，有雨即耕，土相亲，苗独生，草秽烂，皆成良田。"[①]崔寔《四民月令》也说，"（正月）雨水中，地气上腾……可种春麦……可种瓜、芋"[②]，（三月）"时雨降，可种杭稻，及植禾、苴麻、胡豆、胡麻，别小葱"[③]。北魏贾思勰《齐民要术自序》："青春至焉，时雨降焉，始之耕田。"[④]此后的农书如《农书》《农桑辑要》《农政全书》等所记也大致相同。

春雨及时与否还攸关着民生和全社会秩序的安定问题，李宝嘉《官场现形记》对此有描述："（何师爷道）现在太原府的百姓都完了。到了春天，雨水调匀，所有的田地自然有人回来耕种。目下逃的逃，死的死，往往走出十八里，一点人烟都没有，那里还要这许多银子去赈济。"[⑤]丰沛的春雨能让逃荒在外的人们回家安心耕种，而不再漂泊无依。

从气候科学角度看，春季是冬夏季风交迭之际。因此，雨量变化的频率较其他季节明显，降雨的早晚和降雨量都极不稳定，容易发生干旱甚至旱灾。气象灾害的危害性首先体现在农业方面。在古代科技不发达的条件下，人们对气象灾害束手无策，只能对天祈祷，春旱求雨便是典型例子。我国最早的诗歌总集《诗经》就描述了先秦时期人们祈求春雨的隆重场景："琴瑟击鼓，以御田祖，以祈甘雨，以介我稷

① 万国鼎辑释《氾胜之书辑释》，农业出版社 1980 年版，第 25 页。

② 崔寔《四民月令辑释》，缪启愉辑释、万国鼎审订，农业出版社 1981 年版，第 2 页。

③ 崔寔《四民月令辑释》，缪启愉辑释、万国鼎审订，农业出版社 1981 年版，第 37 页。

④ 贾思勰《齐民要术自序》，缪启愉校释，农业出版社 1982 年版，第 1 页。

⑤ 李宝嘉《官场现形记》卷三五，清光绪上海世界繁华报馆本。

黍，以穀我士女。”(《小雅·甫田》)“有治萋婆，兴雨祁祁，雨我公田，遂及我私。”(《小雅·大田》)

古代人们还认为春雨是神灵所掌，因此，对春雨顶礼膜拜，文献多有记载，如宋代陆佃《邓州祈雨祝文》写道：“冬有积雪，春有小雨，此年之所以丰也。今冬得雪既薄，尚赖春雨以相农事。惟神聪明，庙食此土，愿施膏泽以慰民望。”[1]陈淳《祷雨良岗山》说：“今春气已暮，雨意尚悭,种不及施,民甚告病。恐蹈旧岁,与死为邻……惟尔神灵昭鉴，亟垂闵救，蒸气兴云，沛为三日之霖，优渥四境之内，俾我合邑土田，春膏溶溶，播种毕兴，无失一岁之望，以活我万户生灵。”[2]

久旱得雨时，人们欢呼雀跃，奔走相告，甚至用“喜雨”“春雨”等为建筑物取名，以示庆贺纪念，如苏轼《喜雨亭记》就这样记载：“亭以雨名,志喜也。古者有喜,则以名物,示不忘也。周公得禾,以名其书；汉武得鼎，以名其年；叔孙胜狄，以名其子。虽其喜之大小不齐，其示不忘一也。余至扶风之明年,始治官舍,为亭于堂之北,而凿池其南,引流种树，以为休息之所。是岁之春雨，麦于岐山之阳，其占为有年，既而弥月不雨，民方以为忧。越三月乙卯乃雨，甲子又雨，民以为未足。丁卯大雨，三日乃止。官吏相与庆于庭，商贾相与歌于市，农夫相与抃于野。忧者以乐，病者以愈，而吾亭适成，于是，举酒于亭上，以属客而告曰……”又，据《大清一统志》卷六十三记载，溧阳县（按：指今江苏溧阳市）东有春雨桥，据建康旧志，春雨桥原名春市桥，宋嘉定十年重修，因旱得雨改为今名。[3]

---

① 陆佃《陶山集》卷十三，《影印文渊阁四库全书》本。

② 陈淳《北溪大全集》卷四九，影印《文渊阁四库全书》本。

③ 《大清一统志》卷六三，《影印文渊阁四库全书》本。

这些祈求春雨和庆贺春雨的活动成为我国农耕文化的内容之一，而人们的虔诚恰恰表明了春雨对我国古代农业民生的重要性。

春雨在我国农业社会的重要性还影响到文学创作等。春雨与农事题材的作品成为历代文学作品的一大宗系，佳作名句很多，如清代高一麟《春雨喜赋》“灵雨方春足，千村小有秋”[①]，徐宝善《春雨如膏赋》(以天街小雨润如酥为韵)“百谷仰之若琼酥兮，三农袯襫忘沾涂兮”[②]，弘昼《春雨如膏赋》“緊春雨之蒙蒙兮，望禾麦之可登”[③]等。

另外，在绘画领域，春雨与农事也是传统题材，一犁春雨图、耕隐图、春雨图等是常见的画题，耕牛、耕犁、农人、雨中或雨后的田野……古朴祥和，清新自然，体现了中华民族的农耕文化特色。

在古代农耕社会，春雨就是人们的生命之水，宋释道原《景德传灯录》“春雨一滴滑如油”，明解缙《春雨》“春雨贵如油”等语也因此而出现，成为至今常用的说法。诚如康熙《题耕织图》“一年农事在春深，无限田家望岁心”所言，春雨寄托着人们全年的果腹之愿。

## 三、春雨的文学意义

对我国这样面积辽阔的东亚农耕社会来说，春雨的意义不仅表现在农业或经济方面，也体现在民族心理或情感方面；不仅反映在生活方面，也反映在文化方面。正是人们数千年的悠久经历和切身体验，使我们的民族建立起对春雨的特殊情感。这种现象在文化的很多方面

① 高一麟《矩庵诗质》卷九，清乾隆高莫及刻本。
② 徐宝善《壶园赋钞》卷上，清道光刻本。
③ 弘昼《稽古斋全集》卷六，清乾隆十一年内府刻本。

都有反映，尤其在文学方面的表现最为集中而突出。在一年四季的雨中，春雨常常是最能激起文人创作欲望的自然景象，在田园、行旅等题材中，文人极尽描写与赞美之能事，表现春雨带给人们的欢欣与希望，抒发对春雨的美好感受，赞美春雨对大地的普惠，著名作家如杜甫、陆游、杨万里、范成大、苏轼等人都有对春雨的描写与歌咏，许多脍炙人口的名篇佳句至今为人们所喜爱。

春雨滋润土脉，万物开始复苏、发育生长，给沉睡的大地带来蓬勃生机，给人们带来惊喜与希望，所以，虽然我国一年四季都有雨，但能够引起人们普遍喜爱的还是春雨。

唐代著名诗人孟郊《春雨后》“昨夜一霎雨，天意苏群物。何物最先知，虚庭草争出”，写出了雨后万物竞发的旺盛的生机力。杜甫《春夜喜雨》“随风潜入夜，润物细无声”，孟郊《春雨后》“昨夜一霎雨，天意苏群物”，范成大《四时田园杂兴》“土膏欲动雨频催，万草千花一晌开”，陆游《临安春雨初霁》“小楼一夜听春雨，深巷明朝卖杏花”，明王世贞《春雨畦》“一夜春雨过，千畦尽成绿”，清陈瑚《书镢隐庵竹示学者》“春雨滋新篁，一夜长一尺”，弘昼《春蚕食叶声》“春风春雨滋萌养，女桑遍野柔条长”，现代著名文学家朱自清《春》“树叶却绿得发亮，小草也青得逼你的眼”等，这些精美绝伦的诗文用拟人、夸张的多种艺术表现手法，细腻传神地描写出春雨之后万物竞相萌发、大自然生机盎然的景象，给人清新喜悦之感。

在古代农耕社会，风调雨顺无疑是全社会的殷殷期待。春雨如膏，滋润土脉，给农田带来水分。春雨喜降，正是耕犁播种的大好时节。由于春雨与民生休戚相关，满怀民本思想的古代文人对春雨这一气候现象也极为关注。韦应物《观田家》：“微雨众卉新，一雷惊蛰始。田家几日闲，耕种从此起。”陆游《春雨》：“冬旱土不膏，爱此春夜雨。”元赵孟頫《题耕织图二十四首奉懿旨撰 · 三月》：“春雨及时降，被野何蒙蒙。乘兹各布种，庶望西成功。”明邱浚《春日田园杂兴》：“生意津津乐趣深，一犁春雨万家金。”《御制诗三集》卷八十五《春雨新耕》：“蒙蒙春雨优而渥，冒雨耕人劳亦欢”，《钦定南巡盛典》卷一《田家春兴》：“ 湖山岂不美，最喜是田家。”“新”“爱”“喜”“乐”“欢”等词表达了文人与农人一样，欣喜于春雨能带来好的收成。如果春雨没有及时到来或稀少，文人则满怀焦虑与忧患，大诗人白居易、陆游、苏轼、苏辙等描写春旱或久旱得雨的作品就说明了这一点，具体例句在此不再赘举。

春雨是大自然的催生婆，一场春雨过后，万物复苏，韶华明媚，引发文人尽情歌咏。

唐代诗人李建勋《春雨二首》就写道：“萧萧春雨密还疏，景象三时固不如。”在表现手法上，古代文学作品常常将春雨与杏花、桃花等组合，渲染出有声有色的明媚春光。杏花是早春花卉，花期比桃花还早，物色鲜明。因此，春雨与杏花相辅相成，衬托出鲜亮明丽的春景，最经典的例子是元代虞集《风入松 · 寄柯敬仲》“为报先生归也，杏花春雨江南”，张翥《摸鱼儿 · 元夕》“先生归也。但留意江南，杏花春雨，和泪在罗帕”的描写，“杏花春雨”这一词语组合也因此成为江南春景的诗意概括。桃花烂漫而妩媚，占断春光，盛开的时候往往会下雨，雨量不大，但时间绵长，被美誉为“桃花雨”，“桃花雨”色彩明丽，风格清新，成为春雨的浪漫代称。

春雨温润、柔和，令人身心愉快，古代文学作品常用比喻或通感等艺术手法，细腻传神地传达出这种美妙感觉。

韩愈《早春呈水部张十八员外》这样写道："天街小雨润如酥，草色遥看近却无。"透过濛濛细雨遥望，隐约可见青青之色，那便是早春的小草，令人不禁心生欣喜之情，但当走近时，先前的青色却又不见了。诗人善于通过设计背景来传神，而这"背景"便是那如酥的小雨，它温润如脂似乳，有了它的一番滋养，小草才清新得似有若无。"润如酥"三个字细腻、微妙、贴切地传达出春雨给人的温暖柔润之感，成为后世文学作品形容春雨的经典词语，如苏轼《减字木兰花·莺初解语》"最是一年春好处，微雨如酥"，其《南乡子·千骑试春游》也说"千骑试春游。小雨如酥落便收"，反映出文人对春雨共同的美好感觉。

值得一提的还有那些长篇的春雨赋体作品，如明代贝琼、清代乾隆皇帝（爱新觉罗·弘历）、纪昀、俞长城等《春雨赋》，清代黄达、徐宝善、王引之等《春雨如膏赋》，乾隆（爱新觉罗·弘历）《赋得春雨如膏》等。这些作品运用对偶、排比、夸张等修辞手法，不仅淋漓尽致地展现出春雨的细柔迷蒙的美感，而且热情赞美了春雨滋润田畴、养育万物的高尚品质，体现出人们对春雨的普遍的喜爱。

由于春雨与农业的密切关系，在长期的生活与实践中，人们逐渐形成了一些固定的话语表述方式，如"一犁春雨"就成为古代文学作品中春耕题材作品常见的词语，宋苏轼"归去，归去，江上一犁春雨"，袁甫"一犁春雨趁农耕"，吕祖谦"一犁春雨沃桑麻"，金元好问"一犁春雨麦青青"，元胡天游"一犁春雨土如酥"，明费元禄"一犁春雨占丰年"等等，体现了人们对春雨滋润田畴、惠及苍生的热情赞美，洋溢着淳朴深厚的农业人生气息。

需要说明的是，关于春雨的文学意义，拙文《论中国古代文学中的春雨意象》[1]有较详细的论述，可供参阅。

## 四、春雨的文化意义

春雨对我国社会的重要性不仅体现在气候和农业方面，在其他领域也都有深刻反映。人们对春雨的喜爱与珍视不仅体现在文学作品中，在语言、建筑设计等方面，也都有丰富生动的体现，而且出现了很多名家大作，产生了一些流行的经典表述方式，包含着人们在长久的日常生产、生活中所形成的对春雨的深厚情感和意味。在中华文明绵长悠远的历史发展过程中，春雨不仅仅是一种重要的气候现象，而且成了一个能够引起全民族共同喜爱、重视、赞美的符号，人们不仅把春雨比喻为珍贵的事物，还常常把具有普惠、温暖、无私之意的情感比喻为春雨。这种现象值得我们深入玩味。

古代以农立国，靠“天”生活，雨润土膏才能五谷茂盛、春生秋成。因此，一年四季的雨，人们对春雨的感情较为深厚。这种心理反映在语言表述方面，就是人们多以表达喜爱、赞美之意的词汇形容或描写春雨，早在《尔雅·四时疏》《淮南子·原道训》中，就把春雨称为“甘雨”。《左传》中还把春雨形容为“膏雨”，《左传·襄公十九年》记载：“季武子如晋拜师，晋侯享之。范宣子为政，赋黍苗。季武子兴，再拜稽首曰：‘小国之仰大国也，如百谷之仰膏雨焉。若常膏之，其天下辑睦。岂唯敝邑。’”[2]汉代班固《嘉禾歌》云：“冬同云兮春霡霂，膏泽洽兮殖嘉谷。”

---

① 渠红岩《论中国古代文学中的春雨意象》，《安徽大学学报》（哲学社会科学版），2015 年第 3 期，第 58 ～ 63 页。

② 杜预注、孔颖达疏《春秋左传注疏》卷三四，《影印文渊阁四库全书》本。

曹植《时雨讴》《喜雨诗》等中还有“时雨”“喜雨”等描述。

从文学作品的措辞可以看出写作者的情感或心理倾向。先以“甘雨”为例，“甘”是一个表示味觉的词，“甜”的意思。甜味是人类最基本的味觉之一，也是最受人们欢迎的味感，在世界各地文化中，甜味都象征着美好的感觉。因此，“甘雨”表达了人们对春雨普遍的喜爱。再看“膏雨”，“膏”字意为肥肉或油脂，表示肥美、润泽，肥肉、脂膏代表美味佳肴。用“膏”形容春雨，一方面表明春雨的润泽，另一方面也表明其珍贵。

在历代文学作品中，“膏”“润”“甘”等字眼儿是描写春雨的常用词，如唐李咸用《同友生春夜闻雨》“此时农叟浑无梦，为喜流膏润谷牙”，宋朱淑贞《膏雨》“一犁膏脉分春垄,只慰农桑望眼中”,陆游《春雨》“冬旱土不膏，爱此春夜雨”，金元好问《春雨》“田毛沾润初含穗，土脉流膏欲布秧”，元王恽《点绛唇 · 寿周干臣》“春雨如膏，最怜适与清明遇”，明代陈献章《喜雨》“满眼珠玉不足珍，甘雨一洒万家春”，范景文《和北吴歌》(有引)“春锄带雨润如酥，风送农歌动地呼”，清铁保《出郭》“十分春雨如膏润，一夜新苗似浪齐”，朱孝纯《感往事再赠南屏》“昨朝喜得甘雨沛，滟滟春畴如泼油”等等，不胜枚举，清代宝廷《秋霖行》“春日雨甘秋雨苦”,将春雨之“甘”与秋雨之“苦”进行对比，突出了对春雨的偏爱。

值得注意的是，“春雨如膏”“一犁春雨”在古代就作为固定词语经常使用。在古代科举考试中，“春雨如膏”是常见的诗赋考试题目。据《氏族大全》:“向敏中，字常之，宋太平五年，试春雨如膏赋……”[①]清徐松《宋会要 · 举士》十三“亲试”记载 :“太宗太平兴国……五年

① 《氏族大全》卷一九，《影印文渊阁四库全书》本。

闰三月十一日（甲寅），帝御讲武殿，试礼部奏名进士，内出《春雨如膏赋》《明州进白鹦鹉诗》《文武何先论》题，得苏易简以下一百一十九人，并赐及第、出身……”[①]既然“春雨如膏”是科举考试常用题目，因此，就产生了很多优秀作品，如清王引之《春雨如膏得稀字》、徐宝善《春雨如膏赋以天街小雨润如酥为韵》等。

在年复一年的生活与实践中，春雨的重要性使之成为人们形容美好事物的惯用取象。历史上，文人、士大夫为了纪念父母，修建很多堂、轩、亭等，并多以春雨命名，如“春雨堂”“春雨轩”“春雨亭”等。这是把父母之恩比喻为春雨，走进轩亭，如沐春雨，俯仰之间，无时无刻都在感受着亲情的温暖，杨万里《春雨亭记》就这样说：“宣溪王邦又既丧其父，主簿于某山作亭于前……予命之以春雨之亭，而告之曰：‘吾闻之，春雨润木，自叶流根，物以本滋苗，亦以苗滋本……’”[②]明代金幼孜《春雨堂诗序》也说：“(咸宁成山侯王公彦亨）念其先公早殁，不待于养。历岁滋久，与人言，恒涕下沾襟，悲愤怆恻，汲汲焉，若有求而弗得者，因扁其堂曰‘春雨’，以寓罔极之思。”[③]不仅如此，人们还把具有普惠、温暖、无私之意的情感如皇恩、父母之爱、师恩等比喻为春雨，体现了对春雨品质的高度赞美和深深感戴。

我国传统文化认为，天、地、君、亲、师是最令人尊敬与感戴的，《世宗宪皇帝圣训》卷三十二：“上谕曰：‘五伦为百行之本，天、地、君、

① 徐松《宋会要辑稿》“选举”，国立北平图书馆1936年影印本。

② 杨万里《杨万里集笺校》，辛更儒笺校，中华书局2007年版，第6册，第3009页。

③ 金幼孜《金文靖集》卷七，《影印文渊阁四库全书》本。

亲、师，人所宜重……’”[①]而春雨博洒众施，膏泽万物，是天赐的甘露，惠及苍生，极其伟大。人们认为，春雨与最为崇高的伦理关系即“君、亲、师”一样值得感激。

在漫长的皇权社会中，人们最感戴的莫过于皇恩或君恩了，认为它大惠群生，令普天共仰，堪称万民之父母。春雨生养万物，可为万物之父母，与皇（君）恩具有类似之处。因此，人们常把皇天或君恩比作春雨。

曹植《献诗》云：“伏惟陛下德象天地，恩隆父母，施畅春风，泽如时雨。”是说皇恩如春雨般惠泽浩荡。梁萧统《昭明文选》卷三十八张悛《为吴令谢询求为诸孙置守冢人表》云：“当时受恩，多有过望。臣闻春雨润木，自叶流根；鸱鹗恤功，爱子及室。故天称罔及之恩，圣有绸缪之惠。”也将皇帝之恩德比作春雨之泽。皇（君）恩如雨露普惠，而在一年四季的雨中，春雨最为温润福泽，用于描述皇（君）恩，表达对其感激之情极为贴切，历代都不乏经典描述。唐代王昌龄《西江寄越弟》：“尧时恩泽如春雨，梦里相逢共入关。”宋代方岳《石孙受命》：“圣泽如春雨露宽，弃遗犹不绝衣冠。”明代程敏政《春雨应制》：“龙德普所施，预想秋大获。仰首谢玄功，对物有余乐。”清代弘昼《圆明园泛舟恭记》：“吾思圣恩周海内，如日月之无不照，如雨露之无不润。天下之被泽而沾恩者，譬如草木之得春雨，无不欣欣向荣。”[②]徐宝善《春雨如膏赋以天街小雨润如酥为韵》：“如我皇之覃布乎恩膏兮，功润下而遐宣……泽被无涯，雨以雨而皇情畅，膏以膏而民气谐。”[③]

① 文庆、李宗昉等纂修《钦定国子监志》，北京古籍出版社 2000 年版，上册，第 10 页。

② 弘昼《稽古斋全集》卷四，清乾隆十一年内府刻本。

③ 徐宝善《壶园赋钞》卷上，清道光刻本。

普天之下的苍生百姓将皇恩比作人间的春雨，表达心中对皇恩的感激，而皇帝则把天恩比作春雨，赞美天赐雨露，惠泽天下黎民。康熙皇帝（爱新觉罗·玄烨）《春雨赋》曰："夫惟天地之德，广大无私；春生夏长，云行雨施。寓栽培于无意，普美利于不知；植品物以咸若，含细大而莫遗。所以解泽旁皇，湛恩深厚；覆被民生，惠鲜陇亩。兴有渰于三阳，敷仙霖于千耦；世并享夫丰亨，俗咸登于仁寿。洋洋乎造物之弘功，予一人乎何有。"[①]

在中国古代文学史上，将父母之爱比作春是一种传统。无微不至的父母之爱让人情不自禁地想起春阳的温暖。唐代诗人孟郊《游子吟》"谁言寸草心，报得三春晖"，用春日阳光比喻深切博大的母爱，唤起了普天之下的儿女亲切的联想。春雨温暖，万物的生长都离不开春雨的润泽。父母生育、抚养子女就像春雨滋养万物，无私奉献而不求回报。因此，人们常把父母的抚育之恩比作春雨，亲切、通俗，能够引起人们普遍而强烈的情感共鸣，早在南北朝时期的文学作品中就有体现，庾信《周陇右总管长史赠少保豆卢永恩神道碑》写道："是知春雨润木，自叶流根。西伯行庆，推存及没。"[②]历代的经典描写如明代沈周《对春雨》"春雨父母情，惠物侔爱子。润被发华妍，长养助欣喜"，陆云龙《寿魏邑侯文有歌时癸酉三月》"美哉，春之雨！物也，玄黄为大；父母，春其代大，父母以父母品汇者哉"[③]，清汪缙《双节堂诗为萧山汪氏母作》"津津夜露润，脉脉春雨滋"[④]等。

春雨润物，化育生机，为万物带来蓬勃活力，与师德、教化具有

① 《御制文集》卷三十，《影印文渊阁四库全书》本。

② 庾信《庾子山集注》卷一四，倪璠注，中华书局1980年版，第924页。

③ 陆云龙《翠娱阁近言》卷三，明崇祯刻本。

④ 汪缙《汪子诗录》卷四，清嘉庆三年方昂刻本。

相同之处，人们常把政教感化或道德境界比为春雨润物，赞美默默奉献的精神。汉苏顺《陈公诔》即以“化侔春风，泽配甘雨”[①]来颂扬人格境界的高尚。宋陈思《傅忠肃公集》写道：“洛之水兮，其流洋洋；公之化兮，春雨秋阳。袴襦颂洽，禾黍岁穰，公之化兮，民期悦康……”元程端礼《庆元路总管沙木思迪音公去思碑》“由是化行民安，如春雨膏物而无其迹”，吴澄《与祝静得书》“去年十月，来归养痾，衡茅往来，言及合下，如冬之日，秋之月，夏之风，春之雨，靡不爱悦快庆”，明代程敏政《太守孙侯政迹录序》“功德政化之盛，如慈母之煦子，如春雨之润物，发于至诚，泯于无迹，而受惠者莫能为之辞也”，都将功德比喻为如春雨润物，默默感化人心。

在现代汉语中，“德披春雨，教拂秋霜”“杏坛化雨，程门春风”“孔席之春风，周庠之化雨”“坐春风，沾化雨”等，都是人们赞美师恩的常用的经典比喻。

以上现象说明，人们对春雨的认识呈现出集体无意识特征，这充分反映出春雨在我国社会生活和文化中的重要性及其深远影响。

## 五、结　论

春雨是一种重要的气候现象，也是一种极其重要的自然资源，对我国古代的农业生产、社会生活等具有非常重要的作用。我国古代是古代农耕社会，以农立国，农耕区也主要集中在黄河流域和长江中下游地区，春种秋收。受季风气候的影响，我国农耕区的大部分春季常

① 萧统《昭明文选》卷二九，李善注，京华出版社 2000 年版，第 2 页。

常干旱或少雨，春雨是决定一年丰歉的关键因素。因此，幅员辽阔、人口众多的农耕民族对春雨普遍喜爱与尊敬。正是年复一年的悠久经历和切身体验，使我们的民族建立起对春雨的特殊而深厚的情感，春雨成了能够唤起中华民族集体记忆的符号。元代舒頔《春雨》诗可看作是对春雨的自然、社会、文化意义的全面表述："霡霂回枯意，霏微润物初。翠眉催岸柳，红甲长畦蔬。泉动溪流活，春浮土脉虚。生生功用博，何物为吹嘘。"

（原载《阅江学刊》2015 年第 5 期，此处略有改动）

# 论中国古代文学中的春雨意象

风、花、雪、月、雨、露、冰、霜是历代文学作品的描写对象。我国古代是农耕社会，春雨对于农业生产至关重要，风调雨顺则丰收有望，相反则将面临饥馑甚至灾荒。因此，自古以来，人们对春雨都极为重视。春雨与古代社会生活息息相关，文人也极其关注。因此，春雨不仅是一种重要的气候现象，而且是一个被赋予浓厚的情感色彩的文学意象，早在《诗经》中就有描述祈求春雨的篇章。在唐代，作品数量开始增加，宋代开始，作品数量急剧增加，内容逐渐丰富：在体裁方面，诗、词、赋、文各体都有；在题材方面，时令、田园、羁旅、思乡、离别等均有涉及，名家名作不断涌现，留下了许多脍炙人口的名句隽语，是古代文学作品中时令或自然物象题材作品的重要组成部分，艺术成就影响深远。对于雨，已有学者对雨意象、秋雨等进行研究的，但尚未见有专门研究春雨意象的。因此，本文拟就这一问题进行初步探讨，期待方家的指教。

## 一、春雨意象的基本意义

春雨是一种气候现象。我国古代以农立国，靠“天”生活，春耕秋收或春耕夏收的耕作方式，使人们把一年的希望都寄托于春雨，雨润土膏才能五谷茂盛、春生秋成。时代越是久远，人们对自然条件的依赖性就越强，有研究者认为，在甲骨文的卜辞中就有卜问春雨的记载[①]，在春天的耕田占卜仪式上，巫师祈求天神降下甘露，滋润农田，以保丰年。由于与农耕生活的密切关系,春雨必将被反映在文学作品中，早在《诗经》中就有描写。值得注意的是，早期的文学作品并不是直接称“春雨”，而是称为“甘雨”“灵雨”等，如《小雅 · 甫田》“琴瑟击鼓，以御田祖，以祈甘雨。以介我黍稷，以穀我士女……黍稷稻粱，农夫之庆。报以介福，万寿无疆”，这是记述人们祈求春雨的情景，“甘雨”就是春雨，“穀”是养育之意；《鄘风 · 定之方中》把春雨称为“灵雨”，“灵雨既零，命彼倌人，星言夙驾，说于桑田”，对此，清严虞惇《读诗质疑》卷四：“虞惇曰：‘春雨既降，农桑之务作，命驾而亟往，劝劳之勤于人也。’”《小雅 · 信南山》描述春雨“既优既渥，既霑既足，生我百谷”，“优渥”“霑足”都是说春雨充足，浸润土壤，生养五谷。

魏晋时期，文学作品依然用“甘雨”称赞春雨，晋张华《太康六年三月三日后园会》“暮春元日，阳气清明，祁祁甘雨，膏泽流盈。习习祥风，启滞异生，禽鸟翔逸，卉木滋荣”，赞美春雨滋养万类。

在魏晋及之前，春雨还被称为“膏雨”“喜雨”“时雨”。“膏雨”较早见于《左传·襄公十九年》:“季武子如晋拜师,晋侯享之。范宣子为政,赋黍苗。季武子兴,再拜稽首曰:‘小国之仰大国也,如百谷之仰膏雨焉。若常膏之,其天下辑睦。岂唯敝邑。’”[②]汉代班固《嘉禾歌》即用“膏雨”形容春雨，“冬同云兮春霡霂，膏泽洽兮殖嘉谷”，春天的小雨如膏泽一样肥美,滋养着五谷。“时雨”“喜雨”的说法较早见于曹植作品,其《时

① 中国社会科学院历史研究所《甲骨文合集》13417，中华书局 1982 年版。

② 杜预注、颖达疏《春秋左传注疏》卷三四，《影印文渊阁四库全书》本。

雨讴》写道："和气致祥，时雨渗漉。野草萌变，化成喜谷。"诗中的"时雨"显然是指春雨；其《喜雨诗》云："时雨中夜降，长雷周我庭。嘉种盈膏壤，登秋毕有成。"春雨很知时节，在该下的时候来了，而且是下在夜晚，还伴着阵阵雷声。人们听到这些便可期待秋天的丰收了，这样的雨不就是"喜雨"吗？全诗并未出现"喜"字，而喜悦之情溢于字里行间，这种表述方式开启了杜甫《春夜喜雨》的写作模式，当然，从艺术成就和影响来说，后者青出于蓝而胜于蓝。

魏晋及之前的文献也常用"甘雨"形容春雨，如《管仲·四时》说："然则春、夏、秋、冬将何行？东方曰星，其时曰春，其气曰风……然则柔风，甘雨乃至，百姓乃寿，百虫乃蕃，此谓星德。"[①]《淮南子》也说："春风至则甘雨降，生育万物。"[②]《大戴礼记》卷十三所记载的周朝祭辞这样说："承天之神，兴甘风雨，庶卉百物，莫不茂者……以正月朔日迎日于东郊。"很显然，此处的"甘雨"指的就是春雨。这里的几例都是说春雨对人类社会的重要性，它泽惠万物，养育生命。

从文学作品的措辞可以看出写作者的心理。以上几个词中，"喜雨""时雨"容易理解，而对于"甘雨""膏雨"两个词，还需要作进一步的分析。"甘"是一个表示味觉的词，"甜"的意思，甜味是人类最基本的味觉之一，也是最受人们欢迎的味感，在世界各地文化中，甜味都象征着美好的感觉，"甘雨"表达了人们对春雨的喜爱。"膏"字意为肥肉或油脂，表示肥美、润泽，肥肉、脂膏代表美味佳肴，用"膏"形容春雨，一方面表明春雨的润泽，另一方面也表明其珍贵。

从以上例句可以看出，把春雨描述为"甘雨""膏雨""喜雨""时

---

① 管仲《管子新注》，姜涛注，齐鲁书社 2006 年版，第 317 页。

② 高诱注《淮南鸿列解》卷一，《影印文渊阁四库全书》本。

雨”，是着眼于它与人们的生活、万物的生命之间的密切关系，强调它对万物的浸润、滋养作用。在我国这个典型的北温带季风季候区，丰沛及时的春雨就是人们的生命之水，春生才能秋成，而大部分的植物都需要春雨的滋润才能生长或恢复生机。这是漫长的农耕生产和生活体验给人们的共同感受，这种感受反映在文学作品中，就形成了春雨的基本意义，或者说是描述性意义。魏晋南北朝及之前的文学作品中的春雨多是这一意义，到了唐代，文人在继承这一表现方式的基础上，又表现了春雨的景色美和意境之美，而且赋予多种情感内容，成为意蕴丰富的文学意象。

## 二、春雨意象的形式及艺术表现

唐代开始，文学作品中的春雨意象更加丰富多彩，不仅体裁多样，诗词文赋皆有描写，专题的题咏开始出现，而且在数量方面，自宋代开始便急剧增加，名家名作不断涌现，对春雨的描写更加细腻，角度更加多样，如形态状貌方面，称为“细雨”“烟雨”等；在感受方面，称为“酥雨”；根据发生的时间，常见有专题“夜雨”之作；从时令特色方面，有“杏花雨”“桃花雨”等。这些作品不仅准确地描述了春雨的自然特征，而且体现出不同的景色特征和意境之美，下面分别加以论述。

细雨。细雨中国古代文学描写的重要自然物象，早在《诗经·豳风·东山》中就有“我来自东，零雨其濛”的反复咏叹，迷蒙的细雨渲染出戍边多年的战士回乡希望的渺茫,形象贴切。春雨一般雨量不大，淅淅沥沥地，如丝如缕，别具美感，因此，“细雨”是文人常用的描写春雨的词，唐代文学作品开始大量使用，如李商隐《无题二首》“飒飒东风细雨来，芙蓉塘外有轻雷”，杜甫《风雨看舟前落花戏为新句》“江上人家桃树枝，春寒细雨出疏篱”，这两例句中的“细雨”不仅写出了春雨的自然特征，而且似乎向我们传递着生命悄然萌动的春天的气息。历代文学作品描写春雨，“细雨”都是一个常见的词，如宋邵雍《春雨吟》“春雨细如丝，如丝霡霂时。如何一霶霈，万物尽熙熙”，周紫芝《和郑文昌雨中看花之作》“春风微寒春雨细，秉烛看花花已睡”，杨万里《清明雨寒八首》“细雨千丝不成点，如何也解滴檐声”，明刘基《春雨三绝句》“春雨和风细细来，园林取次发枯荄”，明杨基《浦口逢春忆禁苑旧游》“春冰消尽草生齐，细雨香融紫陌泥”，乾隆皇帝（爱新觉罗·弘历）《仲春雨景》“翠华摇扬出皇州，细雨清尘润麦畴”等。

不仅如此，“细雨”还体现出春雨的迷蒙和纤细柔婉的美感，早在唐代文学中就有表现。杜甫《水槛遣心二首》：“细雨鱼儿出，微风燕子斜。”这是历代传颂的佳句。细雨中鱼儿调皮地露出水面，似乎在趁机感受一下清新明丽的春天，而微风中的燕子似乎也显得更加轻盈了，在天空中快乐地飞舞着。诗句写得极其细腻、可爱，洋溢着清新明丽的春意。清代叶梦得《石林诗话》评此二句云：“此十字，殆无一字虚设。细雨着水面为沤，鱼常上浮而淰。若大雨，则伏而不出矣。燕体轻弱，风猛则不胜，惟微风乃受以为势，故又有‘轻燕受风斜’之句。”[1]古代著名作家中，陆游可以说是写春雨较多的诗人，一生写有20多首以“春雨”为题的诗歌，另有多首以春雨为题材的诗歌。在这些作品中，“细雨”也是较常见的字眼儿，如“细雨吞平野，余寒勒早春”，“倚阑

① 郭绍虞《宋诗话考》（上卷），中华书局1979年版，第32页。

正尔受斜阳，细雨霏霏渡野塘”，“似盖微云才障日，如丝细雨不成泥”等，可见诗人对“细雨”的偏爱。

为了表现春雨之“细”，文学作品常用“如丝”来比喻，因为“丝”与“春雨”都有细、轻、柔、长等相似特质。如唐欧阳炯《清平乐》“春来阶砌，春雨如丝细”，宋邵雍《春雨吟》“春雨细如丝，如丝霡霂时”，陆游《雨中遣怀》“霏霏春雨细如丝，正是春寒欺客时”，杨万里《清明雨寒八首》“细雨千丝不成点，如何也解滴檐声”，元袁易《春雨漫兴》“江上平芜望欲迷，江边密雨细如丝”，叶颙《春雨晚霁》“东风吹雨作丝轻，驾勒余寒放晚晴”，明朱静庵《春雨》“湿云漠漠雨如丝，花满西园蝶未知”等，都形象地写出了春雨的轻灵婉约之美。

烟雨。春雨轻细，飘渺轻灵，迷离朦胧，与轻烟极为相似。因此，文学作品也常将春雨形容为“烟雨”，给人以梦幻般的视觉美感和享受，唐代文学中就有经典描写，如谢良辅《状江南·仲春》：“江南仲春天，细雨色如烟。”江南的二月，春雨细若轻烟，“色如烟”将春雨的绵密、纤细具体形象地表现出来了。尤其具有代表性的是杜牧《江南春》：“千里莺啼绿映红，水村山郭酒旗风。南朝四百八十寺，多少楼台烟雨中。”诗歌以江南为背景，以春雨为时令景色，“南朝四百八十寺，多少楼台烟雨中”是全诗的精彩之笔，诗人抓住了江南佛寺和春雨这两种典型景物，佛寺的神秘与春雨之迷离相映成趣，从而凸显了江南春景之美，此诗也成为千古传颂的名篇。历代其他经典的描写如张耒《春雨中偶成四首》“天低芳草接浮云，万柳含烟翠不分”，欧阳修《蝶恋花·欲过清明烟雨细》“欲过清明烟雨细。小槛临窗，点点残花坠”，姜夔《次韵鸳鸯梅》“漠漠江南烟雨，于飞似报初春”，史达祖《绮罗香·咏雨》“做冷欺花，将烟困柳，千里偷催春暮”，黄机《浣溪沙·流转春光又一年》

"流转春光又一年……帘卷落花千万点，雨如烟"，元张翥《石州慢·春日雨中》"烟雨轻阴，庭院悄寒，晴意难准。社前燕子归来，恰换一番花信"，明杨基《梅杏桃李》"惆怅先生归去后，江南烟雨又蒙蒙"，王凤娴《引庆和》"洛阳三月雨如烟，添得离人思黯然"等，在这些作品中，如烟的春雨既有迷离飘逸之美，又营造出淡淡的感伤意绪。

值得一提的是，江南特殊的地理环境，使它与烟雨有着天然的情缘，小桥流水、粉墙黛瓦似乎也因为这迷蒙的烟雨而尤具诗情画意。"从美学上看江南，首先，江南美学意味着一个地理、气候、生态上的范围，即所谓地域江南。其次，江南美学需要主体从中感受到美，并把这一美感从客体创造出一种艺术样式，从主体上生成一种心理结构，即所谓心理江南。心理江南虽然必须建立在地理江南之上，但要从心理江南升华为美学江南，还需要具备文化优势。再次，是文化优势（由政治或经济优势或二者合一而来）让地理上的独特性得到突出，主体感受性得到强化并美化。当这三个方面汇聚在一起的时候，美学江南才呈现出来。"[①]唐代中期开始，中国的经济、文化中心便开始向江南转移，江南的青山绿水更多地成为文人创作的素材。宋、元时期，随着山水画的兴起，江南春雨的迷离梦幻之美激发了文人不绝如缕的情思，如寇准《春雨》"漠漠霏霏着柳条，轻寒争信杏花娇。江南二月如烟细，谁正春愁在丽谯"，李石《长相思·花飞飞》"花飞飞，絮飞飞，三月江南烟雨时，楼台春树迷"，杨冠卿《诗僧常不轻以梅花句得名于时雪后踏月相过论》"十年袖里梅花句，梦绕江南烟雨村"等，描写出江南春雨的细柔清婉，美感和意境俱佳。而元代虞集《风入松·寄柯敬仲》"为

① 张法《当前江南美学研究的几个问题》，《中国人民大学学报》2010年第6期，第117页。

报先生归也，杏花春雨江南”，张翥《摸鱼儿·元夕》“先生归也。但留意江南，杏花春雨，和泪在罗帕”，两作品中“杏花春雨”的意象组合模式更使江南的春景诗意盎然，令无数人神往。

酥雨。就身心感受而言，人们对不同季节的雨的感受是不同的，如梅雨让人感觉烦闷，夏雨让人感觉凉爽，秋雨让人感觉凄凉，冬雨让人感觉寒冷，而唯独春雨给人的感觉是温暖舒润、身心愉快。对于刚刚走出漫长肃杀冬日的人们来说，这种感觉是非常清新鲜明的。文学作品常常用比喻或通感的手法,巧妙地传达出这种美妙感觉。韩愈《早春呈水部张十八员外》这样写道:“天街小雨润如酥,草色遥看近却无。”透过濛濛细雨遥望，隐约可见青青之色，那便是早春的小草，令人不禁心生欣喜之情，但当走近时，先前看到的青色却又不见了。诗人好像一位出色的水墨画家，善于通过设计背景来传神，而这“背景”便是那如酥的小雨，它温润如脂似乳，正是有了它的一番滋养，小草才清新得似有若无。“润如酥”三个字细腻、微妙、贴切地传达出春雨给人的温暖柔润之感，成为后世文学作品形容春雨的经典词语而被频频使用，尤其在词中更多见，著名词人如苏轼、张炎、周密、王观、史达祖、高观国、高士奇、陈维崧、刘大绅等人的词作中均用“酥”来描述春雨，而且苏轼、史达祖等还不仅一次使用，如苏轼《减字木兰花·莺初解语》“莺初解语。最是一年春好处,微雨如酥”,其《南乡子·千骑试春游》也说“千骑试春游。小雨如酥落便收”,反映出文人对用“酥”描述春雨的一致的认同。

还值得注意的是宋代词人王观《庆清朝·踏青》一词，该词不仅继承了韩愈《早春呈水部张十八员外》诗中的艺术表现手法，将春雨比喻为“酥”，而且更进一步说：“调雨为酥，催冰做水，东君分付春还。”“如酥”正是早春之雨的特色，而王观则更加进一步，用“调雨为酥”“催冰做水”来突出春神造化的本领,因此,创作艺术上巧丽造境，在同类作品中别开生面，给人以耳目一新的感觉。

夜雨。春天的雨一般是细细地飘洒，默默滋润着万物，毫不渲染。得到雨水滋润的花草树木，仿佛一夜之间之间生机焕发，沉寂的大自然顿时如画般美丽，令人惊喜赞叹，杜甫《春夜喜雨》就开创了吟咏春夜雨景的先河，而且成为传世的经典之作。“好雨知时节，当春乃发生。随风潜入夜，润物细无声”，这四句不仅切雨，切春，而且切夜，用拟人化的手法，细腻地描写出典型的春雨、好雨，并且流露出诗人的喜悦之情。这种描写春夜喜雨的模式被历代文人继承，如唐李咸用《同友生春夜闻雨》“春雨三更洗物华，乱和丝竹响豪家……此时童叟浑无梦，为喜流膏润谷芽”，陆游《春雨》“冬旱土不膏，爱此春夜雨。四郊农事兴，老稚迭歌舞”，宋杨公远《春夜听雨》“小楼炙烛新未眠，好雨知时听不厌……添得明朝诗兴好,池塘草长水渐渐”,明王世贞《春雨畦》:“一夜春雨过，千畦尽成绿。不晓意所欣，道是斋厨足”，李日华《题便面画新柳》“昨夜一番春雨好，淡黄金色满湖堤”等，都道出了人们对春夜之雨的欢心和赞美，无论是内容还是表达方式，都未出杜甫《春夜喜雨》的创作模式。需要指出的是，“春夜喜雨”后来还成为词题，内容便是赞美春雨如膏、滋润万物，如元王恽《点绛唇·春夜喜雨》就写道:“好雨知时，万金欲买初无价……花重宫城，好个风人雅。从飘洒,探花走马。明日春如画。”形式和主题都脱胎于杜甫《春夜喜雨》，从此也可见杜甫诗作的艺术影响之深远。

杏花雨。杏生长普遍，尤其盛产在我国北方。杏花是春天代表性的时令花卉之一，是早春花卉。宋祈《玉楼春·春景》“绿杨烟外晓寒轻，红杏枝头春意闹”，就是用杏花初放描写早春景色。杏花开放的时间稍迟于梅花，罗隐《杏花》“暖气潜催次第春，梅花已谢杏花新”写出了杏花的这一生物特性。杏花初开时是淡粉色，极其鲜嫩，古代文学作品常将春雨与杏花组合搭配，相互映衬，表现春雨带来的新鲜明丽的生机之美。唐代和凝《春光好·蘋叶软》：“蘋叶软，杏花明，画船轻。双浴鸳鸯出绿汀，棹歌声。春水无风无浪，春天半雨半晴。红粉相随南浦晚，几含情。”明丽鲜亮的杏花与春天的细雨相映成趣，渲染出清新舒暖的美丽春景。最具代表性的是陆游《临安春雨初霁》“小楼一夜听春雨，深巷明朝卖杏花”，诗句语言清新隽永，诗人彻夜听着窗外淅沥的春雨，欣喜地想象：明天早晨便能听到小巷中卖杏花的声音了。绵绵的春雨从诗人的听觉写出，骀荡的春光从诗人的想象中巧妙地流露，艺术表达形象而有深致，成为描写春雨的名句。其他如宋代志南《绝句》“沾衣欲湿杏花雨，吹面不寒杨柳风”，欧阳修《田家》“林外鸣鸠春雨歇，屋头初日杏花繁”，元黄溍《题平章康里公春日杏园西即事诗后》“目断云车天路永，小楼春雨杏花风”，明杨基《半身美人图》“记得去年春雨后，杏花院里短墙头”，杨士奇《荻港》春雨凝寒着杏花，春风吹绿上芦芽”，清查慎行《题王石谷杏花春雨图》“溪光泛泛山蒙蒙，杏花十里五里红。此时江南新雨足，农事未起春方中”，这些诗句的杏花都起到了渲染和辅助表达作用，准确地写出了春雨时节天地一新、万物生机勃发的景象。

桃花雨。桃花常见，清明节前后开花。风柔日暖、水秀山润的春天里，桃花以“占断春光”的物色成为唤醒春酲的芳物，在古代一些时令或物候性质的农书、类书等文献中，常常以桃花记载春天物候，“桃花雨”“桃花水”等表述成为固定说法，桃花风也被作为春天的风信。[1]每年桃花盛开的时候往往会下雨，雨量不大，然而时间绵长，雨停的时候也是桃花即将凋谢的时候。桃花盛开时烂漫娇美，凋谢时如红雨般飘洒，十分美丽，引人注目。因此，人们喜欢用“桃花雨”来指称这一时段的春雨。与“春雨”这一名词相比，“桃花雨”具有一种视觉上的美感，受到文人青睐。作为一种文学意象，“桃花雨”较早出现在追求浪漫的唐代文人作品中，如戴叔伦《兰溪棹歌》“兰溪三日桃花雨，夜半鲤鱼来上滩”，写的是浙江兰溪春日雨后的活泼生机。李咸用《临川逢陈百年》以“桃花雨过春光腻”描写临川的春日美景。王维《田园乐》“桃红复含宿雨，柳绿更带春烟”，红色的花瓣上略带隔夜的雨滴，色泽柔和可爱，刻画了令人陶醉的春日山庄美景，令人“每哦此句，令人想辋川春日之胜，此老傲睨闲适于其间也”。[2]在后代的文学作品中，“桃花雨”成了春雨的代称，用以描写暮春气象，如元谢应芳《过太仓》“杨柳溪边系客槎，桃花雨后柳吹花”，明陈赞《桃源行》“三春处处桃花雨”，文仲义《夜雨绝句》“江南三月桃花雨，绿暗红稀春欲归”，桃花雨后，柳花纷飞，绿暗红稀，真是“春欲归”时了。

## 三、春雨意象的情感意蕴

春雨是一种自然气候现象，但作为文学意象的春雨又因文人不同的经历和创作时的背景等因素的影响，所融入的主观情感就有所不同。因此，春雨意象也成为中国古代文学作品中别具意味的抒情载体：文人或因春雨而怜花惜春，或因春雨绵绵无尽而生离情别绪，或因羁旅

① 程杰《“二十四番花信风”考》，《阅江学刊》2010 年第 1 期，第 118 页。

② 胡仔《苕溪渔隐丛话》（后集卷九），人民文学出版社 1962 年版，第 60 页。

客居遭遇春雨而思乡怀人等，这些都丰富了春雨的文学和文化内涵。下面分别论述。

惜春。古代文学作品对春雨表现出两种不同的情感：赞美春雨滋润万物、惠泽人间的美好，感伤风雨送春、韶光易逝。刘勰《文心雕龙》中对自然物象的春秋代序所引发的心理反应做了深入的论析，所谓“物色之动，心亦摇焉”，如中国古代文学史上的悲秋和咏春、惜春、春恨等。中国古代文学的春恨、惜春意识早在屈原作品中就有表现，“惟草木之零落兮，恐美人之迟暮”，此后，曹植、陆机、江淹、庾信、何逊等诗人的作品中皆有体现。至唐、宋，出现了第一个创作高潮，形成了春恨主题文学。春雨滋润万物，催开百花，然而，春雨又扮演着摧花者这一角色，若遇风吹雨打，尤其是在暮春时节，便会使花辞故枝，落红狼藉，敏感的文人瞻物而思纷，产生悲悯之情。唐代李山甫《落花》：“落拓东风不藉春，吹开吹谢两何因”，春雨也是如此让人欢喜让人忧。由飘雪坠红引发的风雨春愁是中国古代文学中的常见内容，早在唐代就有很多描写，如白居易《惜落花》“夜来风雨急，无复旧花林。枝上三分落，园中一寸深”，“惜”字即点明了题旨，李中《落花》“年年三月暮，无计惜残红。酷恨西园雨，生憎南陌风。片随流水远，色逐断霞空。怅望丛林下，悠悠饮兴穷”，“酷恨”“生憎”“怅望”等词表明了对春雨既恨又无奈感情。温庭筠《春愁曲》“觉后梨花委平绿，春风和雨吹池塘”，春雨无情，落花深重，诗人的“愁”情溢于字里行间。宋代开始，有关作品数量急剧增加，艺术手法也更加多样，代表作家如秦观、张耒等。张耒《春雨中偶成四首》，三首诗都充满淡淡的清愁，如第三首这样写道：“天低芳草接浮云，万柳含烟翠不分。燕子归时花遍落，暮云和雨入黄昏。”该组诗的第一首诗开篇就言“小雨作春愁”，此处的“燕子归时花遍落，暮云和雨入黄昏”便是诗人的忧愁之处了，落花、暮雨、黄昏，这些具有伤感意味的意象让我们不难理解此情此意。其他如宋赵善括《好事近·风雨做春愁》“风雨做春愁，桃杏一时零落”，元薛昂夫《楚天遥带过清江引》“屈指数春来，弹指惊春去。蛛丝网落花，也要留春住。几日喜春晴，几夜愁春雨。六曲小山屏，题满伤春句”，明谢勉仲《春雨》“愁边雨细漠漠，天如醉，摇扬游丝晚，风外酿轻寒”，清吴绮《用前韵赠澹心》“春风春雨乱愁生，纵有高轩不肯迎”等等，都是经典的描写，春来又春去，似乎弹指间，未及欣赏桃杏飘香的三春美景，便见落花纷纷，让人无限怅惘。

中国古代文人善于将自然物象的春秋代序与人生联系起来，春天用于象征最美好的青春韶华。怜花惜春就是对青春年华的流连，这一主题发端于楚辞。魏晋南北朝时期，陆机《悲哉行》、何逊《增新曲相对联句》等作品中也有体现，但在唐代之前，有关的作品数量还不多。唐、宋时期，不仅作品数量骤然增加，而且突破了传统的惜花主题，将花与女性的青春年华和美丽容颜联系起来，用春雨象征岁月，风雨送春归象征青春的消逝和容颜的衰老，从而形成了伤春或相思主题，代表作如李商隐《春雨》、李煜《蝶恋花·遥夜亭皋闲信步》、苏轼《点绛唇·红杏飘香》、朱淑真《春日感怀》、李清照《好事近·风定落花深》、陆游《春日杂赋》、元好问《南乡子·风雨送春忙》、沈周《赋得落花诗三十首》等。在这些作品中，红杏、翠柳、落花、余香……春色宛然如画，然而，转眼之间，风雨落花，春归无迹，容颜已老，就像纳兰性德《南乡子·烟暖雨初收》词所写“人去似春休”，作品中的每一场春雨都隐然诉说着青春易逝的“愁”情。

离别相思。春雨缠绵、淅沥，如丝如缕，与文人细腻柔婉的性格极为契合，极易触动他们敏感的心理。在所有情感中，离别相思之情最令人迷茫而感伤，而这与春雨丝丝缕缕、如烟如雾的自然状貌极其相似。因此，古代文学作品常把离别之情比作春雨，产生了别样的情感意蕴，早在唐代就有专题描写，李商隐《春雨》是代表作："怅卧新春白袷衣，白门寥落意多违。红楼隔雨相望冷，珠箔飘灯独自归。远路应悲春晼晚，残宵犹得梦依稀。玉珰缄札何由达，万里云罗一雁飞。"这是一首情诗。诗人因春雨而引发出许多怀思的情愫，有追思、有梦境，连情书都无法寄送，可见情思之苦，更可知这种思念的无奈而又无休无止。

写得尤其缱绻婉约的是宋代秦观的《浣溪沙》："漠漠轻寒上小楼，晓阴无赖似穷秋，淡烟流水画屏幽。自在飞花轻似梦，无边丝雨细如愁，宝帘闲挂小银钩。"这首词以轻浅的色调、幽渺的意境，描绘一个女子在春雨绵绵的时候所生发的淡淡感伤。全词意境怅静悠闲，含蓄有味，令人回味无穷，一咏三叹。下片"自在飞花轻似梦，无边丝雨细如愁"，写凝望春雨时所见所感，与唐代崔橹《过华清宫》"湿云如梦雨如尘"所表达的意境相近。秦观以纤细的笔触，把幽渺的情思描绘为可见可感的艺术境界，抓住了"丝雨"和"愁"所具有"轻""细"这两个共同点，构成了既恰当又新奇的比喻。不说梦似飞花，愁如丝雨，而说飞花似梦，丝雨如愁，用语奇绝，从而使读者通过环境和心灵的契合、情与景的交融，体味到一种淡淡的忧伤，是历代传颂的佳作。

其他又如宋无名氏《长相思·雨如丝》"雨如丝，柳如丝，织出春来一段奇。莺梭来往飞。酒如池，醉如泥，遮莫教人有醒时，雨晴都不知"，明代著名诗人谢榛《春闺》"罗衣初试薄寒生，荳蔻花开感别情。零落铅华君不见，画楼春雨燕双鸣"，清代吴绮《鬓云松·春雨》"滴尽红檐声欲碎，点点丝丝，学做离人泪”等，都用春雨极其形象地写出了离愁之苦。

羁旅愁思。南朝何逊《临行与故游夜别》“夜雨滴空阶，晓灯暗离室”，通过对孤灯听夜雨的描写，表现了离别的伤感。诗人何逊发现了雨意象的细腻情味，并以清丽的笔调加以表现，艺术影响深远，此后，雨意象便经常与羁旅漂泊、孤独这类主题联系在一起，代表作是陆游《临安春雨初霁》:“世味年来薄似纱，谁令骑马客京华。小楼一夜听春雨，深巷明朝卖杏花。矮纸斜行闲作草，晴窗细乳戏分茶。素衣莫起风尘叹，犹及清明可到家。”“小楼一夜听春雨”，表明诗人彻夜无寐，窗外缠绵的春雨时刻都在撩拨着他的思绪，国事家愁，万千心事，伴着这雨声而涌上了眉间心头。同样是听雨，李商隐的“秋阴不散霜飞晚，留得枯荷听雨声”是暗寓怀友之情，而陆游这里写得更为含蓄深蕴，用明媚的春光作为背景，与自己的落寞情怀构成了鲜明的对照，表达自己的郁闷与惆怅，收到了极好的艺术表达效果。

其他如宋李处权《表臣检校东皋雨中有懷诗以促归》“旅泊愁春雨，春寒更北风”，元代虞集《赋程氏竹雨山房二首》“游子闻春雨，思亲望故园”，明张羽《春雨》“轻风递迟折，春夜苦复长。脉脉夜来雨，如缕萦羁肠”等，都能让我们体会出春雨意象所承载的诗人的羁旅漂泊和孤寂的情怀。

闲适意趣。春雨时许多的户外工作或劳作都不能进行，平时忙碌的人们可以在春雨绵绵的日子享受“偷得浮生半日闲”的轻松。韦庄《菩萨蛮 · 人人尽说江南好》“春水碧于天，画船听雨眠”，春雨自在地飘洒，诗人画船醉卧，悠闲听雨，这是多么惬意的生活！诗句写得清新明丽，亲切可感。最具代表性的是张志和《渔歌子》:“西塞山前白鹭飞，桃花流水鳜鱼肥。青箬笠，绿蓑衣，斜风细雨不须归。”此词在秀丽的水乡风光和理想化的渔人生活中，寄托了作者爱自由、爱自然的情怀。这首词吸引我们的不是青笠绿蓑、从容自适的渔父，而是江乡二月桃花汛期时春江水涨、烟雨迷蒙的景色。春雨中的青山、渔舟、白鹭，以及两岸粉嫩的桃花，色泽鲜明而柔和，气氛宁静而又充满活力，这种艺术表达方式体现了作者的创作匠心，也反映出他冲澹、悠然、脱俗的意趣。此词吟成后，一时和者甚众，苏轼、黄庭坚、朱敦儒等都有模写，如苏轼《浣溪沙》就这样写："西塞山边白鹭飞，散花洲外片帆微，桃花流水鳜鱼肥。自庇一身青箬笠，相随到处绿蓑衣，斜风细雨不须归。"不仅如此，这首词还流播海外，为日本的汉诗作者开启了填词门径，嵯峨天皇的《渔歌子》五首及其臣僚的七首奉和之作，就是以此词为蓝本改制而成的。

总之，由于我国古代是典型的农耕社会，以农立国，靠天生活，人们把一年的希望都寄托于春雨，雨润土膏才能五谷茂盛、春生秋成。春雨作为生命之水的意义积淀在人们的心理，成为春雨意象形成的基础。经过历代文学作品的描写，春雨意象的文学内涵和审美文化意蕴逐渐丰富，使春雨从一种气候现象而成为能够唤起全民族共同记忆的符号。康熙皇帝《题耕织图》"一年农事在春深，无限田家望岁心"，概括了数千年来我国农耕民族年复一年的切身体验。

（原载《安徽大学学报》哲学社会科学版 2015 年第 3 期）

# 论梅雨的气候特征、社会影响和文化意义

在中国，梅雨是长江中下游地区、淮河流域到钱塘江一带初夏时节的天气常态，是一种重要的气候现象[①]，一般历时一周以上，有时候一个月左右甚至更长。梅雨时又恰逢这些地区的农事繁忙的时节，雨期长、范围广、雨量大。因此，对农业生产和日常生活具有重要影响。从中国历史上说，自魏、晋、六朝开始，长江中下游地区、淮河流域就已经成为中国重要的农业生产基地，在宋代，由于社会政治中心的转移，这些地区又成为当时的经济、文化重心。因此，梅雨受关注度较高。由于科技条件的限制，古代对梅雨的气候特征的认识多是通过长期的日常观察和生产生活实践而获得的，因此，更具有实证性，从而也更接近科学。虽然有些认识与气象学意义上的观点并不完全一致，但是毕竟为我们提供了珍贵的历史气候资料，对我们认识中国气候变迁具有极为重要的文献参考价值。在气候变化成为全世界共同关注的问题的今天，梅雨作为一种独特的气候现象也越来越被重视。目前，研究者从自然科学角度对梅雨进行了充分研究，但是，梅雨在古代社会的情况还没有引起学术界的关注。本文拟从中国古代对梅雨气候特征的认识、社会影响和文学意义几个方面对这一问题进行研究，以补充人们对这一重要的气候现象的文化方面的认识。

---

① 朱炳海《当前气候工作中的几个问题》，《气象》1980年第10期，第5页。

## 一、古代对梅雨的认识

一般在每年的 6 ～ 7 月间，正值梅子变黄、成熟的时候，长江中下游沿岸地区都会迎来较长时间的阴雨天气，被称为“梅雨”或者“黄梅雨”。

古代文献对梅雨记载的时间很早。随着时代的发展，人们在农业生产和日常生活中积累的有关经验越来越多，对梅雨的观察越来越细致，感受、认识也在不断深化，有关的文献记载也越来越丰富，反映了古代对梅雨的气候特征的感性认识，其中有些与今天的气象学知识是一致的。

早在西晋时期,文献中就可见对梅雨的描述了。周处《风土记》云:“夏至之雨,名为黄梅雨,沾衣皆败涴。”[①]《风土记》即《阳羡风土记》。阳羡,古地名,在今无锡宜兴市南。姚鼐《江宁府志》说《阳羡风土记》“皆概言吴越风土，非专志阳羡也”[②]。可见，西晋时，吴越地区已经有“黄梅雨”的说法了。众所周知，梅雨时气温高、湿度大、风小，因此，水汽不容易散掉,细菌就容易滋生,衣物就会因此霉烂。这里所言即是。顺便说一下,对于梅雨容易滋生霉斑,古代亦有解决办法,唐陈藏器《本草拾遗》“梅雨水”条云:“梅沾衣,皆以梅叶汤洗之,脱也,余并不脱。”[③]

① 周处辑、金武祥补校《阳羡风土记》，王漠辑《风土志丛刊》，广陵书社 2003 年版，上册，第 10 页。

② 黄苇《中国地方志词典》，黄山书社 1986 年版，第 15 ～ 16 页。

③ 陈藏器《本草拾遗辑释》，尚志钧辑释，安徽科学技术出版社 2002 年版，第 47 页。

这说明，人们对梅雨的认识更多了，学会了趋利避害，用梅雨水来清洗衣服上的霉斑。

宋代对梅雨的认识更丰富了。陆佃《埤雅》云："今江湘二浙，四五月间，梅欲黄落，则水润土溽，柱礎皆汗，蒸郁成雨，谓之'梅雨'，自江以南，三月雨谓之'迎梅'，五月雨谓之'送梅'。"[①]罗愿《尔雅翼》卷十亦云："今江南梅熟之时辄有细雨，连日不绝，衣物皆裛，谓之'梅雨'。"[②]对于梅雨产生的地理范围、时间、对环境的影响都作了较为明确的记述，与我们今天对梅雨特征的认识大致是符合的。

唐、宋及之前的文献多是记述梅雨的自然状况。元代人们对梅雨的某些现象产生了好奇，便尝试探究梅雨的形成原因，如方回《梅雨大水》"积年梅雨动兼旬，咎证源源殆有因"，梅雨动辄兼旬，是说梅雨时间长，超过十天的梅雨常见，于是便追究其原因。

明、清时期，人们则从考据学的角度出发，考究历代对梅雨的认识，对"霉雨"与"梅雨"之间的关系进行了探究。

明代顾充《古隽考略》云："黄梅雨，'梅'当作'霉'，因雨当梅熟之时，遂讹为'梅雨'。"[③]对于顾充的这一认识应分前后两部分看：前一部分，"黄梅雨，'梅'当作'霉'"，这一点是他的创见，也是科学的；而后一部分，"因雨当梅熟之时，遂讹为'梅雨'"，笔者认为，"霉雨"被称为"梅雨"不能说是"讹"，而是因为人们觉得"梅雨"这一说法通俗、形象、鲜明，口口相传而成为习惯说法。谢肇淛《五杂俎》对这一问题的说法是准确的："江南每岁三四月，苦霪雨不止，百物霉腐，

① 陈元靓《岁时广记》卷二，中华书局 1985 年版，第 19 页。

② 罗愿《尔雅翼》，洪焱祖释，中华书局 1985 年版，第 111 页。

③ 顾充《古隽考略》，首都图书馆藏明万历二十七年李祯等刻本。

俗谓之‘梅雨’，盖当梅子青黄时。”[1]“俗谓之‘梅雨’”这一表述很准确，符合今天的科学认识。

著名科学家方以智擅长从古音角度研究问题，其《通雅》就是一个“古音系统”[2]，其中也有对梅雨的研究，卷十二“天文·月令”这样说：“阴湿之色曰‘黴黰’，‘黴黰’音‘梅轸’……《埤雅》以梅子黄时雨曰‘黄梅雨’，人遂以‘黴天’为‘梅天’。”[3]他认为，由于“黴”与“梅”读音一样，连绵的阴雨使衣物长霉的时候也是梅子成熟变黄的时候，人们就把“黴天”俗称为“梅天”。这一认识与谢肇淛《五杂组》中所说是一致的，只是解释的角度不同，两种说法都有道理。

周祈则对前代所有关于梅雨的记述加以考论，因而其认识也较前人更为深刻，《名义考》卷一云：“上‘梅’皆当作‘黴’，因雨当梅熟，遂讹为‘梅雨’。至有迎梅、送梅之说，又因梅雨讹为‘上梅’，益谬矣。”[4]他认为，“梅雨”应该写成“霉雨”，因为它容易使东西发霉，并且从下雨的时间说，恰好在江南地区梅子黄熟的时候，所以，人们习惯上把它称为“梅雨”。李时珍《本草纲目》[5]、清代赵之谦《江西通志》[6]均持同样的观点。这些说法可以说是对梅雨的气候特征的深刻认识，包含着极为可贵、丰富的科学道理。

古代人们在长期观察的基础上逐渐获得了对梅雨的基本认识，这

① 谢肇淛《五杂组》，中央书店1935年版，第21页。
② 李开复《汉语语言研究史》，江苏教育出版社1993年版，第193页。
③ 方以智撰、侯外庐主编、中国社会科学院历史研究所中国思想史研究室编《方以智全书》，上海古籍出版社1988年版，第468页。
④ 周祁《名义考》，《丛书集成续编》92（子部），上海书店1994年版，第104页。
⑤ 李时珍《本草纲目》“水部”（第五卷），人民卫生出版社1982年版，第389页。
⑥ 赵之谦《江西通志》，（台北）京华书局1967年版，第105页。

些认识有些与气象学所定义的梅雨的气候特征是一致的。由历代文献对梅雨的记述可知，今天我们所说的“梅雨”其实就是“霉雨”的通俗叫法，因为它与当地梅子成熟变黄同时而得名。从中国传统文化角度解释这一问题可以这样说，“梅雨”这一说法明白晓畅、鲜明形象，代表着天（雨）地（梅）之间的感应，天人合一，很容易被人接受，因而，成为对“霉雨”的俗称而沿用至今。

## 二、梅雨与古代农业

梅雨是雨区农作物生长的关键因素，梅雨的迟早、降水量的多少很重要，它关系着农业的丰歉。对梅雨与农业关系的记载较早的是汉代崔寔所编的《农家谚》，其中有“雨打梅头，无水饮牛”[①]的说法，“雨打梅头”就是我们今天的气象学术语“早梅雨”，“无水饮牛”就是旱灾。不难看出，古农谚具有通俗形象的特点。这一谚语是说早梅雨常常会引起旱灾。在唐代，民间还有“雨不梅，无米炊”的谚语。“谚语多沿俗，歌谣尽入时”，可见，梅雨对农业生产的重要性成为历代人们的共识。不仅如此，梅雨还是农事的信号，提醒人们耕稼。宋代赵师秀就这样写道：“黄梅时节家家雨，青草池塘处处蛙。”梅雨初到，蛙声伴着雨声，农家知道，一年最忙的时候开始了。在江南，梅雨来临时正是农家最忙的时候，春蚕结茧、大麦上场、小麦黄熟，一场梅雨过后，水稻秧苗顿时疯长，所以，忙完麦场就要抢时间插秧，杜甫《初夏怀故山》“梅雨晴时插秧鼓，萍风生处采菱歌”描写的就是这种紧张而欢快的劳

① 崔寔《农家谚》，《影印文渊阁四库全书》本。

作场景。明末徐光启《农政全书》卷三十五“蚕桑广类 · 木棉”又言：“谚曰‘锄花要趁黄梅信，锄头落地长三寸’。”[①]由“黄梅信”这一表述不难看出，黄梅雨在古代是被作为农事之“信”的，人们根据黄梅的时间去锄花，这样才能使花木长得旺盛。

在没有科学历法的古代社会条件下，人们通过观察植物的生长荣枯来判断时序，可以说，这是最直接、最形象的方式，如关于“二十四番花信风”的记述就是基于此。[②]关于雨的说法，除了黄梅雨之外，还有“杏花雨”“桃花雨”“荷花雨”“榆荚雨”等，显然，这些名称或说法都具有明显的物候信息作用，对农业生产具有重要作用。

在长期的农业生产中，人们还积累了一些在梅雨季节种植经验。黄梅时节，被初降的雨水滋润的土地特别适合移栽花木。宋代史铸《百菊集谱》卷三“种艺”“梅雨时，收菊丛边小株分种，验其茂，则摘去心苗，欲其成小丛也”[③]，这是说，梅雨时适合移栽菊花；元代鲁明善《农桑衣食撮要》卷上“移栀子”“带花移易活，梅雨时插嫩枝，易生根，要锄净”[④]，这是说，梅雨时适宜移栽栀子花；清代汪灏等所编《御定佩文斋广群芳谱》卷四十一“别录”原“栽种”“梅雨时折其（瑞香）枝，插肥阴之地，自能生根”[⑤]，这是说，梅雨时适合移栽瑞香。

在古代闽中地区，人们以梅雨的多少来预测一年的丰歉。宋代福建人刘爚《云庄集》卷二《三城隍谢雨》“惟闽之俗，以梅雨多寡而占

① 徐光启《农政全书》卷一一，石声汉校注，上海古籍出版社 1979 年版，上册，第 967 页。

② 程杰《“二十四番花信风”考》，《阅江学刊》2010 年第 1 期，第 111 ～ 122 页。

③ 化振红《分门琐碎录校注》，巴蜀书社 2009 年版，第 134 页。

④ 鲁明善《农桑衣食撮要》卷上，中华书局 1985 年版，第 13 页。

⑤ 汪灏等《广群芳谱》卷四一，上海古籍出版社 1991 年版，第 316 页。

岁之丰俭”，元代方回《梅雨连日五首》“若无梅子雨，焉得稻花风”，这些都说明梅雨对农作物种植的重要性。

适量、适时的梅雨固然有利于农业生产，然而，非正常梅雨却对农业产生严重影响。气象学所说的非正常梅雨指“早梅雨”“迟梅雨”“空梅”“长梅雨”等，古代对此均有记载或反映。关于“早梅雨”，如徐光启《农政全书》卷十一“农事 · 占候”记载：“立梅日早雨谓之‘迎梅雨’，一云主旱。”[①]关于“迟梅雨”，如宋代张侃《望雨行》所写：“今年梅雨久不来，暑风吹干生尘埃。苦求涓滴润田亩，敢望潋滟添酒杯。”关于“空梅”，如宋代陈亮（《壬寅答朱元晦秘书》）《又书》写道：“一春雨多，五月遂无梅雨。池塘皆未蓄水，亦有全无者，麦田亦有至今全未下种者……又，俗谚‘五月若无梅，黄公揭杷归’之说。”关于“长梅雨”，如宋代薛师石《梅雨》“梅雨润兼旬，暑月不知夏……难愿方丈食，互市物踊价”，袁说友《梅雨逾越月始晴甫两日复大雨》“泽国几成壑，田家未半犁”等等，都写出了梅雨雨量过大，造成农田被淹、物价上涨的事实。

## 三、梅雨与古代生活习俗

气象条件如气温、降水、光照等因素会对某一地区的生产、生活习惯产生影响，而生产条件、生活习惯也会影响人们对气象条件的需求与评价，比如，我国大部分地区一年四季都有雨水，而不同地区的人们对雨水的评价是不同的。对春雨，北方人常称赞“春雨贵如油”，

① 徐光启《农政全书》卷一一，石声汉校注，上册，第 257 页。

因为我国大部分地区处于北温带，春天一到，尤其是在北方，开始返青的农作物和刚刚播种的农作物都需要春雨的滋润，然而，恰恰这个时节常常干旱或少雨，因此这样说。这是从春雨对农作物的重要意义的角度而言的。对秋雨，人们则常感叹地说“一场秋雨一场凉”，这是因为，在心理上，人们更加容易接受温暖湿润的气候，而进入秋天，气温逐渐下降，一场雨过后，冷空气势力就相对增加了，天气明显变冷，“一场秋雨一场凉”就反映了人们的这种心理。这是从人们的身体对外界气温的感受这一角度而言的。

梅雨与以上两种都不同。古代人们对梅雨的认识多集中于两点：第一是人们的身体对它的感受，第二是它对日常生活的影响。湿、闷、热、易生霉菌是人们对梅雨的共识。明代王鏊《姑苏志》卷十三“风俗”：“芒种后得壬日为梅始，梅日则多雨，故亦谓之‘梅天’。”[①]梅雨的这一特征对人们的身体、情绪、生活等方面都产生了很多影响，这是其不利的一面；另一方面，对于生活在梅雨区的人们来说，为了适应这样的天气条件而找到了应对的方法，形成了某些生活习惯，有些成了风俗而至今沿用。

从梅雨对人们生活的不利影响方面说，最明显的就是梅雨时的高温、高湿使人感到焦躁、烦闷，古代对此早就有所认识。刘禹锡《浙东元相公书叹梅雨郁蒸之候因寄七言》：“稽山自与岐山别，何事连年鸑鷟飞。百辟商量旧相入，九天祗候老臣归。平湖晚泛窥清镜，高合晨开扫翠微。今日看书最惆怅，为闻梅雨损朝衣。”这首诗是刘禹锡写给他的好朋友元稹的。据唐代李吉甫《元和郡县图志》卷二记载：“岐山县，本汉雍县之地，周武帝天和四年，割泾州鹑觚县之南界置三龙

① 王鏊《姑苏志》，（台北）台湾学生书局 1986 年版，第 197 页。

县，隋开皇十六年移三龙县於岐山南十里，改为岐山县。贞观八年移於今理。”[①]从诗歌的题目上就可以看出，浙东的梅雨郁蒸使元稹几乎忍无可忍了，因此写信给刘禹锡，感叹梅雨之苦，刘禹锡写文以示安慰。陆游《苦雨》“何由收积潦，箫鼓赛西成”，描写了连绵阴雨使人心生忧愁的情形。查慎行《梅雨》“半月蒙蒙雨，千畦释释耕。麦租虽未入，米价渐将平。屋老础长润，庭虚苔任生。吾脾方畏湿，却立候新晴”，表明梅雨之苦甚至影响到了民生，其令人之不适可见一斑。

梅雨的高温、高湿对由北方入南方的文人的影响尤其明显，明代王廷相《苦热》：“南京六月梅雨积，温湿蒸炎闷杀人。”据黄宗羲《明儒学案》卷五十：“王廷相，字子衡，号浚川，河南仪封人……嘉靖初，历湖广按察使、山东左右布政使，以右副都御史巡抚四川，入为兵部左右侍郎，转南京兵部尚书，召为左都御史。”[②]据此可知，河南人王廷相确实不能适应南京梅雨的湿热，直呼“苦热”甚至忍无可忍。

梅雨对人们生活的不利影响还表现在，书、画、墨、茶等物品在梅雨天气容易受损，苏轼《徐熙杏花》“却因梅雨丹青暗，洗出徐熙落墨花”说的就是这种现象。但是，在长期应对梅雨的生活中，人们摸索出解决这些问题的方法。这是梅雨对人类生活和文化的贡献。

在汉代，人们就知道了如何保养书，陈藏器《本草拾遗》“梅雨水”云：“江淮以南，地气卑湿，五月上旬连下旬尤甚。《月令》：‘土润溽暑’，是五月中气。过此节以后，皆须曝书。汉崔寔七夕曝书，阮咸焉能免俗。”[③]宋代方夔《梅后久雨》“积润图书供火焙，新裁罗褐覆香匜”，

① 李吉甫《元和郡县图志》卷二，中华书局 1983 年版，第 41 页。

② 黄宗羲《明儒学案》卷五〇，中华书局 2008 年版，第 1174 页。

③ 陈藏器《本草拾遗辑释》，尚志钧辑释，安徽科学技术出版社 2002 年版，第 47 页。

描写用火烘焙受潮的书籍，用香匣覆盖在新剪裁的罗衣上，去除湿气。梅雨过后晒书也成为文人别有意味的一种生活习惯。明方豪《赠陈生》“若问生涯无可答，梅天犹有晒书忙”，清王鸣盛《黄梅雨赋》“检素衣之败黑，箧且频开；防散帙之壁鱼，书还屡晒”[①]等都描写了这一点。清代周召《双桥随笔》卷三记述了具体实用的防湿、防霉的方法：“收书于未梅雨时，开阁橱，晾燥，随即闭门，内放七里香花或樟脑，不生蠹鱼;收画于未梅雨时，逐幅抹去蒸痕，日中晒晾，令燥，紧卷入匣，以厚纸糊匣口四围，梅后方开匣。”[②]这种方法至今沿用。

明卢之颐《本草乘雅半偈》卷七“藏茗”引陆羽《茶传》云：“育以木制之，以竹编之，以纸糊之，中有槅，上有覆，下有床，傍有门，掩一扇，一器贮煻煨火，令煴煴然。江南梅雨，焚之以火。”[③]这是说如何保存茶叶。沈继孙《墨法集要》“试研”云:“霉天用墨,研过便拭干，免得蒸败……”[④]是说如何保养墨。这些都是古人留给我们的经验科学。

梅雨对人类生活的贡献还表现在它所带来的新鲜美食美味。

黄梅时节，各种带着梅雨味道的时令鲜蔬也陆续上市，冲淡了雨期的苦涩。明代屠本畯《闽中海错疏》卷下“泥螺”:“泥螺，一名土铁，一名麦螺，一名梅螺，壳似螺而薄，肉如蜗牛而短，多涎有膏。按:泥螺产四明、鄞县、南田者为第一。春三月初生，极细如米，壳软，味美。至四月初旬稍大，至五月，内大脂膏满腹，以梅雨中取之为‘梅

① 王鸣盛《黄梅雨赋》，《西庄始存稿》卷二，清乾隆三十年刻本。

② 周召《双桥随笔》卷三，（台北）台湾商务印书馆 1983 年版，第 10 页。

③ 卢之颐《本草乘雅半偈》卷七，冷方南、王齐南校点，人民卫生出版社 1986 年版，第 415 页。

④ 沈继孙《墨法集要》，中华书局 1985 年版，第 61 页。

螺'，可久藏。”[①]味清而甘美的梅螺似乎充满了春天的味道。今天，江浙一带的人们往往把梅雨中取来的梅螺用酒浸泡几个晚上，不用烹煮就能食用，名为“醉梅螺”，是难得而极致的美味。

梅雨水在古代被认为是上等的水，人们储存雨水用于烹茶。苏东坡《仇池笔记》中就说："时雨降，多置器空庭中，所得甘滑不可名，以泼茶煮药，皆美而有益，正雨食之不辍，可以长生。”[②]即在下雨时，要多准备一些大瓮在空庭取水,用来饮用或泡茶。清代陆廷灿《续茶经》卷下之一引明代罗廪《茶解》曰："煮茗须甘泉，次梅水，梅雨如膏，万物赖以滋养，其味独甘，梅后便不堪饮。”[③]采集梅雨水烹茶待客渐渐成为很多地方的生活习俗。清顾禄《清嘉录》“梅水”记载："居人于梅雨时，备缸瓮，收储雨水，以备烹茶之需，名曰‘梅水'。徐士鋐《吴中竹枝词》云‘阴晴不定是黄梅,暑气熏蒸润绿苔。瓷瓮竞装天雨水，烹茶时候客初来'。”长、元、吴志皆载："梅天多雨，雨水极佳。蓄之瓮中，水味经年不变。”又，《昆新合志》云："人于初交霉时，备缸瓮贮雨，以其甘滑胜山泉，嗜茶者所珍也。”[④]可见，至少在清代，以梅雨烹茶待客已经是吴地风俗。清代沈季友编《槜李诗系》引明代陆清原《采雨诗（霉天有雨以布盛之味最佳诸名士有采雨诗今因之以下月令诗)》："茗饮清者事，择水乃先务。昔人重蒙泉，今则邀天澍。时维阏逢月，万种欣沾注。摇摇青苗风，濯濯黄梅雨。方幅当中庭，俄焉如瀑布。檐溜非不可，义不取尘污。贮之以素瓷，珍之等甘露。水性

① 屠本畯《闽中海错疏》卷下，中华书局1985年版，第31～32页。
② 苏东坡《仇池笔记》，《东坡志林》卷一，上海书店1990年版，第78页。
③ 陆廷灿《茶经·续茶经》卷下之一，工人出版社2003年版，第134页。
④ 顾禄《清嘉录》，来新夏点校，上海古籍出版社1986年版，第95页。

此独真，茗理庶可悟。”[1]这也说明当时的人们对梅雨水的推崇。清朝末年，江浙一带的人，入梅之后，家家户户都会清洗所有的瓮缸，清洗后放在院子里，收集雨水用以泡茶，《金陵琐志九种》即记载：“惟雨水较江水洁，较泉水轻，必判分昼夜，让过梅天，炭火粹之，叠换缸瓮，留待三年，芳甘清冽，车研诗所谓‘为忆金陵好，家家雨水茶’是也。”[2]至今，南京地区还流传着“梅水烹茶茶味美”的民谚。

## 四、梅雨与古代文学

对于古代文学中有关梅雨的内容，笔者《论中国古代文学中的梅雨意象》[3]一文可以参阅。

梅雨发生的范围广，对人们的生活影响大，因此，很早就成了文人描写的对象，西晋庾信《奉和夏日应令》就写道：“朱帘卷丽日，翠幕蔽重阳。五月炎气蒸，三时刻漏长。麦随风里熟，梅逐雨中黄。”到唐代开始，文学作品还出现了专题的梅雨作品，如杜甫《梅雨》、柳宗元《梅雨》、吴融《梅雨》等。宋代以后，文人对梅雨的描写更加丰富，陆游不仅有多首《梅雨》诗,还有《苦雨》《梅雨初霁》等,杨万里有《又和梅雨》、范成大有《梅雨》诗多首，还有《梅雨五绝》等作品。清代还出现了王鸣盛《梅雨赋》等作品。这些作品都从文学角度对梅雨的气候特征作了细致的描写，表现出梅雨特殊的美感，并且寄托了文人

① 沈季友《槜李诗系》卷二一，敦素堂清康熙四十九年（1710）刻本。
② 陈作霖、陈诒绂《金陵琐志九种》下册，《南京罕见文献丛刊》，南京出版社2008年版，第128页。
③ 渠红岩《论中国古代文学中的梅雨意象》，《人文杂志》2012年第5期，第95～101页。

因梅雨而产生的思想情感。

梅雨如烟似雾的情态别具美感，历代文人都抓住这一特征进行描写，如唐郑谷《送许棠先辈之官泾县》“芜湖春荡漾，梅雨昼溟蒙”，宋李正民《览镜》“如无似有梅天雨，暂去还来海浦潮”，明高启《梅雨》“江南烟雨苦冥蒙，梅实黄时正满空”等。

轻烟般的梅雨增添了文人的诗兴，抒写出闲适、慵懒、恬淡的意趣，宋代赵师秀《约客》“黄梅时节家家雨，青草池塘处处蛙。有约不来过夜半，闲敲棋子落灯花”成为经典描述，其中，“黄梅时节家家雨，青草池塘处处蛙”成为表现梅雨季节景象的脍炙人口的佳句。

梅雨丝丝缕缕、如烟如雾的自然状貌与人们的心绪极其相似。因此，成为文人抒情常用的意象。中国古代文学中，春雨多被赋予喜悦之情，秋雨多用于表达凄凉的情感，而梅雨所抒发的则是缠绵伤感的情怀，就如欧阳修《渔家傲》所写的“一撮眉尖千叠恨。慵整顿。黄梅雨细多闲闷”,“闲”“闷”概括了梅雨的情感意蕴。元代白朴《梧桐雨》“三煞”说 :“润蒙蒙杨柳雨，凄凄院宇侵帘幕；细丝丝梅子雨，装点江干满楼阁；杏花雨红湿阑干；梨花雨玉容寂寞；荷花雨翠盖翩翻；豆花雨绿叶萧条。都不似你惊魂破梦，助恨添愁，彻夜连宵。”这是基于各种不同时节的雨的不同物理特征而表述的，“细丝丝梅子雨，装点江干满楼阁”极其贴切地描摹出梅雨迷蒙满空、无处不在的性状。在这一意义上,最形象、贴切的就是贺铸《青玉案》中“试问闲愁都几许？一川烟草，满城风絮，梅子黄时雨”的描写了，“一川烟草”言思绪如初春旺盛的漫川烟草渐渐生长，“满城风絮”言愁思如漫天飞舞的风絮，无根无基，让人心神不宁，而“梅子黄时雨”则把愁绪比喻成梅雨，缠绵、悠长、迷茫、郁闷，这种“状难写之景如在眼前”的艺术手法使贺铸赢得了“贺梅子”的美誉。明代彭韶《山厂病起偶成寄杨恒叔》:“遥思此际江南路，梅雨篷窗正可诗。”丝丝缕缕的梅雨如灵动的轻烟，牵惹出历代文人细腻幽婉的思绪。

## 五、结　论

梅雨出现在长江中下游、淮河流域、钱塘江流域的初夏，自古就是一种重要的而独特的气候现象，无论对农业还是社会、文化，都有非常重要的影响。梅雨对人们生活的影响既有不利的一面也有积极的一面。高温、高湿的天气固然给人们的生活带来很多不便，但是，因梅雨天气所形成的有趣的生活习俗以及所带来的时令美味也是梅雨对人们的馈赠。从文学角度看，梅雨在西晋时期就成了文学作品的描写对象，唐代及以后的文学作品对梅雨之美感进行了充分展现，出现了很多名篇佳作，“梅子黄时雨”等成为经典的文学表述。

（原载《湘潭大学学报》哲学社会科学版2014年第3期）

# 论中国古代文学中的梅雨意象

古人善于观察自然，对风、霜、雨雪等现象的描述也极为形象，如“二十四番花信风”[1]，就是以各个不同时节的花卉命名的，具体可感而人人皆知。通过检索相关的文献我们发现，古代对雨的说法也类似于此，人们往往以该地区当令的植物命名相应时节的雨，如“杏花雨”“桃花雨”“梨花雨”“榆荚雨”“荷花雨”“梅雨”“豆花雨”等。在古代有关的文献中，“梅雨”起初是一种天气现象。与其他“雨”物象不同的是，梅雨是江南地区独有的天气现象，三国时吴陆玑撰、明毛晋疏《毛诗草木鸟兽虫鱼疏广要》卷上之下说：“今江湘二浙四五月之间，梅欲黄落，则水润土溽，础壁皆汗，蒸郁成雨，其霏如雾，谓之‘梅雨’，沾衣服皆败黦。故自江以南，三月雨谓之‘迎梅’，五月雨谓之‘送梅’。传曰：‘五月有落梅风’，江淮以为信风，亦花信风之类。”[2]梅雨又是古代文学作品尤其是宋代以后的作品中较为常见的文学意象。古代文人从文学的角度为我们呈现了梅雨的自然特征。通过梅雨意象描绘出江南的雨中美景，寄托了丰富的思想感情。从一种天气现象到文学意象，这其中存在一个渐变的过程。目前，学术界有关的成果绝大多数是气象或者气候学方面的，而未见将梅雨作为一个文

① 程杰《“二十四番花信风”考》，《阅江学刊》2010 年第 1 期，第 118 页。

② 陆玑撰、毛晋疏《毛诗草木鸟兽虫鱼疏广要》卷上之下，中华书局 1985 年版，第 61 ～ 62 页。

学意象、从古代文学的角度加以研究的成果。笔者拟进行这方面的尝试。本文在分析有关文献和古代文学作品的基础上，论述梅雨意象的形成、内涵的丰富，探讨梅雨意象的文学和审美意蕴。

## 一、魏晋至唐代：梅雨意象的形成

“梅雨”一词较早见于西晋周处《阳羡风土记》，云：“夏至之雨，名为黄梅雨，沾衣服皆败涴。”[①]《风土记》即周处所撰《阳羡风土记》。阳羡，古地名，址在今无锡宜兴市南。《阳羡风土记》所记地区，据姚鼐《江宁府志》考证，知其“皆概言吴越风土，非专志阳羡也”[②]。又《晋书》卷五十八：“周处，字子隐，义兴阳羡人。”可见，西晋时，吴越地区已经有“黄梅雨”的说法了。这则记载点明了梅雨出现的时间、特征，但并未说明梅雨得名原因。初唐徐坚等撰《初学记》卷二：“《纂要》云‘梅熟而雨曰梅雨’，江东呼为黄梅雨。”[③]点名了梅雨得名的原因，并指出，在唐代，梅雨是“江东”即芜湖以东江南[④]地区的人们普遍熟悉的说法。《初学记》所言《纂要》，有梁元帝萧绎撰《纂要》和唐韩鄂辑《四时纂要》两种。《纂要》为梁元帝在荆州为政时所撰，荆州是梅雨发生的典型地区。韩鄂的生平事迹不详，但一般认为其生活在晚唐至五代间；《初学记》为初唐时类书，所引当出自前代即梁元帝萧绎《纂要》。由此可见，“梅雨”的名称最早在西晋就已经有了。但是，在唐代之前，文献对梅

① 《风土志丛刊》上册，《阳羡风土记》，广陵书社 2003 年版，第 18 页。

② 黄苇《中国地方志词典》，黄山书社 1986 年版，第 15 ～ 16 页。

③ 徐坚等《初学记》，中华书局 1962 年版，第 23 页。

④ 王青《唐前历史地理和诗歌地理中的江南》，《阅江学刊》2010 年第 3 期。

雨的记载尚不多。

梅雨的自然属性在人们的心目中不断积累，逐渐形成了原始认识，即梅雨的原型意义，此后，文人便借景抒怀，赋予梅雨以思想、情感，逐步形成了梅雨意象。

诗歌中较早写到“梅雨”的是庾信《奉和夏日应令》，诗曰：“朱帘卷丽日，翠幕蔽重阳。五月炎气蒸，三时刻漏长。麦随风里熟，梅逐雨中黄。”此诗写于江陵[1]，“梅逐雨中黄”是写景，通过描写梅子在夏天成熟变黄时连绵阴雨这种自然规律，写江陵地区夏天的景色。从全诗看，“梅”与“雨”都不是核心物象。查阅这一时期的文学作品，尚未出现偏正结构的“梅雨”的固定搭配。也就是说，魏晋六朝时，“梅雨”尚未成为文学意象。但是，庾信此诗初步形成了梅雨意象的原型意义。

在唐代文学中，“梅雨”成了固定搭配，成为雨的专有名称或约定俗成的说法，初唐张说《喜雨赋应制》“借如五月有梅雨之名，三春有谷雨之气”[2]的表述是最好的例证。值得注意的是，梅雨意象的原型意义在唐代诗歌中得到了发展，成为夏天景色的象征，如白居易《香山诗集》卷三十九《和梦得夏至忆苏州呈卢宾客》“洛下麦秋月，江南梅雨天”，郑谷《侯家鹧鸪》“江天梅雨湿江蓠，此处烟香是此时”，《越鸟》“梅雨满江春草歇，一声声在荔枝枝”，《送进士潘为下第南归》：“归去宜春春水深，麦秋梅雨过湘阴”，徐寅《徐正字诗赋》卷二《送王校书往清源》“杨柳堤边梅雨熟，鹧鸪声里麦田空”，显然，这些作品中的梅雨都是表示初夏或者盛夏景象。

---

① 庾信《庾子山集注》，倪璠注、许逸民校点，中华书局 1982 年版，第 1 册，第 298 页。

② 董诰等《全唐文》卷二二一，中华书局 1983 年版，第 2227 页。

不仅如此，唐代文学作品中还出现了以梅雨为题材的诗歌，如杜甫《梅雨》“南京犀浦道，四月熟黄梅。湛湛长江去，冥冥细雨来。茅茨疏易湿，云雾密难开。竟日蛟龙喜，盘涡与岸回，”吴融《梅雨》“浑开又密望中迷，乳燕归迟粉竹低。扑地暗来飞野马，舞风斜去散酰鸡。初从滴沥妨琴榭，渐到潺湲遶药畦。少傍海边飘泊处，中庭自有两犁泥”，柳宗元《梅雨》“梅实迎时雨，苍茫值晚春。愁深楚猿夜，梦断越鸡晨。海雾连南极，江云暗北津。素衣今尽化，非为帝京尘”，等等，都是这方面的代表作品。

值得注意的是，杜甫和吴融的《梅雨》都是纯粹的写景诗，而柳宗元的《梅雨》诗则借梅雨意象渲染气氛，或者借景抒情。这首诗写于被贬谪之地柳州，以梅雨的“苍茫”无边描写绝望无助的心情，梅雨意象被赋予了强烈的主观象征色彩。这样的例子在唐诗中还有，如皎然《送吉判官还京赴崔尹幕》“江南梅雨天，别思极春前。长路飞鸣鹤，离帆聚散烟。清晨趋九陌，秋色望三边。见说王都尹，山阳辟一贤”，白居易《送客之湖南》“年年渐见南方物，事事堪伤北客情。山鬼趫跳唯一足，峡猿哀怨过三声。帆开青草湖中去，衣湿黄梅雨里行。别后双鱼难定寄，近来朝不到湓城”，均以梅雨渲染朋友离别时的感伤情绪。窦巩《忝职武昌初至夏口书事献府主相公》“白发放櫜鞬，梁王爱旧全。竹篱江畔宅，梅雨病中天”，梅雨烘托了诗人身病痛苦孤独之感。司空图《长亭》“梅雨和乡泪，终年共酒衣。殷勤华表鹤，羡尔亦曾归”，以梅雨意象烘托出诗人思念家乡的心情。

文学意象是客观物象与文人主观情感相融合的产物。由以上作品可以看出，唐代文学作品中的“梅雨”已突破了庾信作品中对梅子生长规律的简单描写，成为夏天的象征，并且与思乡、怀友、病痛、孤寂等主观情感联系在一起，表达出文人复杂多样的思想，形成了梅雨意象的基本内涵。这些文学内涵在后代有关的文学作品中不断呈现，并且衍生出新的意涵，形成意义丰富的梅雨意象。下面将对此加以论述。

## 二、宋代：梅雨意象内涵的丰富及其江南地域特征的显现

在宋代，由于政治文化中心的南移，江南的地理环境和气候为越来越多的人所熟悉，人们对梅雨的认识也较前代深入，文献记载也就愈加丰富。陆佃《埤雅》云："今江湘二浙，四五月间，梅欲黄落，则水润土溽，柱礎皆汗，蒸郁成雨，谓之'梅雨'，自江以南，三月雨谓之'迎梅'，五月雨谓之'送梅'。林逋诗云：'石枕凉生菌阁虚，已应梅润入图书。'"[①]陆佃(1042—1102)，字农师，号陶山，越州山阴人，精于礼家名数之说。他对梅雨的发生时间、特征、地理范围等作了详细记述。罗愿《尔雅翼》卷十云："今江南梅熟之时辄有细雨，连日不绝，衣物皆裛，谓之梅雨。"[②]罗愿(1136—1184)，字端良，号存斋，徽州歙县呈坎人，精于博物之学，长于考证。与陆佃《埤雅》所记相比，罗愿所记述的"连日不绝，衣物皆裛"又表明了梅雨持续时间绵长及容易使衣物发霉变黑的特征。

伴随着文献记载的细致深入，文学作品对梅雨意象的描写也越来越丰富，不仅以文学的手法，通过人们对梅雨的感受描述了梅雨的自然特征，而且将"梅雨"与"江南"紧密联系在一起，从而突出了梅雨的江南地域色彩，表现了梅雨意象的美感和意蕴。

---

① 陈元靓《岁时广记》卷二，中华书局 1985 年版，第 19 页。

② 罗愿《尔雅翼》，洪焱祖释，中华书局 1985 年版，第 111 页。

地理环境对人的心理和情绪产生直接的影响。梅雨的绵长细密往往会使人产生敏感而消沉萎靡的情绪反应。梅雨时的天气一般高温而无风，使人感觉湿热、沉闷、压抑，自宋代开始，文学作品中对此多有描写，如梅尧臣《宛陵集》卷三十四《梅雨》“三日雨不止，蚯蚓上我堂。湿菌生枯篱，润气醭素裳”，薛季宣《梅雨》“霡霂雨黄梅，凝云绾不开。心知养苗稼，眼见长莓苔。蜜篋几如渍，崇墉势欲隤。郁蒸任炎热，谁解酌金罍”，都描述了梅雨的高温、高湿、阴雨绵绵的特征。陆游是越州山阴人，对梅雨极为熟悉，其诗歌写及梅雨的作品也较多，《剑南诗稿》卷七十七《枕上》“冥冥梅雨暗江天，汗浃衣裳失夜眠。商略明朝当少霁，南檐风佩已锵然”，写出了梅雨时间长，空气湿度大，万物容易生菌发霉的特征。这种闷热、潮湿的空气使人心情压抑、昏昏欲睡，古人对这种感受的描述也很准确，如刘敞《公是集》卷二十九《梅雨》“无穷云雾湿梅天，终日昏昏只欲眠”，袁燮《絜斋集》卷二十四《梅雨》“江乡梅熟雨如倾，茅屋低头困郁蒸”等，都写出了梅雨的这一特征。

释文珦《潜山集》卷九《梅雨》“梅雨无时下，霖滛一月余”，这种淅沥绵长、细如游丝的雨往往会触动文人的愁情愁绪，王之道《相山集》卷七《呈蔡元德二首》“一叶黄梅雨，潺潺过麦秋。昏沉浑似醉，憔悴不禁愁”，梅雨意象的愁思之义不言而喻。

虽然梅雨时间绵长，让人觉得烦闷压抑，然而，农人却可以借此将农事暂放一下，享受梅雨带给他们的难得的逍遥与闲适，唐韩偓《奉和峡州孙舍人肇荆南重围中寄诸朝士二篇》即有“黄篾舫中梅雨里，野人无事日高眠”的描写。宋代文学作品这类描写更多，如邓肃《栟榈集》卷二《戏彦成端友》“一天梅雨乱缤纷，二陆超然乐事并。师命炙牛携越妾，相如涤器对文君”，袁燮《絜斋集》卷二十四《梅雨》直接说道“小小闷人人莫厌，解教禾稼勃然兴”，均表达了梅雨给人们的“偷得浮生半日闲”的感受。

宋代的江南一带成为文人聚集、活动频繁的地区，描写梅雨的文学作品较唐代大大增加，梅雨意象得到了充分表现，突出了其美感和文学意蕴，寄托着文人丰富的情感，梅雨的江南地域色彩也日趋鲜明。

宋代的文人似乎与梅雨有天然的情缘，贺铸因在其《青玉案》中“一川烟草，满城风絮，梅子黄时雨”的吟咏而赢得众口交赞。曹勋《木兰花慢》下阕有句云：“常思，入夏景偏奇，是梅雨霏微。”梅雨缠绵、淅沥，如丝如缕，与文人细腻柔婉的性格极为相似，文人常用“轻”“细”“处处”“溟濛”等词描写梅雨时如烟如幕的景象。李纲《梁溪集》卷九《梅雨》“轻丝袅袅摇空界，重滴涓涓响暮廊”，写出了梅雨的轻柔细密、缥缈无边的特征。赵师秀《约客》“黄梅时节家家雨，青草池塘处处蛙”，如烟似雾的小雨、清脆热闹的蛙鼓，将江南的梅雨时节描写得如此清新自然而有生活情趣。晏殊《鹧鸪天》“梅雨细，晓风微。倚楼人听欲沾衣”等词句，均抓住了梅雨的轻细如丝的特征，同时也表达出梅雨的美感。

在所有情感中，爱情是最为缠绵悱恻的，而这与梅雨丝丝缕缕、如烟如雾的自然状貌极其吻合。因此，古代文学作品在表达男女之间绵绵不绝的相思时，常用梅雨比喻或衬托，最典型的莫过于贺铸《青玉案》：“凌波不过横塘路，但目送芳尘去。锦瑟华年谁与度，月桥花院，琐窗朱户，只有春知处。飞云冉冉蘅皋暮，彩笔新题断肠句。若问闲情都几许？一川烟草，满城风絮，梅子黄时雨。”写出了爱情失意的痛苦、感伤，即景抒情，辞藻工丽。王灼《碧鸡漫志》卷二云：“语精意新，用心良苦。”[①]这与结尾处的“烟草”“风絮”“梅雨”三个鲜明、新颖的意象是分不开的，《竹坡诗话》甚至因此称贺铸为“贺梅子”[②]。宋龚明之《中吴纪闻》卷三云：“山谷有诗云‘解道江南断肠句，只今唯有贺方回’，其为前辈推崇如此。”[③]史浩《鄮峰真隐漫録》卷四十八《青玉案·入梅用贺方回韵》下阕：“萧萧鹤发虽云暮，曾得神仙悟真句。久视长生，亲见许，离愁扫尽，更无慵困，怕甚黄梅雨。”“离愁扫尽，更无慵困，怕甚黄梅雨”一句则以否定的形式恰恰肯定了梅雨意象的爱情相思意蕴。

用梅雨的细婉表达一种缠绵感伤或者凄婉的情绪在宋词中较为多见，如晏殊《鹧鸪天》“陌上蒙蒙残絮飞，杜鹃花里杜鹃啼。年年底事不归去，怨日愁烟长为谁。梅雨细，晓风微。倚楼人听欲沾衣。故园三度群花谢，何事天涯犹未归”，以梅雨比喻拂去还来的相思愁绪；程垓《忆秦娥》“愁无语，黄昏庭院黄梅雨。黄梅雨，新愁一寸，旧愁千缕，杜鹃叫断空山苦。相思欲计人何许，一重云断，一重山阻”，以梅雨比喻绵绵不绝的思念之情；向子諲《鹧鸪天》“只有梅花似玉容。云窗月户几尊同。见来怨眼明秋水，欲去愁眉淡远峰。山万叠，水千重。一双蝴蝶梦能通。都将泪作黄梅雨，尽把情为柳絮风”，以梅雨则比喻潸然而下的涟涟泪水；无名氏《镜中人·相思引》“柳烟浓，梅雨润，芳草绵绵离恨。花坞风来几阵，罗袖沾春粉。独上小楼迷远近，不见浣溪人信。何处笛声飘隐隐，吹断相思引”，以梅雨渲染出女子对心上人无端无绪的缠绵情意。这些描写均抓住了梅雨的特征：轻柔、缠绵、

① 王灼《碧鸡漫志》（及其他三种），《丛书集成初编》本，中华书局 1991 年版，第 12 页。

② 周紫芝《竹坡诗话》，中华书局 1985 年版，第 7 页。

③ 龚明之《中吴纪闻》，中华书局 1985 年版，第 42 页。

无绪，与男女之间的离愁别恨极为相似。因此，能恰到好处地表达男女之间的相思之情。

梅雨飘洒在江南的春归时节，绿肥红瘦的自然代序容易引发文人“无可奈何花落去”的春愁或叹息。宋代文人对此也有表现,如李新《跨鳌集》卷六《暮春泛舟涪江》即写道：“十里江风吹昼梦，一川梅雨敌春愁。”赵长卿《浣溪沙》也说：“薄雾轻阴酿晓寒，起来宿酒尚酡颜。柳莺何事苦关关。新恨旧愁俱唤起,当年紫袖看弓弯。泪和梅雨两潸潸。”

由以上论述可见，梅雨意象的内涵与文学、情感意蕴在宋代得到了极其充分的表现。不仅如此，笔者还发现，宋代及后代文学作品还将“梅雨”与“江南”并提，形成了“梅雨江南”或“烟雨江南”这一诗意浓厚的固定表达。下文将对此加以论述。

## 三、元明清时期：“梅雨江南”经典表述的形成

梅雨钟情于江南，唐代皇甫松《望江南 · 江景》中早有描写：“闲梦江南梅熟日,夜船吹笛雨潇潇,人语驿边桥。”梅雨似乎是江南的标签，宋王琪《望江南》六《江景》这样描述：“江南雨，风送满长川。碧瓦烟昏沈柳岸，红绡香润入梅天，飘洒正潇然。”写出了梅雨的细密轻柔。依依杨柳，碧瓦红墙……一切都沉浸在无边的烟雨中，迷迷蒙蒙，若隐若现，潮湿的雨气似乎浸透了女子的衣衫。“红绡香润入梅天”因绝好地表现了江南梅雨之特征而深得王安石赏爱,《苕溪渔隐丛话》(前集)卷二十六：“《陈辅之诗话云》：‘王君玉有《望江南》十首，自谓谪仙。

荆公酷爱其‘红绡香润入梅天’之句。’”[1]梅雨是江南的水墨，小桥流水、粉墙黛瓦似乎也因为这迷蒙的烟雨而尤具诗情画意，这是典型的江南梅雨季节的写照。

古代文献也不乏此类记载，宋代龚明之《中吴纪闻》卷四“王主簿”：“王仲甫，字明之，岐公之犹（幼）子，风流翰墨名著一时，后客于吴门。尝有所爱，往京师，为岐公强留之，逾时不返，因作诗云：‘黄金零落大刀头，玉筋归期划到秋。红锦寄鱼风逆浪，碧箫吹凤月当楼。伯劳知我经春别，香蜡窥人一夜愁。好去渡江千里梦，满天梅雨是苏州。’此诗效古乐府……”[2]苏州地处江南，水泽处处，虽有山峦，然而一般地势较低，初夏梅雨时，青草、池塘、山峦、树木、粉墙黛瓦，沉浸在如丝如雾的烟雨中，飘飘渺渺，若隐若现，如诗如画，别有情韵。因此，在王仲甫心中，没有比一派迷蒙的烟雨更能代表苏州了。对于“漫天梅雨是苏州”句，清代王士禛《池北偶谈》卷十五“诗地相肖”云：“范仲闇（文光）在金陵尝云：‘钟声独宜着苏州，用唐人‘姑苏城外寒山寺，夜半钟声到客船’，如云‘聚宝门外报恩寺’，岂非笑柄。予与陈伯玑（允衡）论此，因举古今人诗句，如‘流将春梦过杭州’，‘满天梅雨是苏州’，‘二分无赖是扬州’，‘白日澹幽州’，‘黄云画角见并州’，‘澹烟乔木隔绵州’，‘旷野见秦州’，‘风声壮岳州’，风味各肖其地，使易地即不宜，若云‘白日澹苏州’，或云‘流将春梦过幽州’，不堪绝倒耶？”[3]这段话虽是谈作诗用字之法，然而，借用他的“诗地相肖”的理论观点，则“梅雨”与“苏州”是极佳搭配。苏州是典型的江南，因此，从某

① 胡仔《苕溪渔隐丛话》前集，廖德明校点，人民文学出版社 1962 年版，第 182 页。

② 龚明之《中吴纪闻》，中华书局 1985 年版，第 60 页。

③ 王士禛《池北偶谈》，中华书局 1982 年版，第 358 页。

种意义上我们可以说,梅雨是典型的江南景色。钱塘厉鹗《樊榭山房集》卷六《送沈确士归苏州》这样说道:“满天梅雨合思吴,早挂烟中十幅蒲。”这首诗与前引王士禛所言的那则捧腹绝倒的笑话都说明,在清代,“江南”与“梅雨”已经固化为一个经典意象组合,说起梅雨即使人联想起江南,这其实就是地理意义上的“梅雨江南”。

从美学上看江南,首先,江南美学意味着一个地理、气候、生态上的范围,所谓地域江南。其次,江南美学需要主体从中感受到美,并把这一美感从客体创造出一种艺术样式,从主体上生成一种心理结构,所谓心理江南。心理江南虽然必须建立在地理江南之上,但要从心理江南升华为美学江南,还需要具备文化优势。再次,是文化优势(由政治或经济优势或二者合一而来)让地理上的独特性得到突出,主体感受性得到强化并美化。当这三个方面汇聚在一起的时候,美学江南才呈现出来。[①]

明清时期,江苏、浙江不仅成为地理意义上的江南,还因其经济、文化的优势而成为人们心理认识意义上的江南。研究相关的文献和文学作品我们也发现,这一时期描写梅雨的作品数量多,梅雨意象的江南地域性也被广泛而明显地表现出来,“梅雨江南”“烟雨江南”的表达模式逐渐形成。这与人们对梅雨更加深刻细致的认识有关。

元代高德基《平江记事》有这样的记载:

吴俗以芒种(一般在端午节前后)节气后遇壬为入梅,凡十五日,夏至中气后遇庚为出梅。入时三时亦十五日,前

① 张法《当前江南美学研究的几个问题》,《中国人民大学学报》2010年第6期,第117页。

五日为上时，中五日为中时，后五日为末时。入梅有雨为梅雨，暑气郁蒸而雨，沾衣多腐烂。故三月雨为迎梅，五月为送梅。夏至前半月为梅雨，后半月为时雨。遇雷电谓之断梅。入梅须防蒸湿。入时宜合酱造醋之事。”[1]

高德基是平江人，因此，对吴地风俗颇为熟悉。《平江记事》中的这则记载说明，在元代，梅雨已经成为江南民俗认知的一部分。清代杜文澜《古谣谚》卷二十五“黄梅谚”条云:“《月令广义》谚云‘黄梅寒，井底干’。”[2]杜文澜（1815—1881），字小舫，清代浙江秀水人，有《宋香词》《古谣谚》等传世。《月令广义》，明代冯应京、戴任撰。冯应京，字可大，号慕冈，盱眙人，万历进士，官湖广按察使佥事。戴任，字肩吾，新安人。正如《古谣谚》刘毓崧“序”所言：“诚以言为心声，而谣谚皆天籁自鸣，直抒己志，如风行水上，自然成文。”[3]在长期的生活与实践中，江南地区的人们熟悉并掌握了梅雨的特性和规律，梅雨谣谚的流行说明了当时人们对梅雨认识的普遍。

明代顾充《古隽考略》云：“黄梅雨，‘梅’当作‘霉’，因雨当梅熟之时，遂讹为梅雨。”[4]顾充（1535—1615），字仲达，一字回澜，浙江上虞人。谢肇淛《五杂俎》云：“江南每岁三四月，苦霪雨不止，百物霉腐，俗谓之‘梅雨’，盖当梅子青黄时。自徐淮而北则春夏常旱，至六七月之交，愁霖雨不止，物始霉焉。”[5]谢肇淛，字在杭，明代福建长乐人，万历二十年（1592）进士。方以智《通雅》卷十二“天文·月

① 高德基《平江记事》，中华书局 1985 年版，第 6 页。
② 杜文澜《古谣谚》，中华书局 1958 年版，第 385 页。
③ 杜文澜《古谣谚》，中华书局 1958 年版，第 1 页。
④ 顾充辑《古隽考略》，首都图书馆藏明万历李祯等刻本。
⑤ 陈留谢《五杂俎》，中央书店 1935 年版，第 21 页。

令”条云：“阴湿之色曰‘黴’，‘黴’音‘梅’……湿气着衣物生斑沫也……《埤雅》以梅子黄时雨曰‘黄梅雨’，人遂以黴天为梅天。”[1]方以智（1611—1671），安徽桐城人，明代著名哲学家、科学家，崇祯十三年进士，擅长古音考释，其《通雅》就是一部“古音系统”[2]。他认为，由于“梅”与“黴”读音一样，连绵阴雨、衣物发霉，这种现象的发生与梅子变黄基本同步，人们便根据《埤雅》所言将“梅天”称为“黴天”。明代王鏊《姑苏志》卷十三“风俗”也这样说道：“芒种后得壬日为梅始，梅日则多雨，故亦谓之梅天。”[3]清代赵之谦等撰《江西通志》卷一：“四月梅雨蒸溽，俗称‘烂梅天’，亦作‘霉’。地、砖、石础皆润。”[4]由此可知，“梅雨”是江南一带的通俗说法，具有明显的地域色彩。

“身份以及身份的标识是由差别决定的。我们认识某一动物或某一植物，不是因为它身上带有什么烙印，而是看它和其他动物或植物有什么不同。”[5]人们对梅雨的认识也是如此。江南梅雨的湿热难耐成为人们的共识，甚至把各地类似的天气都称为“梅雨天”，清代查慎行《敬业堂诗集》卷四十一就有题为《阴雨连绵颇似江南黄梅天气》的诗歌，其中有“南中五月熟梅天，北地应呼杏子雨”的句子。

从实际生活看，梅雨仍然是江南的标签。茶是江南的物产，从采茶习俗看，梅雨与茶有着密切关系，清代陆廷灿《续茶经》卷上之三：

---

① 方以智撰、侯外庐主编、中国社会科学院历史研究所中国思想史研究室编《方以智全书》，上海古籍出版社 1988 年版，第 468 页。

② 李开复《汉语语言研究史》，江苏教育出版社 1993 年版，第 193 页。

③ 王鏊《姑苏志》，（台北）台湾学生书局 1986 年版，第 197 页。

④ 赵之谦《江西通志》，京华书局 1977 年版，第 105 页。

⑤ 田晓菲《尘几录——陶渊明与手抄本文化研究》，中华书局 2007 年版，第 61 页。

“……梅茶，以梅雨时采，故名梅茶，苦涩且伤。”[1]梅茶的得名生动地说明了这一点。

再看古代文学作品对梅雨的描写。翻阅有关作品我们发现，“溟濛”“迷蒙”“烟雨”等描述一派迷离、如烟似雾的景色的词语出现频率很高，这在雨意象中是特殊的，也是别有韵味的。

明钱子正《三华集》卷三《即事》言：“江南四月黄梅雨，人在溟蒙雾霭中。”迷蒙如雾是梅雨状貌的特征，元明清时期的文学作品对梅雨的美感的描写也常常突出这一点，如高启《大全集》卷十五《梅雨》“江南烟雨苦冥蒙，梅实黄时正满空。洒竹暗连湘女庙，随云远渡楚王宫”，杨慎《升庵集》卷十九《送人之吴楚》：“佳丽东南地，登临罨画中。竹云笼晓渚，梅雨澹烟空”，写出了梅雨迷梦满空、如烟似雾、缠绵婉约之美。又如，清代查慎行《敬业堂诗集》卷四十六《梅雨》“半月蒙蒙雨，千畦释释耕”，毛奇龄《寄答上海徐允哲》“槐堂初入暑风清，梅雨江南一望平”，无不写出了梅雨时节烟雨迷蒙、霏霏满空的美丽景色，这就是梅雨季节的天气特征。

江南这方山环水绕的天地因着轻柔、缠绵梅雨的笼罩而别有韵味。因此，在人们的心理上，“烟雨江南”即是指初夏梅雨时节的江南之景。宋王质《雪山集》卷十五《效竹枝体有感四首》之四这样写道：“江南烟雨梅子肥，稻针刺水青离离。江南风物亦如此，所恨情怀非昔时。”“江南烟雨梅子肥”“江南风物”等已直接告诉了我们这一点。元代顾瑛《谢静远惠蜜梅》：“江南烟雨未全黄，谁使青酸堕蜜房。”顾瑛（1310—1369），（江苏）昆山人，诗中的“烟雨”显然是确指梅雨。又如明杨基《杏花》云：“当时庭馆醉春风，客里相逢意转浓。只恐胭脂吹渐白，

① 陆羽撰、陆廷灿续辑《茶经·续茶经》，中州古籍出版社2010年版，第130页。.

最怜春水照能红。一枝争买珠帘外,千树遥看小店中。惆怅先生归去后,江南烟雨又蒙蒙。”“烟雨江南又蒙蒙”也显然是指杏花落后的暮春初夏的梅雨时。然而,这种极富诗意的表达又因梅雨意象所具有的离愁别绪意味而成为文人抒发情怀的常用语,如《御选宋诗》卷六十八宋周紫芝《朝盘二首》:“郭索何人捕草泥,朝盘新见玉团脐。却思烟雨江南夜,红火青蓑入稻畦。”即蕴含着思乡之情。明王世贞《弇州四部稿》卷五十四《如梦令》:“刚是子规催去,又被鹧鸪留住。行不得哥哥,烟雨江南何处。难据,难据,央个醉乡为主。”“烟雨江南”又是因离别而令人黯然伤神的地方。在宋代,“烟雨江南”还是对江南春夏风光或文艺作品意境之美的赞誉,如张嵲《紫微集》卷十《题鲜于蹈夫墨梅二绝句》之二:“不御铅华着素衣,玉奴风调似清姿。何郎不作凌风句,幻出江南烟雨时。”胡铨《澹庵文集》卷三《和张庆符题余作清江引图》:“人半醉眼花昏,画出江南烟雨村。满世庾尘遮不得,聊将醉墨洗乾坤。”翻阅明代郁逢庆编《续书画题跋记》、张丑《清河书画舫》,清代乾隆嘉庆年间的《石渠宝笈》、卞永誉《式古堂书画汇考》等书画典籍我们也可以看到这一点,如《续书画题跋记》卷九有马治“云山海上千里,烟雨江南几村”题句等,这表明,在元、明、清时期,“烟雨江南”已经固化为一个经典而诗意的表达。迷蒙烟雨正是梅雨自然美的绝好体现者,这样,我们就更不难理解为什么宋代王仲甫身在京师却有“满天梅雨是苏州”的抒怀了。

综上所述,梅雨是中国古代文献记载颇为丰富的自然现象,又是中国古代文学作品中较为特别的雨意象之一。与其他意象形成的过程一样,梅雨由一个气象名词渐变为一个文学意象经历了较为漫长的时间。梅雨开始进入文学领域是在南北朝时期,而其成为一种文学意象是在唐代。在宋代，由于政治、经济、文化中心的南迁，有关梅雨意象的文学作品明显增多，文学内涵也渐渐丰富，更为重要的是，文人发现了梅雨的自然美与江南独特的地理环境相得益彰。因此,常常把“梅雨”与“江南”并提，从而凸显了其地域色彩，这一点在元明清时期的文学作品中得到了强化，形成了“江南梅雨”“江南烟雨”的经典表述。“江南烟雨”正契合了梅雨的自然特征，富有诗意，常用以抒发离愁别绪，或表达对江南春夏自然风光及有关题材的文艺作品艺术境界的赞美。从南北朝时期的梅雨原型意义的产生，唐代梅雨意象的初步形成,宋代梅雨意象的丰富及其地域特征的凸显,到元、明、清时期“梅雨江南”“烟雨江南”这一经典表达的定型，梅雨意象的文学内涵与美感意蕴被展现得淋漓尽致，成为中国古代文学中一个别具韵味的意象。

（原载《人文杂志》2012 年第 5 期）

# 论古代文学中的夏雨

我国大部分地区属于温带大陆性季风气候，全年的降雨都集中在夏季，南方雨季开始的时间早，结束晚，北方则相反。因此，越往北方，降水集中在夏季的特征越明显。夏雨不像春雨那么轻柔，也不是秋雨的缠绵，它声势浩大、来去迅疾。夏雨可以润禾，特别是对于常常干旱少雨的北方，夏雨的意义更加重要。一场大雨过后，江河湖海似乎被倾注了充足的新鲜的血液，荡漾奔腾着无限的生机，自然界一派清新碧绿。

在中国古代文学季节题材中，春、秋两季是传统的表现对象。因此，在古代诗赋中，对夏日的描写相较伤春、悲秋题材诗赋而言数量较少。[①]笔者据《国学宝典》检索版，以“春雨”为检索词，共在679本书中出现2684频次；“夏雨”在215种书中出现399频次，“秋雨”共在553种书中出现1949频次。在《全唐诗库》中，标题含“春雨”的29首，“夏雨”6首，“秋雨”18首（含联句）。在《全宋词》中，内容含“春雨”的64首，“夏雨”为0，“秋雨”26首。检索大型类书，在《瀛奎律髓》中，标题或内容包含“春雨”13首，“夏雨”4首，“秋雨”26首；在《文苑英华》中，标题或内容含“夏雨”5首，“春雨”42首，“秋雨”41首；《艺文类聚》中，涉及“夏雨”3篇，“春雨”4篇，“秋雨”5篇。

---

① ［日］高芝麻子《先秦至唐代诗赋所见夏日描写的变迁》，东京大学文学部课程博士学位论文，2012年。

从以上数字可以看出，春、秋两季题材的作品数量远远高于夏、冬两季，描写夏雨的作品数量远远低于春雨、秋雨的作品。目前尚未有专门对夏雨题材与意象进行研究的成果。关于夏雨，本文认为：首先，从气候方面而言，夏雨在我国大多数地方的全年降雨量中所占比例都是最大的；其次，从文学创作来说，虽然描写夏雨的文学作品数量并不像春雨、秋雨作品那么多，但它们体现出人们对夏雨的独特感受，展示出夏季所特有的季节美感，反映了生活在温带季风气候区的中华民族对雨的独特情感，具有深厚的文化意蕴，著名作家如杜甫、白居易、陆游、杨万里、李渔等，都有多篇描写夏雨的作品，特别是陆游，有专题夏雨诗歌 10 余首，这些作品丰富了古代文学四季题材的内容，开拓了古代文学的表现领域。因此，值得专门研究。古代文学对夏雨的描写主要有以下几方面的内容：

## 一、喜爱夏雨

农业是我国民生之本，雨水对农业生产的意义众所周知，《诗经》中就有祈雨的篇章。渠红岩《论我国春雨的气候意义及对社会文化的影响》[①]论述春雨对农业生产的意义，可以参阅。我国是典型的温带大陆性季风气候区，决定了春生、夏长、秋收、冬藏的生产与生活规律。毋庸讳言，春雨对于我国这样的农耕社会具有非常重要的意义。在“夏长”阶段，雨水同样是必须的气候条件，只有雨水调匀霑足，农业丰收才有希望。唐释道宣《广弘明集》卷十四“通命二”“春种嘉谷，方

① 渠红岩《论我国春雨的气候意义及对社会文化的影响》，《江汉论坛》2016 年第 2 期，第 93 ～ 99 页。

赖夏雨以繁滋”，指明了夏雨对五谷生长的重要意义；宋李衡《周易義海撮要》卷一“百谷须膏雨以生成”，“生成”二字包括春天的萌生和秋季的成熟两个阶段，夏雨在其中的重要性不言而喻。

我国是农耕社会，人们的衣食饱暖基本取决于天气状况，风调雨顺成为万众所望。在古代，悯雨、喜雨是国君与百姓同甘共苦的重要体现。《春秋谷梁传·僖公三年》“六月雨”：“雨云者，喜雨也，喜雨者，有志乎民者也。”元戴良《喜雨诗序》所说可以作为这一段话的注脚：“良惟《春秋》记鲁十二公之行事，独僖公三年书夏四月不雨，书六月雨，以至其喜雨。自余群公，则固未之闻也。然观僖公之在鲁，不过曰有志乎民，与之以其同忧乐耳，而孔子之取之者，正以当时诸侯罕能如是也。”[①]

在古代文学史上，雨自古以来就被吟咏描写。魏晋南北朝时，作为一种诗歌题材被专题描述。在表达方式上，有一种特殊的、固定的命题方法，就是《喜雨》或《喜雪》。《喜雨》诗开始于魏晋六朝，曹植开创先河，至北周庾信，基本历代都有诗人描写，谢庄、谢惠连、鲍照、魏收等都有诗作。这些《喜雨》诗大概有四个方面的内容：歌颂天子之德；描写雨前的征兆；雨中的情景；期待丰收、庆贺丰收。南朝谢庄《喜雨诗》写道：

> 燕起知风舞，础润识云流。洌泉承夜湛，零雨望尘浮。
> 合颖行盛茂，分穗方盈畴。

诗歌一共六句，两句一个层次，分别对雨前大自然的迹象、天降甘霖的情景以及雨后对丰收的期望进行描写。全诗围绕“喜”字展开，

---

① 李修生主编《全元文》第53册，卷1627，凤凰出版社2004年版，第211～212页。

大旱天气正当人们翘首望天的时候，燕子飞来，基石湿润，表明大雨将要来临，这是一喜；大雨丰沛，河渠充溢，这是第二喜；含苞的禾苗被及时的雨水滋润着正在旺盛地生长，不久，沉甸甸的谷穗就会长满田垄，五谷丰荣的景象似乎就在眼前，这是第三喜。全诗未用“喜”字而字里行间都透露着喜气，可谓“不着一字，尽得风流”。

我国秦岭淮河以北地区，春雨稀少，夏季降水对农业生产尤其重要，对全年的收成起着关键作用。唐代之后，描写夏季喜雨的作品逐渐增加，诗题也多种多样，但内容保持了与六朝喜雨题材一致的特征，并逐渐系统化。[①]这些作品大概有三方面的内容：

第一，干旱时庆贺降雨。夏季炎热，蒸发旺盛，常常出现干旱天气，农作物需要有充足的水分才能正常生长，所以，久旱得雨是一大惊喜，历代忧国忧民情怀的大诗人面对久旱无雨的大地，面对心急如焚的百姓，他们无不满怀忧虑，而当大雨降临时，诗人无不喜悦而激情吟咏及时的甘雨，白居易《喜雨》“顿疏万物焦枯意，定看秋郊稼穑丰”，杜甫《大雨》“敢辞茅苇漏，已喜黍豆高”，王驾《夏雨》“非惟消旱暑，且喜救生民……又作丰年望，田夫笑向人”，宋苏辙《次韵子瞻和渊明饮酒二十首》“春旱麦半死，夏雨欣及时”，薛靖《岁久旱喜雨》“祁祁沾洒均，欢声遍南陌”，吴芾《癸巳夏秋旱七月十月得雨喜雨有作》“老农两牧齐加额，且免流离过外州”，等等，这些作品都从天旱写起，接着描写人们对田苗的担忧，然后写风云四起，大雨滂沱，最后写禾苗得雨滋润旺盛生长、人们丰收有望的喜悦。

此外，古代文学中还有许多题为“久旱得雨”“久旱喜雨”的诗歌，

---

① 傅璇琮主编《唐代文学研究》第 7 辑，广西师范大学出版社 1998 年版，第 79 ～ 83 页。

无不表达了这一赞美之情。尤其是元代王冕《喜雨歌为宋太守赋》，用赋体形式描写人们庆贺夏雨的隆重场景：

南州六月旱土赤，炎官火伞行虚空。田畴圻裂河海涸，万物如在红炉中。桔槔不用计已梏，农民踏踏愁岁凶。蓬莱太守民父母，下顾赤子心忡忡。罄竭精神扣天府，话语直与天神通。须臾唤起龙井龙，大澍三日苏罢癃。百姓唤作太守雨，东皋西陌皆冲瀜。禾苗徙觉充秀实，野草亦解回颜容。吾儒能效東皙赋，喜见屋底山云浓。邻家父老走相报，门前大水如奔洪。妖氛积秽俱洗尽，此是太守造化功。太守正与造化同，百姓拍手歌年丰。歌年丰，太守德泽垂无穷。

赋文赞美了太守为民请雨的功德，描述了夏雨降临时人们同欢共贺、歌咏丰年的欢愉之情。

第二，赞美雨水造福农业。唐代皎然《同薛员外谊喜雨诗兼上杨使君》“燋稼濯又发，败荷滋更荣”，徐夤《喜雨上主人尚书》“天皇攘袂敕神龙，雨我公田兆岁丰”，杨万里《夏月频雨》“隔水风来知有意，为吹十里稻花香”，明代郑善夫《夏雨》“油云肤寸合，一似雨黄金”，等等，体现了雨水是三农所望，充沛及时的夏雨可造福农业。陆游有多首喜雨诗,其中描写夏雨的《喜雨歌》是赞美夏雨造福农业的代表作：

不雨珠，不雨玉，六月得雨真雨粟。十年水旱食半菽，民伐桑柘卖黄犊。去年小稔已食足，今年当得厌酒肉。斯民醉饱定复哭，几人不见今年熟。

六月雨胜于珍珠玉石，是直接惠及人们的粟米。大旱之年，人们伐树卖犊，艰难度日，而今年雨水调顺，人们丰衣足食，欢欣鼓舞。丰歉之年形成了鲜明的对比，突出了夏雨的重要，表达了诗人对夏雨的由衷赞美。

第三,抒写雨后的清凉舒畅。一场痛快淋漓的夏雨不仅能给养农田,滋润禾苗,给万物带来生机,而且能驱除炎热,给人们带来清凉之气,这也是文学作品较常见的内容,如齐己《喜夏雨》“尽洗红埃去,并将清气回”,宋赵湘《夏夜山中喜雨》“爽气连灯湿,凉声得树兼。醉吟还有意,卧听似无厌”,宋代郭印《夏夜喜雨诗》“疠疫千家净,炎蒸一夕空。安眠知处处,端的谢天公”,一场淋漓的夏雨竟然消除了人们平日对夏雨的厌恶,而心中只是怀有对雨消繁暑的感激与惊喜。

雨后的清凉是大自然的馈赠,描写雨后的清凉也是喜雨作品的内容之一。这方面的诗句比较多,兹仅举几例。唐杜审言《和韦承庆过义阳公主山池》其一“雨余清晚夏,共坐北岩幽”,白居易《酬思黯相公晚夏雨后感秋见赠》“暮去朝来无歇期,炎凉暗向雨中移”,皎然《夏日集裴录事北亭避暑》“前林夏雨歇,为我生凉风。一室烦暑外,众山清景中”,陆游《急雨遽凉》“急雨消残暑,旷然天地秋”,杨万里《夏月频雨》“一番暑雨一番凉,真个令人爱日长”,元代王恽《过沙沟店》:“清风破暑连三日,好雨依时抵万金”,明代朱瞻基《四景》之夏景“暑雨初过爽气清,玉波荡漾画桥平。穿帘小燕双双好,泛水闲鸥个个轻”,等等,夏雨后,炎热酷暑顿时换作一个清凉的世界!

## 二、祈求夏雨

在我国，农历四月开始，万物开始茂盛，而水汽蒸发也开始旺盛。因此，必须有充足的水分才能保证万物正常的生长，否则秋收就要受到严重影响。由于我国是季风气候,夏季降雨依赖季风输送海洋的水汽，一旦夏季风时异常，降雨就会受到直接的影响，夏季风势力弱的年份就会出现干旱天气。

在古代农耕社会对雨的崇拜产生了对雨神、水神的信仰，一旦遇到干旱，人们便对天祈求，期待天神降下甘霖。因此，古代常见对夏季求雨的记载或描述。甲骨文及《左传》等文献中就有求雨的记述。早期的文学作品中也有这类内容，《诗经 · 大雅 · 云汉》就是一首描写祈雨的诗歌："赫赫炎炎"的天气使"旱既大甚"，民不聊生，周宣王向天神献上牛羊美玉等珍品，并用恳切的词语祈求天降大雨，救助干渴的农田庄稼，体现出古代人们对及时的夏雨充满了强烈的期待与渴望。

古代描写六月求雨的诗歌自唐代开始逐渐增多，如元稹《旱灾自咎贻七县宰》"六月天不雨，秋孟亦既旬。区区昧陋积，祷祝非不勤。日驰衰白颜，再拜泥甲鳞"，宋张埴《赠云留道人》"楚人六月请时雨，呼唤雷公似婴儿"，王珪《在京诸宫观开启祈雨道场青词二道》"冀蒙闵佑，靡物不滋。顾德弗明，尊御大统。自春涉夏，雨不降滋。瘏瘵永叹，思捄劳止。至功助化，终惠群生"，释文珦《夏雨应祷》"当夏而闵雨，百神靡不宗。精诚既上达，所愿神辄从……焚香拜天赐，欢声遍群农。当书大有年，赋食皆足供”，描述了人们共求天降大雨、救助旱田、终惠百姓的情景，场面热烈而隆重，体现出夏雨对民生的重要性。

## 三、雨后生机

魏晋南北朝时期的文人将气象元素如风、霜、雨、雪等引入文学作品，开创了气象题材文学的先河。季节性的动植物景观是诗人诗兴的重要来源，充沛及时的夏雨使众木百草葱茏馥郁，夏木阴浓、荷花清香……比春日更加奔放张扬的生机与景色激起诗人无限的创作热情。

谢朓《闲坐》:“雨洗花叶鲜，泉漫芳塘溢。藉此闲赋诗，聊用荡羁疾。霡霂微雨散，葳蕤蕙草密。预藉芳筵赏，沾生信昭悉。紫葵窗外舒,青荷池上出……”“紫葵”是一年生草本植物,花期为 5 ～ 9 月,“青荷”是指荷叶。这首诗描绘了一幅夏日雨后景象：花叶鲜翠、清新自然。[①]顺便说一下，陈庆元《谢朓诗歌系年》中认为这首诗作于初春,[②]似不当。庾信《奉和夏日应令诗》:“五月炎蒸气,三时刻漏长。麦随风里熟，梅逐雨中黄。”此诗写于江陵，[③]“梅逐雨中黄”是写景，也是描写夏雨中的生机，阴雨催梅黄，这是江陵地区典型的夏日时令景色。

---

① 谢朓《谢宣城全集》，陈冠球编注，大连出版社 1998 年版，第 247 ～ 248 页。

② 中华文史编辑部编《文史》第 21 辑，中华书局 1983 年版，第 204 页。

③ 庾信《庾子山集注》第 1 册，倪璠注，许逸民校点，中华书局 1982 年版，第 298 页。

夏日的大雨使浓郁的生命更加成熟，杜甫《陪郑广文游何将军山林十首》中的“绿垂风折笋，红绽雨肥梅”是脍炙人口的诗句。《陪郑广文游何将军山林十首》约作于天宝十二载（753），写诗人与广文馆博士郑虔游何将军山林所见所感，“绿垂风折笋，红绽雨肥梅”是第五首中的两句，所写是夏天雨后的景色，明代杨慎《升庵诗话》云：“此诗十首，皆一时作，其日‘千章夏木清’，又曰‘红绽雨肥梅’，皆是夏景可证。”[①]“红绽雨肥梅”的意思是说,红色的梅子在雨水的滋润下，一颗颗似乎肥大得要绽裂了。

陆游是长于描写四季景象的诗人，也是闲适诗歌风格的代表诗人，他有多首描写夏日雨后的自然景象的，如《初夏》“雨足移秧后，风和剥茧初”，《竹窗昼眠》“初夏暑雨薄，但觉白日长……新笋出林表，森然羽林枪。时闻解箨声，灵府生清凉”，《夏雨初霁题斋壁》“楸花练花照眼明，幽人浴罢葛衣轻。燕低去地不盈尺，鹊喜傍檐时数声”，等等。清旷的笔墨描写出生意浓郁的夏季时令景象：新笋解箨、秧苗移栽、茧欲成丝、楝楸花放、百鸟欢唱……对于陆游的闲适诗歌，清代诗话中有许多精彩评论，如王士禛《品藻》这样评价：“务观闲适，写村林茅舍、农田耕渔、花石琴酒事，每逐月日，记寒暑。读其诗，如读其年谱也，然中间勃勃有生气。”[②]陆游夏雨诗所描写的这盎然的生机不就是“勃勃的生气”！而钱锺书先生也评价这首诗“闲适细腻，表现出眼前景物的曲折的情状”[③]。可见，历代诗论家点评陆游描写夏雨的诗歌无不赞美陆游观察细致，咀嚼出了夏雨景象的美好滋味，把自然界

---

① 丁福保《历代诗话续编》中册，中华书局 1983 年版，第 908 页。

② 王世禛《带经堂诗话》卷一，人民文学出版社 1982 年版，第 43 页。

③ 钱锺书《宋诗选注》，生活 · 读书 · 新知三联书店 2002 年版，第 172 页。

写得顿时活了起来，而这“活”便是夏雨后的生机。

除了杜甫、陆游之外，宋代刘辰翁《夏雨生众绿》两首诗也值得了解：

入夏可曾晴，阴阴众绿成。但惊春尽去，谁信雨中生。一月须梅润，千林但叶声。荷边蒲猗傩，桑外笋峥嵘。芳草非无恨，新条各向荣。原田麦似浪，满眼几时平。

无人嫌夏雨，众木共欣荣。已办黄梅熟，还将绿叶生。送春无物色，尽日是檐声。处处桑麻长，阴阴桃李成。风翻蒲水白，烟共草天平。山色沈暝久，朝来翠黛横。

刘辰翁是宋代著名诗人，《刘辰翁集》卷十二为“四景诗”，《夏雨生众绿》《雨过苔花润》《既雨晴亦佳》《梦回莲叶雨》《绿荷雨跳珠》等是“夏景”中的作品。绿色是夏季的代表色彩，《夏雨生众绿》中的“生”字体现出夏雨对绿色的重要作用：“阴阴众绿成”“众木共欣荣”。

除这几首诗歌之外，其《乌夜啼·初夏》对夏雨的生机的描写也很精彩：

犹疑熏透栊，是东风。不分榴花更胜、一春红。　新雨过，绿连空。蝶飞慵。闲过绿荫庭院，小花浓。

词人当初怀疑是东风吹来了满帘的花香，仔细一看，原来是雨后的榴花灿烂绽放，热烈的色彩简直胜却三春的姹紫嫣红，而满眼的新绿也似乎蔓延到了整个天空。绿肥红瘦竟然也有如此不可遏制的生机与活力！

从植物学角度看，在夏季，光合作用使叶绿素得到了充分补充，所以，大量的花卉植物在夏季生长最为旺盛，叶子分外翠绿。相比于春季刚刚泛绿的生机，夏日的生机显然更舒展甚至张扬，夏木阴浓、荷花清香是夏季典型的景象，尤其是在一场大雨之后，满眼的绿色触动着诗人的心弦，如唐张谓《别睢阳故人》“夏雨桑条绿，秋风麦穗黄”，韦应物《答端》“郊园夏雨歇，闲院绿阴生”，宋王炎《夏日雨过》“乔木俯佳色，野卉含幽馨。昔来挽枯条，今来见欣荣”，李重元《忆王孙》“过雨荷花满院香，沉李浮瓜冰雪凉”，袁说友《和张季长少卿尘外亭韵》“春风城南细麦好，夏雨城北圆荷鲜”，元钱惟善《晚雨过白塔》“夏雨染成千树绿，莫岚散作一江烟”，明张羽《首夏闲居》“雨余高笋初迎夏，风逗残花尚驻春”，姚道衍《浒溪》“夏雨欲生莲，秋风先到柳”，等等，夏天的雨把绿色渲染得格外清新、浓郁，“绿”“生”“荣”“鲜”“染”等体现出绿意的生动与鲜活，千姿百态的生物趁着雨后良辰展现着各自美丽的新衣，渲染出浓郁的夏日气象。

除了以上三方面的内容之外，古代文学作品对夏涝、雨多影响人们生活等内容也有描写。本文暂不详论。

综上所述可见，夏雨是万物夏长的最重要的气象条件，决定秋收的丰歉。一场及时的夏雨后，雨润田畴，风拂嘉禾，万穗竞秀，桑麻疯长，丰收之年赫然在望，这更加接近秋收的喜悦令人由衷赞美。大旱时，望天而作的人们面对田禾枯萎、土地干坼的情景无不忧惧万分，翘首向天虔诚祷告，祈求神灵挥洒甘露，造福百姓。滂沱的大雨能消除炎热溽暑，给人们带来身心的舒爽与清凉享受。雨后的大自然又是一番新绿，展示着无比动人的夏日激情。这些都是古代文学夏雨题材的作品较为常见的内容，体现出季风气候影响之下雨水对我国古代农业人生的重要性，反映出农耕民族对雨水的深厚情感。古代文学作品对夏雨的描写多着笔于农业、民生和季节景观特色，主要有夏雨惠及农业、求雨、雨后的生机等几个方面的内容。夏雨题材的文学作品数量并不像春雨、秋雨作品那么多，但丰富了古代文学四季题材的内容，开拓了古代文学的表现领域。古代文学作品对夏雨的描写多着笔于农业、民生和季节景观特色，赞美夏雨惠及农业，描述旱天全民求雨、雨后的生机、雨后的清凉等，体现出季风气候影响之下雨水对我国古代农业人生的重要性，反映了农耕民族对雨水的深厚情感，表现出人们对夏雨的独特感受，展示了夏季所特有的季节美感。

（原载《中华文化论坛》2016年第11期）

# 论古代文学中的秋风秋雨

我国四季分明的气候特征形成了各地多样的山水田园景色和不同的季节特色，影响着人们的日常生活，为文人提供了丰富的创作环境，激发了创作灵感。中国文学自古就对时序变迁和节令风物的变化极为敏感，钟嵘《诗品序》就写道：“气之动物，物之感人，故摇荡性情，形诸舞咏。”文人借四季气象或写景抒情言志，或讽喻时政。因此，在中国古代诗词等作品中，描写四季的作品占了很大一部分。

由于我国大部分地区属于温带季风气候，春、秋两个季节时间比较长，季节转化的特征比较明显，对人的身体和心理以及植物、动物的影响都比较大，所以，相应的文学作品数量也比较多。笔者据中华诗词电子检索，诗词标题含有“春风”的 43 首，“春雨”66 首；“夏风”1 首，“狂风”首，“暴雨”10 首，“夏雨”15 首；“秋风”20 首，“秋雨”57 首；“冬雪”13 首，“冬雨”4 首，“北风”10 首。诗词内容含有“春风”的有 2618 首，“春雨”283 首；“夏风”6 首，“狂风”161 首，“暴雨”28 首，“夏雨”22 首；“秋风”1440 首，“秋雨”231 首；“冬雨”4 首，“冬雪”13 首，“冬雨”4 首，“北风”375 首，“寒风”133 首。从以上的数字可以看出春、秋两季题材的作品数量远远高于夏、冬两季。日本横浜国立大学高芝麻子的博士论文《先秦至唐代诗赋所见夏日描写的变迁》注重考察中国古典诗歌中的季节感触，认为中国古代诗赋中，对描写夏日的诗赋比伤春、悲秋题材的数量较少。[①]

从内容及表现方式而言，四季题材的作品是通过人们的感受以及植物的生长荣枯、动物的迁徙隐藏等活动的描写来体现四季的季节特征的。春季、秋季题材的文学作品构成了我国四季题材的主要组成部分，对于这些作品，传统的研究方法多是用主题学的研究方法讨论伤春、悲秋思想，也出现了很多的成果。这是对作品内容的研究。这些成果对我们认识作品的文学成就具有参考意义，但关于表现方式的研究成果还鲜有出现。因此，有必要结合有关的气象学和地理学知识加以扩展研究，以体现其科学价值，并丰富我们对四季题材文学作品的深刻、全面的认识。

春风、春雨、秋风、秋雨分别是春季和秋季气候的比较重要的因素。关于春雨，笔者已经发表的《论我国春雨的自然、社会和文化意义》[②]《论古代文学中的春雨意象》[③]两篇文章可以参考。本文主要讨论中国古代文学中的秋风、秋雨，以求方家指教。

## 一、秋　风

在我国原始农业时代，人们需要把握植物生长、动物活动的规律，并将它与自然气候变化或季节更替等联系起来，以此来识别四时及寒

① ［日］高芝麻子《先秦至唐代诗赋所见夏日描写的变迁》，东京大学文学部课程博士学位论文，2012 年。

② 渠红岩《论我国春雨的自然、社会和文化意义》，《阅江学刊》2015 年第 5 期，第 30 ～ 37 页。

③ 渠红岩《论古代文学中的春雨意象》，《安徽大学学报》（哲学社会科学版）2015 年第 3 期，第 58 ～ 60 页。

暑变化，如《淮南子 · 说山训》:“以小明大，见一叶落而知岁之将暮，睹瓶中之冰而知天下之寒。”与自然的亲密深深地根植于中国古代文化和美学，文人尤其敏感于季节变化，敏感于其转瞬即逝的美和对景象更新的预示，他们基于这种敏感来欣赏自然、表现自然，借助贴切的词汇来表达人与自然的沟通、交流、感应。秋风不可捉摸，然而，它对大自然的影响却有形有色，古代文学作品往往通过对这些“形”“色”的观察与感受来描写，从而体现了人们对秋风的气候特征的科学认识。

一年四季的风气候特征各自不同，因此，文学作品在描述时用词也各有特色。对于春风，多用春风和煦、春风送暖、春风宜人等；对于夏风，多用狂风肆虐、疾风暴雨等；对于冬风，多用寒风凛冽、北风呼啸等，通过人们的不同感受体现出风的季节特色。

秋风乍起，驱走夏日的炎热，气温下降，万物萧条，古代气象文献《礼记·月令》曰:“孟秋，凉风至，天地始肃。”[①]古代文学作品常用“凉”“清”等词语描述。早在魏晋南北朝时期文学作品就有描述，如曹丕《燕歌行》“秋风萧瑟天气凉”，陈琳《游览诗》“节运时气舒，秋风凉且清”。在专题性的秋风作品中，也常用“清”“凉”等字，如宋代苏炯《秋风》“秋风清入骨，秋树薄于云”，陆游《秋词》“八月暑退凉风生”，明代朱高炽《秋风》“玉律转清商，金飚送晚凉”等。文学作品还常通过对苦热夏天的厌烦以及对秋天的期待，表现秋风可以驱走炎热，带来清凉之气，如白居易《苦热喜凉》“经时苦炎暑，心体但烦倦。白日一何长，清秋不可见”，宋代仇远《凉风》“烦暑一扫净，解我心郁陶”，傅察《七月十一夜凉风聚至事书怀三绝句》“凉飚此夕何佳哉，万里朱炎去不来”，“清秋”与“炎夏”“烦暑”对比，“苦”与“佳”对比，贴切地表达了

① 邢云路《古今律历考》，台湾商务印书馆 1936 年版，第 1230 页。

秋风的气候特征。

此外，“秋风清”还被作为古代诗词的标题，如李白有《秋风清》，宋代温镗有《折丹桂 · 秋风秋露清秋节》，吴文英有《江南春 / 秋风清》等等。“清”“凉”等词表达了人们对秋风的共同感受。

自然界受秋风影响最明显的是草、木、迁徙性动物以及穴居的秋虫等。草、木尤其是其叶子质性脆弱，对外界的温度变化最为敏感。秋风带来的降温会使叶子的绿色色素减少，而黄色色素和红色色素便显现出来，红衰翠减、叶败草枯便是秋的气象，因而能传递秋风的消息，因此，古代文学作品除了通过人们的感受来描写秋风之清凉，还通过对植物、动物的变化与反应来描写秋风。

关于草木对秋风的反应，先秦时期的文学作品中就有描述，屈原《九歌 · 湘夫人》就写到：“袅袅兮秋风，洞庭波兮木叶下。”宋玉《九辩》更有经典描述：“萧瑟兮，草木摇落而变衰。”这是对自然界秋天景象的描述，用词没有任何修饰，叶落、草衰体现出由夏到秋景象的转变，落叶、衰草成为后代秋季题材的作品常用的物象。汉武帝刘彻《秋风辞》“草木黄落兮雁南归”，曹丕《燕歌行》“草木摇落露为霜”，何逊《铜雀妓》“秋风木叶落”等，都是干净利落的描述方式。唐代及以后的作品更加注重语言的艺术锤炼，因而更加生动形象，如储光羲《送周十一》“秋风陨群木，众草下严霜”，李贺《开愁歌》“秋风吹地百草干，华容碧影生晚寒”，杜牧《早秋客舍》“风吹一片叶，万物已惊秋”，苏轼《浣溪沙》“风卷珠帘自上钩，萧萧乱叶报新秋”，洪迈《秋怀六首》“庭柯一叶失，风挟凉气归”，黄庭坚《次韵任君官舍秋雨》“惊起归鸿不成字，辞柯落叶最知秋”，陆游《秋雨》“秋风忽动地，摇落日日疏”，明代陶安《秋风辞送梁生》“萧萧西北来，草木忽变黄”，明代王留《长安秋草篇》

(小引)“才经秋雨便离披，更入秋风易销折”等，用“陨”“吹”“惊”等动词，以及拟人、夸张等修辞手法，体现出秋风对植物的强烈影响。

此外，“红叶”“霜叶”“败叶”“秋叶”等也都是古代描写秋风常用的物象，例句很多，不一一举出。

迁徙性动物不耐秋的凉寒之气，往往闻风而动，或飞向温暖的南方以越冬。因此，古代文学作品常通过大雁南飞象征秋的到来，早在魏晋时期文学作品中有描写，如曹丕《燕歌行》“秋风萧瑟天气凉，草木摇落露为霜，群燕辞归鹄南翔”，曹植《秋思赋》“野草变色兮茎叶稀，鸣蜩抱木兮雁南飞”，石崇《思归叹》“秋风厉兮鸿雁征，蟋蟀嘈嘈兮晨夜鸣”。以写秋景著名的大诗人刘禹锡《秋风引》写道:“何处秋风至？萧萧送雁群。”这就写出了秋风吹来、群雁南飞的自然现象。其他如宋代林景英《秋风》“渔舟移绝浦，雁阵落荒田”，明代朱高炽《秋风》“月下生林籁，天边展雁行”，李东阳《南囿秋风》“落雁远惊云外浦，飞鹰欲下水边台”，陶安《秋风辞送梁生》“凉飙荡平野，远送宾鸿翔”等，都以秋风中的北雁南飞象征夏季的结束及秋季的到来。

除了迁徙类动物，秋蝉、蟋蟀(蛩)等昆虫也是秋季典型的物候物象，对秋风极其敏感。因此，文学作品常通过对蝉声的描写表现秋风的来临，如唐代虞世南《蝉》“垂緌饮清露，流响出疏桐。居高声自远，非是藉秋风”，陆游《秋兴》“钓归恰值秋风起，棋罢常惊日景移。病叶辞枝应有恨，候虫吟壁故知时”，宋释祖钦《偈颂一百二十三首》“秋风生夜凉，坏壁吟寒蛩”等等，都说明了这一点。

中国传统文化的形成受气候条件的影响比较大，如用“寒来暑往”“春去秋来”等词语表示“一年”。由于秋在五行中属金，方位属西，在乐为商，在色为白。因此，在古代文学作品中，秋风又被称作“金风”“西风”“商风”。简要论述如下：

金风。南北朝萧衍《捣衣诗》:“金风徂清夜，明月悬洞房。袅袅同宫女，助我理衣裳。”由“捣衣”“清夜”可以知道，这是一首描写捣衣以备夏秋换季的诗歌，“金风”即秋风。又如白居易《苦热喜凉》:“火云忽朝敛，金风俄夕扇。”“金风”初来，由苦热到清凉，这“金风”便是秋风了。杜牧《秋感》“金风万里思何尽，玉树一窗秋影寒”，许浑《秋日行次关西》“金风荡天地，关西群木凋”，晏殊《清平乐 · 金风细细》“金风细细，叶叶梧桐坠”，柳永《倾杯 · 金风淡荡》“金风淡荡，渐秋光老，清宵永”，陆游《新秋晚归》“玉粒尝新稻，金风作好秋”,杨万里《罗溪道中》“阵阵金风细,家家玉粒香”,赵以夫《秋蕊香 · 一夜金风》“一夜金风，吹成万粟，枝头点点明黄”，元王吉昌《江梅引 · 黄裳元吉纵金风》“黄裳元吉纵金风。击疏桐。退残红……黄菊绽，秋香满玉丛”，清纳兰性德《班婕妤怨歌》“望舒圆易缺，金风换炎节”，这些诗句中的“金风”送走炎夏、带来凉爽、吹熟五谷、绽放秋花，这便是秋风的特征。

西风。中国传统文化认为，东方是太阳升起的地方，是充满希望的地方，而西方是太阳落下的地方，是渐趋落寞与消沉的地方。这一认识也表现在对风的说法上,人们把春风称为“东风”,而把秋风称为“西风”。西风吹,秋季开始,天气变凉,树叶变黄,昼短夜长,如李商隐《无题四首》“万里西风夜正长”,李白《长干行》“八月西风起”,白居易《西风》“西风来几日,一叶已先飞。新霁乘轻屐,初凉换熟衣”,宋曾巩《秋日》“阴气先羸纵秋热，时节有几相与夺。情知赫日不可久，须听西风生木末”，王同祖《秋闺》“西风昨夜到庭梧，晓看窗前一叶无”等，都表现了秋风的自然气候特征。

从情感方面而言，古代文学作品中的“西风”多有凄凉孤独的悲伤意味，如宋黄机《忆秦娥 · 秋萧索》:“秋萧索，梧桐落尽西风恶。西风恶，数声新雁，数声残角。离愁不管人飘泊。年年孤负黄花约。黄花约，几重庭院，几重帘幕。”指责“西风恶”其实就是离别后落寞凄凉情怀的流露。这方面最经典的例子有两个。一是王实甫《西厢记》:“碧云天,黄花地,西风紧,北雁南飞。”二是马致远《天净沙 · 秋思》:“枯腾老树昏鸦,小桥流水人家,古道西风瘦马。夕阳西下,断肠人在天涯。”后两句中的“西风”渲染出凄冷孤单的环境氛围。其他如唐冯延巳《采桑子 · 西风半夜帘栊冷》“西风半夜帘栊冷”，宋晏几道《点绛唇 · 湖上西风》“湖上西风,露花啼处秋香老”,黄机《减字木兰花 · 西风淅淅》“西风淅淅，满眼芙蓉红欲滴”，张耒《病中得晁应之秋怀诗》“西风堂下飞黄叶，病卧空床白日高”等，都具有感伤悲凉的色彩。

商风。这是秋风的另一文学用语。“商风”这一说法较早出现在魏、晋时期，曹叡《步出夏门行》“商风夕起，悲彼秋蝉，变形易色，随风东西”，写蝉因商风起而变色变形，东躲西藏，诗中“商风”显然便是秋风。宋代宋祁《杨秘校秋怀》说得比较明白 :“上天分四序，素秋独可悲。商风劲危条，寒露鲜繁蕤。依依燕去巢，嘒嘒蝉抱枝……”通过检索历代文学作品发现,“商风”在文学作品中使用不多，兹举几例，如唐代刘言史《立秋日》“商风动叶初,萧索一贫居”,贾岛《感秋》“商气飒已来，岁华又虚掷”，宋邵雍《和李文思早秋五首》“林风传颢气，木叶送商声”，陈与义《秋雨》“风作万木皆商歌”等，用“商风”表达秋季的季节景色。

秋风虽然夺去了夏季的绚烂，却赋予大自然另一种生机与色彩 :桂花飘香、菊花绽放、禾黍黄熟……汉武帝刘彻《秋风辞》有“兰有秀兮菊有芳”描写。南北朝时沈约《游钟山诗应西阳王教》“山中咸可悦，赏逐四时移。春光发陇首，秋风生桂枝”，表明了四季皆有不同的风景，秋风生桂枝则是美景之一。宋邵雍《和李文思早秋五首》“林风传颢气，木叶送商声。忽忽莲生的，看看菊吐英”，赵以夫《秋蕊香·一夜金风》“一夜金风，吹成万粟，枝头点点明黄”，虞俦《日来欢息顿减幸秋雨既足中秋定晴预约南坡小酌》“雨脚已随荷盖尽，风头还逐桂花生”，明陶安《秋风辞送梁生》“援琴赋将归，苦雨菊有芳”，朱高炽《秋风》“轻飘梧叶坠，暗度桂花香”，唐时升《秋雨过徐尔常园再宿海曙楼三首》“秋风吹早桂，未觉后期难”等，则以菊花吐英、金桂生香等描写秋的物候景象。《秋风生桂枝》还是古代科举考试的题目，如唐罗隐有《省试秋风生桂枝》诗。

“千里秋风起，五谷竟飘香”，在我国，无论北方还是南方，秋季都是农作物或其他物种成熟的季节，黍、松子、榛子、莼、菰、莲子、鱼、虾等，都在秋风中次第成熟长肥。晋张翰《思吴江歌》“秋风起兮佳景时,吴江水兮鲈鱼肥”所描写的吴江鲈鱼被盛赞为江南秋天的时令风物，以至“秋风鲈鱼”成为后世文学作品常用的典故，如著名词人辛弃疾《满江红 · 宿酒醒时》就写道 :“纸帐梅花归梦觉，莼羹鲈鲙秋风起。”他的另一首《水龙吟 · 登建康赏心亭》也说 :“休说鲈鱼堪脍，尽西风，季鹰归未？”两首词均是用吴人张翰事。鲈鱼是江南特产，秋季到来，鲜嫩的鱼鲙成为时令佳肴，以至使在外为官的张翰在西风渐起时，难以抵挡对家乡美味的眷恋，毅然辞官而归。因此可以说，是秋风玉成了江南美味鲈鱼脍。宋代孔平仲《禾熟》“百里西风禾黍香”,晁冲之《东阳山人僻居》“秋风莼熟菰叶肥”,舒岳祥《题正仲真游园》“秋风榛子熟”，张耒《九江千岁龟歌赠无咎》“秋风莲子熟”,赵蕃《寄林敏夫二首》“秋风应熟季鹰鲈”，舒岳祥《松花》“秋风收子食”，明代樊阜《田间杂咏》（六首）“秋风禾黍收”等诗句所写就是五谷成熟、千里飘香的秋季风物。

水稻是我国南方最主要的粮食作物，种植广泛。秋风生起，穗黄粒熟，给人们带来丰收的喜讯，因此，秋天还被赞为“熟稻天”。著名田园诗人范成大《夏日田园杂兴》“二麦俱秋斗百钱，田家唤作小丰年。饼炉饭甑无饥色，接到西风熟稻天”，西风吹来，水稻成熟，给人们带来丰年的喜悦；其《高景庵泉亭》“万里西风熟粳稻，白云堆里着黄云”也描述了秋风熟稻的丰收景象。元释善住《月夜》“淅淅凉风熟稻天，星河明润夜萧然”，张之翰《方虚谷以四诗见寄依韵奉答》“一片黄云熟稻天，几年都不似今年”等，都用“熟稻天”来指代秋天，不仅具有时令或季节标志，而且体现了秋风对农作物的意义。

我国古代是农耕社会，五谷丰登才能人物康阜，国泰民安，文学作品也这样描写，如宋代虞俦《偶食鸡头有怀万元亨沈德远林子长横塘三主人》“秋风一熟平湖芡，满市明珠如土贱”，戴表元《四明山中十绝·木兰》“西风果熟一村香”，陆游《秋词》“八月暑退凉风生，家家场中打稻声”等，秋风吹送，稻麦生香，给人们带来幸福生活的希望。

## 二、秋　雨

我国地形复杂，气候多样，但在一些地区，每年都会出现某种天气，如长江中下游地区的梅雨和华西、长江流域、淮河流域的秋雨。关于梅雨，请参见渠红岩《中国古代文学中的梅雨意象》[①]《论梅雨的气候

① 渠红岩《中国古代文学中的梅雨意象》，《人文杂志》2012年第5期，第95～101页。

特征、社会影响和文化意义》。[1]秋雨是秋季南下的冷空气与所到达地区的暖气流相遇产生的降水，有时会持续很长时间，形成阴雨绵绵的天气。秋雨是随着秋风过境而产生的天气现象，但对自然界的影响比较大，无论是人们的感受还是动植物的反应都比较明显。古代文学作品主要通过以下自然现象来体现秋雨的特征。

一雨成秋。秋雨一过，天气顿时变得凉爽很多，尤其是在北方，秋来得比南方早，降温更加明显，唐吴融《秋事》就写道："江天暑气自凉清，物候须知一雨成。"一雨便成秋，这是人们的普遍感受。古代文学常通过两种方式表达秋天雨后之凉，第一是直接描述，如陆游《秋雨》"一雨岂遽凉，凉亦自此始"，是说清凉的天气是从一场秋雨开始的。他的《秋兴》还说"一雨顿惊如许凉"，是说秋雨后凉得让人吃惊，这是冷空气势力很强、降温幅度大的缘故。此外，如苏辙《秋雨》"一雨一凉秋向晚"，郑刚中《河池秋雨》"一雨一凉秋气味"，释慧性《偈颂一百零一首》"一番秋雨一番凉"等，都是通过人们的身体感受来描述的。郁达夫《故都的秋》中的对话精彩地体现了这一点："(都市闲人)咬着烟管，在雨后的斜桥影里，上桥头树底去一立，遇见熟人，便会用了缓慢悠闲的声调，微叹着互答着地说：'唉，天可真凉了！'(这"了"字念得很高，拖得很长)'可不是么？一层秋雨一层凉啦！'

第二种方法是通过对日常生活细节如衣服、床席的更换等的描写表达秋雨之凉。白居易《雨后秋凉》："夜来秋雨后，秋气飒然新。团扇先辞手，生衣不着身。""生衣"是指绢制夏衣，秋雨后人们不用扇子了，忽然感觉身上的夏衣薄了。其《感秋咏意》写道："炎凉迁次速如飞，

---

① 渠红岩《论梅雨的气候特征、社会影响和文化意义》，《湘潭大学学报》（哲学社会科学版）2014年第3期，第157～161页。

又脱生衣着熟衣。”“熟衣”是指煮过的丝织品制成的衣服，生衣换成了熟衣，表明秋天凉意很浓。唐代李中《秋雨》“爽欲除幽簟，凉须换熟衣”，范成大《纳凉》“雨洗新秋夜气清，悴肌无汗葛衣轻”，陆游《秋雨益凉写兴》“秋气萧萧暑已归，晚云更送雨霏微。床收珍簟敷菅席，笥叠纤絺换熟衣”等，都是通过人们的日常生活感受来体现秋雨引起的天气变化。

叶落草衰。植物是大自然最多姿多彩的气候物象。秋风秋雨过后，大自然呈现花叶凋零、衰草连天的景象。在温带地区，受秋雨降温影响最大的植物莫过于落叶阔叶树种和野草。在阔叶树木中，有两种在秋雨中特别引人注目：一是梧桐，分布广泛，我国各省均可栽培，叶子比一般植物的叶子宽大；二是芭蕉，在我国亚热带地区广泛栽种，叶面硕宽而长。嵇含《南方草木状》曰：“(芭蕉) 叶长一丈或七八尺，广尺余。”[1]朱弁《风月堂诗话》说：“草木叶大者莫大于芭蕉。”[2]阔叶植物尤其是梧桐、芭蕉不耐秋雨之折煞，凋残零落的现象也比其他类别的植物更加明显。因此，文学作品也常通过对梧桐叶、芭蕉叶的描写体现秋雨的影响。

对于秋雨中梧桐的描写最经典的莫过于白居易《长恨歌》：“春风桃李花开日，秋雨梧桐叶落时。”诗句情景交融、对仗工整，春风与秋雨、桃李花开与梧桐叶落，一暖一凉，一春一秋，“秋雨梧桐”因此成为秋的物候标志宋代女词人朱淑真《初秋雨晴》就写道：“雨后风凉暑气收，庭梧叶叶报初秋。”梧桐叶落成为报秋的信号。杨泽民《瑞龙吟·城南路》“忆桃李春风，梧桐秋雨”，明代张红桥《留别子羽七绝句》“寂

① 嵇含《南方草木状》卷上，《影印文渊阁四库全书》本。

② 朱弁《风月堂诗话》，中华书局 2008 年版，第 106 页。

寂香闺枕簟空，满阶秋雨落梧桐”，郑清之《兀坐》“夜听寒蛩晓听蝉，梧桐疏雨晚秋天”等，都以秋雨梧桐表现秋的节令特征。此外，梧桐秋雨还被化用为词牌和文章标题，如《念奴娇 · 梧桐响雨》《梧桐雨》等，节候意义也极为明确。

芭蕉也是秋天物色鲜明的植物，因叶面硕大、硬实挺括，秋雨时，雨滴打在叶子上的声音比较响，节奏明晰；又因芭蕉多种植在窗前庭院、房前屋后，植株不像梧桐那么高大。因而，无论是从视觉方面还是从听觉方面，雨打芭蕉比雨打梧桐更加容易吸引人们的注意，陆游《秋兴三首》“芭蕉正得雨声多”，王十朋《芭蕉》“草木一般雨，芭蕉声最多”等诗句就反映了这一道理。芭蕉不耐寒，秋雨带来的大幅降温会使叶子迅速枯萎，凋零特征明显。因此，古代写秋雨的作品往往写到芭蕉，用雨打芭蕉的声音衬托秋意之浓，如贺铸《菩萨蛮》“芭蕉衬雨秋声动”，杨万里《秋雨叹十解》“蕉叶半黄荷叶碧，两家秋雨一家声”，陆游《雨夕焚香》“芭蕉叶上雨催凉，蟋蟀声中夜渐长”，周紫芝《雨后顿有秋意得小诗四绝》“络纬独知秋色晚，芭蕉添得雨声多”，赵彦镗《秋声》“潇潇细滴蕉窗雨，唧唧悲鸣草砌蛩”等。而明代边贡《西园》“自闻秋雨声，不种芭蕉树”的描写又从反面证明，秋雨与芭蕉是一对天然的搭档，雨滴蕉叶如指落弦上，在雨声潇潇的季节，弹奏出清凉闲雅的乐曲，向人间传递着秋的消息。

草随处可见，望秋先陨，尤其在北方，枯黄衰老的时间比南方早。宋刘辰翁《临江仙 · 过眼纷纷遥集》：“江南秋尚可，塞外草先衰。”秋季植物枝疏叶落，视野开阔，枯黄的秋草变得醒目。李白《送袁明府任长沙》“暖风花绕树，秋雨草沿城”，肆意蔓延的荒草表现出冷秋气象。秋草若遇绵绵秋雨的侵犯，便呈现纷乱离披、衰草连天的景象，如杜甫《秋雨叹》“雨中百草秋烂死，阶下决明颜色鲜”，明高启《咏竹》“秋雨烂百草，青青修竹林”，王留《长安秋草篇》“才经秋雨便离披，更入秋风易销折。秋雨秋风打复吹，秋风萧索一庭悲”等，都以秋草的反应体现秋雨的特征。

阴雨绵绵。秋季我国大部分地区天高气爽，但在西南地区，如四川、云南、贵州、青藏高原东部、陕西南部等地，常常出现阴雨绵绵的天气，雨量虽然不像夏雨那么大，但持续的时间比较长。秋雨时节正值秋收。因此，在古代社会，人们关注较多，有关的文学作品描写也较丰富。

《楚辞》中把阴雨绵绵的秋雨称为“秋霖”，“霖”即久雨的意思，宋玉《九辩》：“皇天淫溢而秋霖兮，后土何时而得干。”意思是，天上一直下连绵的秋雨，大地何时才能干爽，“霖”体现了秋雨绵延时间之长。魏晋时期描写秋雨的作品中，“淋霪”“霖”等都是常见之词，形容秋雨绵绵不止，如曹植《愁霖赋》“何季秋之淫雨兮，既弥日而成霖”，陆云《愁霖赋》“谷风扇而攸远，苦雨播而成淫”，江淹《张黄门协苦雨》“有弇兴春节，愁霖贯秋序”等，都写了这种天气现象。大诗人陆游是浙江山阴人，又曾在四川为官，对秋雨绵绵的天气现象感受很深，有多首《秋雨》诗，其中对秋雨的缠绵这一特征描写较多，如“漫道秋来雨，那无一日晴”，“山深草木久已荒，昼昏风雨殊未止”，“一秋风雨蔽白日，积水鬼神愁太阴”，“雨滴何由止，入眠不复成”，“秋晚兼旬雨，雨晴当有霜”，“冷雨萧萧涩不晴，丛篁遮尽小窗明”等，久阴不晴、风雨不止、遮天蔽日、连旬下雨等都描写了绵绵秋雨淅淅沥沥、无休无止的天气现象。

对于秋雨绵绵的天气的形成，古代文学作品也有探寻，唐代李沇《秋霖歌》作了有趣的想象：“西方龙儿口犹乳，初解驱云学行雨。纵恣群阴驾老虬，勺水蹄涔尽奔注。叶破苔黄未休滴，腻光透长狂莎色。恨无长剑一千仞，划断顽云看晴碧。”认为秋霖是群龙毫无顾忌地戏水而导致的连续下雨，诗句通俗明快，体现了古人朴素的气象认识。

秋雨绵绵时也正是秋收或秋种的时候，适量的降雨利于秋季农事，但连续的降雨也会对农作物收割或种植产生不利影响。杜甫有多首《秋雨叹》，内容大都是对阴雨不止可能导致秋粮减产、生活困难的忧虑，如“秋来未曾见白日，泥污后土何时干”，“禾头生耳黍穗黑，农夫田妇无消息。城中斗米换衾裯，想许宁论两相直”等。宋代陆文圭《王祈伊中秋不见月四首》“开元以后可堪尤，秋雨霪霖稼不收”，王禹偁《秋霖二首》“秋霖过百日，岁望终何如”，苏轼《吴中田妇叹》“今年粳稻熟苦迟，庶见霜风来几时。霜风来时雨如泻，把头出菌镰生衣”，陆游《秋雨叹》“淙淙雨声泻高秋，稻粱浸澜雨不休”，宋释文珦《苦雨》“秋雨连三月，愁吟野水濆。渐看禾黍没，难使渭泾分……民忧昏垫苦，苦语不堪闻”，都描写对阴雨绵绵、秋收无望的担心。

在我国四季的降雨中，春雨、秋雨对农业生产的影响比较大，但因春生、夏长、秋收、冬藏的农业生产节奏，人们对春雨、秋雨的期望是不同的，乾隆皇帝《御制诗三集》“杂言”“春雨如膏，秋雨如涛；膏则艰致，涛则易滔”，说明春雨珍贵、秋雨致灾。“即事”又说：“一雨春三日，东坡为之喜。一雨秋三日，而我愁无已。三日岂弗同，时殊事异耳……”苏轼有《喜雨亭记》，记述春旱得雨的欣喜，通过人们对春雨之喜与秋雨之忧对比说明了以上道理。

秋风秋雨两种天气叠加，其势力就更加强劲，风雨兼作，天昏地暗，万境顿时清寂。宋代诗人张耒对天气及季节变化比较敏感，既有秋雨之作，也有秋风之作，还有秋风兼雨之作，《十三夜风雨作暑气顿尽明日与晁郎小饮》“雨洗风扫除，老火不复燎。蓐收行正令，一夕清八表”，《出伏后风雨顿凉有感三首》“秋风振秋晓，万境一凄清。幽草虫响息，高叶露华凝”，两首诗都用“顿”字表现雨洗风扫的气势，暑气顿时消失，八荒一时清净。陆游也是长于描写季节更替及时令风物变化的诗人，有多首秋雨、秋风诗歌，著名的《十一月四日风雨大作》这样描写秋风秋雨对大自然的强烈影响：“风卷江湖雨暗村，四山声作海涛翻。”《十月暄甚人多疾十六日风雨作寒气候方少正作》：“忽焉风雨恶，纵击势莫当。颇疑地撼轴，又恐河决防。和泥补窍穴，乞火燎衣裳。”这就写出了风雨铺天盖地、地动河决的情势。

## 三、总　结

在我国四季中，春、秋是两个较长的季节。春生、秋收的农业生产节奏使这两个季节在人们的心理作用上都极为重要。秋雨秋风都具有凋残陨落万物生命的特征。秋季天寒日短，西风萧瑟，尤其是秋雨过后，黄叶纷飞、草木凋零、生机衰微、动物迁徙……时序节候的更换引起的却是盛衰的巨变，生命迹象的顿时黯淡，这种反差对人们心理产生了很大影响。南北朝何逊《临行与故游夜别》“夜雨滴空阶，晓灯暗离室”，开启了以“空阶夜雨”抒发孤独悲伤情感的先例。明代韩邦靖《秋雨》与之遥遥呼应：“雨到秋深易作霖，萧萧难会此时心。滴阶响共蛩鸣切，入幕凉随夜气侵。江阔雁声来渺渺，灯昏官漏夜沉沉。萧条最是荆州客，独倚高楼一醉吟。”诗歌将秋天雨夜拉长，雨声与虫鸣雁声融合，清寂入心，无眠的羁旅之人深感长夜漫漫、雨滴不休，孤独寂寞之感油然而生。清代朱筲河等《古诗十九首说》认为："大凡时序之凄清，莫过于秋，秋景之清，莫过于夜。"[①]因此，在古代文学作品中，秋风、秋雨、夜雨不仅具有时序性，而且具有悲伤的情感意味，这便是文人的悲秋之情。通过以上论述可知，悲秋之情的产生当是根源于秋风、秋雨的气候特性，正如《淮南子》所说："春女悲，秋士哀，知物化也。"[②]意思是说，古代文学作品中的季节具有情感色彩，而这一色彩是通过"物化"这一过程实现的。

（原载《人文杂志》2017年第12期，题目、内容略有改动）

① 朱筲河等《古诗十九首说》，清乾隆间（1736—1795）刻本。

② 李昉等《太平御览》卷十九"时序部"四，《影印文渊阁四库全书》本。